JN059577

地域を活かす
フィールドミュージアム
波佐見焼窯業地のまちづくり

落合知子・波佐見町教育委員会 編

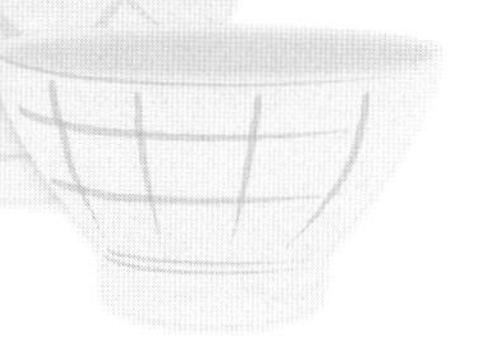

序

人類の歴史的な遺産を研究対象の一つとする博物館学の魅力を思い浮かべる時、過去との遭遇は勿論であるが、未来を予想することができることもその一つではないかと思う。

新人類（ホモ・サピエンス）の歴史は今日まで約20万年であるが、地球の歴史46億年に比べると、とてつもなく短いものである。他方、人類史上で文明・文化の大いなる発展はさらに短い時間の中でもたらされている。この短い時間の中で作り出された文明・文化を引き継いだ我々現代人はさらに未来に向けて新しいものを創造していかなければならない運命にある。

歴史に埋もれた遺産を詳らかにすることで新しい歴史像が生まれる。人は未知のものを知りたい、過去のものを明らかにしたいという要望を持っている。世界には人類が生み出した文明・文化にまつわる様々な遺跡・遺物・古文書が知られている。多くの考古学者や博物館学者などによりそれらを詳細に発掘、あるいは解読することでその魅力を紐解き歴史的な意義や人類の生活様式などを詳らかにしているが、いまだに未知のものが相当数残されている。これらを研究し、得られた膨大なデータを詳細に解析した成果を、未来に繋ぐことが博物館学の使命でもあり魅力ともなっていると思う。

観光とはその場所に当たる光を観ることでもある。光が何であるかを見出し多くの人に観てもらうことになる。長崎県波佐見町は有名な窯業の町であり、有田焼や波佐見焼を中心とした肥前陶磁器の里は、2016（平成28）年文化庁の日本遺産に認定された。窯業に関する多くの歴史的な遺産が存在することから観光にとっては重要で貴重な町である。野外博物館や町全体を博物館とみなすフィールドミュージアムに資する場所も多く点在することから、これらを観光と結びつける意義は大きく、新たなまちづくりを目指して博物館学が力を発揮する対象としても魅力的である。

2021（令和3）年3月末には、波佐見町に新しい博物館がオープンする予定である。フィールドミュージアムの拠点として地域の観光に大いに活用されるものと期待したい。

地域大学である長崎国際大学は、博物館学を中心に地域住民と協働してフィールドミュージアムをより魅力あるものに育て、地域観光の発展やまちづくりに貢献したいと願っている。

令和2年2月

長崎国際大学　中島 憲一郎

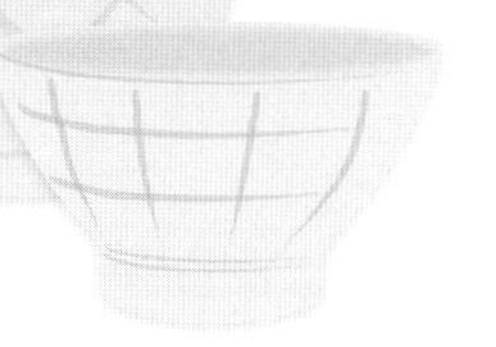

刊行にあたって

波佐見町は、400年の歴史を有する波佐見焼と農業の近代化に取り組んできた緑豊かな活気のある陶磁器の町です。

波佐見焼は、「時代とともに進化する波佐見焼」をコンセプトに、機能的で普段使いの中に時代のトレンドを先取りしたデザインが好評を得て、この10年間で大きく知名度があがりました。

また、町内の様々な観光資源と農業、窯業を取り入れた「体験型観光とうのう」をはじめ、西ノ原、陶郷中尾山、棚田百選に選ばれた鬼木棚田、波佐見温泉などには多くの観光客にお出でいただくようになり、年間の交流人口が100万人を超える賑わいのある町にもなりました。

これも先人の英知と努力、そしてたゆまぬ研鑽によるもので、それが波佐見の歴史・文化・伝統として連綿と引き継がれている賜物と考えています。

波佐見町においても少子高齢化や人口減社会の問題は押し寄せており、地域が自ら考え行動し、さらに魅力あるまちづくりを創生する取り組みが求められています。

地域の魅力とは、産業や観光資源に加え、歴史・文化・伝統であり、先人が築いてきた波佐見の風土と気質そのものです。

このような波佐見の歴史・文化・伝統を未来に向かって保存継承するため「波佐見町歴史文化交流館（仮称）」を整備し、交流の拠点、学びの場として利活用し、波佐見のまちづくりの大きな柱とする所存です。

今回、「地域を活かすフィールドミュージアム—波佐見焼窯業地のまちづくり—」が刊行されるのは、時宜を得て波佐見町の取り組みと歴史文化交流館を広くお知らせする絶好の機会であり、感謝の念に堪えません。

最後に刊行にあたり、快くご執筆やご助言をいただいた皆様をはじめ関係各位に深くお礼申しあげます。

令和２年２月

波佐見町長　一瀬 政太

地域を活かすフィールドミュージアム
―波佐見焼窯業地のまちづくり―　目次

第1章

郷土博物館の概念

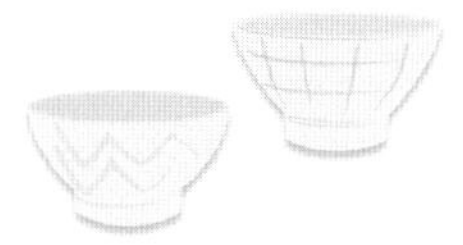

青木　豊

はじめに

昨今の我が国の社会では、“郷土”に変わり“地域”なる用語が一般化しているのは事実である。当該現象は、博物館界においても同様の傾向であり、具体的には“郷土博物館”から“地域博物館”への学術用語の変容が一般的となっている。

しかし、これは博物館学上での理念上の現象であり、現実に“郷土博物館”は全国津々浦々に数多く存在しているのは事実であるが、不思議にも“地域博物館”を名称とした博物館は存在しないようである。

例えば具体例として、東京都内23区の区立博物館をみた場合、港区郷土資料館・白根記念渋谷区郷土博物館／文学館・豊島区郷土資料館・すみだ郷土文化資料館・足立区立郷土博物館・江戸川区郷土資料室・大田区立郷土博物館・杉並区立郷土資料館・世田谷区郷土資料館・板橋区立郷土資料館・中央区郷土天文館・葛飾区郷土と天文の博物館と23区の内、12区が郷土博物館あるいは郷土資料館なのである。それも、東京都内においてである。

以上からも理解できるように、博物館学上の専門用語としての郷土博物館は、社会の変革に取り残された文化の残存現象の一つかと思えなくないが、なぜゆえに未だに踏襲され続けるのかを複眼的視座で考えるものである。

1　郷土の読み方

まず、「郷土」の訓読については、1932（昭和7）年に『郷土教育と郷土史』を著した小川正行は次のごとく記している（小川1932）。

> 「鄕土」は、國語では通常之を「きやうど」と讀み、人の生地と解して居るが、獨逸語のHeimat（鄕土）が、Geburtsort einer Person.（或人の誕生地）と解されて居るのと全く同義である。然るに後藤、上野二氏の『漢和大辭典』に據れば、「鄕土」を「ごうど」と讀み、「人の生れ長ぜし土地」と解して居る。蓋し「鄕村」「鄕社」、「任鄕」等と同類の言葉であるから、本來は「ごうど」と讀むべきであらうが、今日は一般に「きやうど」で通用して居る。

上記引用文中の後藤朝太郎・上野三郎編の『漢和大辭典』は、東雲堂による1911（明治44）年の刊行であるから、明治時代末葉には「きょうど」なる訓読が常態化していたことが窺い知れる。

抑々「郷土」なる用語は、後述するように1891年にその使用は確認されるが、「ごうど」であったか「きょうど」であったかは、当時の訓読は現在のところ不明である。

2　郷土博物館の現状

『全国博物館総覧』（日本博物館協会編2017）（以下、『総覧』）に掲載されている「郷土」を冠する資料館・博物館・展示館・資料室は、全国で約280館を数える。因みに、最も多いのは北海道の44館、次いで東京都の25館、千葉県14館、長野・鹿児島県の13館、静岡県12館、秋田・岡山県の11館と続き、大分県・宮崎県は皆無のようである。

一方で、公益財団法人日本博物館協会編『平成二十五年度　名簿』（日本博物館協会編2013）（以下、『名簿』）で登録が確認できる郷土博物館、すなわち日本博物館協会に加盟している郷土博物館は、全国で48館に過ぎないのである。郷土を冠する博物館の日本博物館協会への加盟率は、17.1%と低い傾向が認められるのである。

例えば、上記の北海道44館のうち日本博物館協会加盟館はわずか3館に留まる。東京都も25館に対し15館、千葉県14館に対し7館、長野・鹿児島県の13館に対し長野県2館・鹿児島県1館、静岡県12館に対し2館、秋田・岡山県の11館に対し秋田・岡山県とも0館である。このように、日本博物館協会への登録館数が少ないことは、予算的原因に起因するものなのか専門職員の無配置などの組織的原因によるものか、あるいは両者相まった理由によるものかは不明であるが、都市圏を離れ地方に行くに従いその加盟率は低くなるのが現状のようである。

続いて、『郷土博物館事典』（以下、『事典』）（日外アソシエーツ編集部編 2012）掲載数は、271館のうちの郷土を冠する博物館を数えると、174館、歴史民俗資料館が55館、ふるさと館16館を大略で確認できる。当該事典の凡例には、「2、収録の対象　2）アンケート未回答館、休館中、閉館予定の館などは掲載しなかった。」と記されているところから、前記した『総覧』の郷土博物館約280館のうちの略174館で、残る100館余りは、休館中もしくは閉館予定の館であることや未回答館であったことになる。このことは、アンケートに対して回答すら出来ないほど、郷土博物館での人的組織の弱体化が顕著になっていることを明示しているのではないだろうか。

郷土資料館・郷土博物館の名称衰退の原因としては、1977（昭和52）年に文化庁文化財保護部から出された、「市町村歴史民俗資料館の設置・運営のあり方」に基づく歴史民俗資料館の設置が一因であったと看取されよう。つまり、当該施策には、文化庁歴史民俗資料館建設費に対し国庫補助金制度が充当され、当該助成制度が後押しとなり、それまで郷土博物館の設置がなかった市町村において歴史民俗資料館が“雨後の筍”とも揶揄されたように全国都々浦々に建設されたことにより、我が国の中でも地方においての博物館建設は大いに進捗したことは評価しなければならない。当該政策による補助金制度を利用し国庫金の交付を受けた場合は、名称に関しても「歴史民俗資料館」の命名が義務付けられていたところから「郷土博物館」の名称は使用出来なかった。この点から郷土博物館名の衰退現象はここに始まったといっても過言では無いであろう。

しかし、「市町村歴史民俗資料館の設置・運営のあり方」の条文中には「郷土」の用語使用は見ることができるのである[1)]。

したがって、郷土博物館が従来有して来た専門領域による分類での総合性から、その名が示す通り「歴史」と「民俗」に特化した「自然」等を除いた文化財保護法の範疇内での専門博物館への移行であったことが窺い知れるのである。博物館設立におけるかかる観点での思潮は、郷土資料館に影響を与えたのみに留まらず自然系・人文系の両者を合わせた総合博物館の解体にも拍車をかけることとなり、歴史と自然のそれぞれの専門博物館を生む契機でもあったと看取されよう。このような博物館思潮が、郷土博物館の名称と設立そのものにも歯止めを掛けた結果となり、郷土博物館から歴史民俗資料館・歴史博物館へと移行したものと把握されるのである。

また、『事典』では、「ふるさと館」が 16 館確認される。これらの設立年を見てみると 1979 ～ 1982 年の設立がわずか 3 件である。残す 13 館は、1990（平成 2）～ 2009 年度の設立であるところから、平成時代に入り新しく設置された比較的小規模の地域博物館を呼称する上での共通特性のようである。ここに、「郷土博物館」から「ふるさと館」への名称の移行を読み取れることが出来よう。

「郷土」から「ふるさと」への名称の変更は、従来の旧態依然たる郷土博物館から脱却し、さらなる換骨奪胎を目的とするものであったのか、あるいは日本人特有の感性ともいえる、ただ単に新たな名称変更による表面的な斬新性を求めたものなのかは不明である。

3　「郷土」と言う用語の出現と展開

1884（明治 17）年に、直観教授論の影響を受けて公布された「小學校教則綱領」の第 14 条の地理[2)]において、下記のとおり直截に「郷土」という用語の使用こそは認められないが、郷土と同義と推定される「地文」なる用語を使用し、当該分野を考慮にいれた教育の主旨が明らかにされている。

> 凡地理ヲ授クルニハ地球儀及ヒ地圖等ヲ備ヘンコトヲ要ス　殊ニ地文ヲ授クルニハ務メテ實地ニ就キ兒童觀察力ヲ養成スヘシ（下線筆者）

続いて、1891 年公布の「小學校教則大綱」の第 6・7 条に「郷土」なる用語の使用を下記のごとく見出すことが出来るのである[3)]。

第六條　尋常小學校ノ教科ニ日本地理ヲ加フルトキハ郷土ノ地形方位等（以下略）

第七條　尋常小學校ノ教科ニ日本歴史ヲ加フルトキハ郷土ニ關スル史談ヨリ始メ（以下略、下線筆者）

上記の1891年の使用例が“郷土”の使用と郷土教育の嚆矢であろうと看取される。当該「小学校教則大綱」で明示された郷土教育は、歴史・地理・理科といった実科の予備教育として位置づけられていた。さらに、郷土会員であり創価学会の前身となる創価教育学会の設立者である牧口常三郎（牧口1965）により初等教育の基礎に郷土科が提唱されるなど、郷土教育は学校教育における中心的教科となるに至ったのである。

1898年には、新渡戸稲造は『農業本論』（新渡戸1898）を著し、該著の中で新渡戸は“地方学（ちかたがく）”と呼称し、その必要性を「一村一郷の事を細密に研究してゆかば、国家社会の事は自然とわかる道理である」と地方学の定義を述べるなど、札幌農学校の同窓であった内村鑑三を嚆矢とする地理学に軸足を置いた郷土学を展開した。

一方で、1909年には、“第一回郷土保存万国博覧会会議”がパリで開催されるなど、遺蹟・名勝・天然紀年物を含めた郷土保護思想の萌芽が世界的に認められた。1912年6月にはドイツシュツ（ママ）ッガルトで“第二回郷土保存万国博覧会会議”が開催され、京都帝国大学文科大学助教授石橋五郎が出席するなど、郷土保存思想の受容がここに開始されたのである。

石橋は、「自然界人物界の遺物保護行はる之を称して郷土保存『ハイマートシュッツ』と云ふ」（石橋1912）と、ハイマートシュッツなる郷土保存を意味するドイツ語を紹介したうえで、この内容については、「一、勝景の保存」「二、天然紀念物の保存」「三、古建築の保存」「四、風俗言語の保存」の4項を挙げている。恐らく、当該論文がドイツ郷土保存思想であるハイマートシュツを、我が国へ紹介した濫觴であろうと看取される。

次いで、当該ドイツ郷土保存思想を国内において展開したのは植物学者の三好學で、その契機となった『天然記念物』（三好 1915）を 1915（大正 4）年に上梓している。三好による当該書は、郷土保存思想が我が国に広がる基本となった記念物的著作であり、郷土については下記のごとく記している。

> 其事業としては、先づ其土地の特徴たるべき史蹟、名勝、天然物に就ての調査を施して、其結果を報告し、更に詳しい「郷土誌」の編纂を行い、又一方には郷土記念の材料を蒐集して陳列する「郷土博物館」を造り、土地の人々に自郷の特徴を知らせる、其他土地の學校に於ては、中學校、小學校で郷土誌に關係ある事柄を敎へ、所謂「郷土學」の講習を怠らない。（下線筆者）

三好の呈した郷土学は、当該地域に所在する史蹟・名勝・天然紀念物を調査し、報告し、郷土誌の編集を行ったうえで資料を収集し、陳列し公開する郷土博物館を意図する内容であったことは理解されよう。

かかる形態の郷土学は、社会的に増幅され具体的には文部省社会教育局の「郷土研究」として、全国の師範学校を中心として我が国の教育会に大きな拡がりを見せたのであった。このような社会情勢の中で 1930（昭和 5）年に、郷土教育連盟による機関雑誌『郷土』の創刊や『新郷土教育の理論と實際』（峯地・大西 1930）が刊行され、これらが大きな触発となり史跡・名勝等の郷土保存思想がさらなる拡大を見せたことと相まって、郷土教育論が華々しく展開された。

4　郷土の概念

郷土の概念について、博物館学者であった棚橋源太郎は、1932（昭和 7）年に著した『郷土博物館』（棚橋 1932）の中で下記の通り記している。

> 要するに郷土は、もと吾々が少年時代の郷土生活に於て、その周圍の自然的環境の刺戟や人物との交渉體驗に依つて、何時となく心に芽生え成長發達したものに外ならぬ。兒童の最初の郷土生活は、その邸宅或いは狹い部落に限られて居るが、彼等が成長發達に連れて町村の全體に及び、遂に郡府縣へ擴張されて往くものである。

同じく 1932 年に、学校での郷土研究に携わっていた船越源一は、「地方研究の施設に就いて」と題する論文（船越1932）の中で、郷土について下記のごとく定義している。

郷土研究の對象は一體を成せる郷土（自然と社會と勤勞の結合體）であるが、其の内容を觀念的に分てば、自然と文化と自然及文化の交渉との三方面に分類する（後略）

また、郷土資料館建設機運が高まりを見せた1942年に、日本博物館協会から刊行された『郷土博物館建設に關する調査』（日本博物館協會編1942）の「郷土博物館の本質」のなかで郷土についての概念は下記のごとくである。

郷土と云ふ概念は、もと吾々が少年時代に居住し、常に來往した地域内に於ける自然的環境との接觸並に社會的生活で受けた幾多の刺戟體驗から、何時となく心に芽生え、漸次内的に成長發達したものである。

上記は、郷土を地理的・空間的理論で把握した考え方であった。また一方で、1933年に長野県師範学校による文部省への報告書（長野縣師範學校1938）のなかで規定した郷土の概念は次のとおりである。

郷土

少年時代ノ故里ニ於ケル雰囲気ナルモノハ実ニ霊妙不可思議ナ色彩、音楽詩トシテ吾等ノ内ニ永久ニ生キテヰル、ソノ柔カナ憧レノ漂フ感情ハ吾等ノ精神生活ノ焦点デアル、自分自身到底汲ミ尽シ得ヌ神ノ姿トシテ深イ宗教的ナルモノガ働イテヰルコトヲ感ズル、コノ様ナモノハ郷土ニ於ケル自然的文化的一切ノ又物的精神的一切ノソシテ又社会的経済的一切ノ渾然一体ヲナシタ体系ノ中ニ位置スルトコロノ自己ノ直観、労作、生活ソノモノカラナル体験ニ基ズク、即チ郷土自然、郷土文化ハ個々別々ニ分離シテ見レバ何等意義ナキモノニ化シ却ッテ体験ノ自己ニトツテハ到底分離シキレヌ性質ヲ有スルノデアル、所謂郷土トハ単ナル土地自然ヲ指スモノデハナク、之ニ精神的人格的要素ガ加ハリ、更ニ体験主観ニヨッテ体験サレタモノヲ指ス、従ツテ郷土トハ精神的根源感情デアルトイフコトガ出来ル長野県師範学校による郷土とは、「単ナル土地自然ヲ指スモノデハナク、之ニ精神的人格的要素ガ加ハリ、・・・・郷土トハ精神的根源感情デアル」とする、精神論的観点で表現されているのが特徴であり、人々の心の置き所が郷土であるとしているのである。

かかる精神論的郷土思潮は、1931年に満州事変の勃発のなかでの「国体明徴」「教学刷新」が唱えられた社会情勢に呼応した、教育思潮の現れであったと看取されよう。

郷土とは、棚橋や船越らが記すごとく、個々の人々にとっての郷土に対する観念的把握と地理的把握は、一応ではなかろう。

郷土を象徴するものは多々あろう。まずは地理的郷土の要因である山川であり、小・中学校・郵便局・役場・駅舎等々であり、また神社である事はおおむね共通する郷土、すなわち“ふるさと”の概念形成の象徴であったし、それらは今後も徐々に印象性は薄らぐにしても保存という意識と行為が永続される限り、郷土の要点であることには変わりないであろう。つまり、時代の推移の中での生活形態や価値観の変容により希薄化することは否めないであろうが、それを精神面と物理面での保存が重要であるのと同時に、新たに出現、あるいは創出する郷土の象徴をも郷土を形成する要因と考えることが重要であろう。

5　郷土と地域

「郷土」と「地域」は、類義語かとも思えるが明らかに異なる言葉である事は確認するまでもない。例えば、郷土芸能・郷土芸術に対しての地域芸能・地域芸術、郷土料理に対する地域料理と言った表現は違和感のみが先行するのである。また、郷土は直截に“ふるさと”“故郷”を指すが、地域は決してそうした意味においてなにも内蔵していないのである。

つまり、地域と称する言葉には、郷土と言う言葉が持ち合わせる深い意味合いが極めて希薄であると捉えられよう。

かかる郷土から地域への変移の原因は、歴史的に繰り返された市町村合併と交通の発達に伴う利便性に拠る人間の行動範囲の急速な拡大にあると考えられよう。

1888（明治21）年・1889年には、“明治の大合併”が完遂されて全国の市町村数が71,314から15,859とおよそ4分の1強に減少している。さらに、1953（昭和28）年の町村合併法施行から1956年の「新市町村建設促進法」により、1961年までに市町村数が9,868から3,472に減少した。平成の大合併では、3,200の市町村が、1,700に再編されたことは周知のとおりである。明治中期の71,314から現在の1,700では、おおむね42分の1である。

つまり、繰り返される合併によりその面積は、単的な計算の上では48倍となり広範囲となるにつれ、郷土の範囲が不鮮明となったのである。中には青森県内の外ヶ浜町・平舘村・蟹田町などは、否合併町を挟んで飛び地合併したところもあり、愈々行政区画に拠る郷土に関する観念は雲散霧消といえよう。

また、用語としての郷土から地域への変換となった原因は、昭和30年代中頃からのモータリゼーションの著しい発達に比例して人々の行動範囲の拡大に伴い、まず地理的空間の拡大による郷土意識の希薄化、次いで情報の発達に伴う日本文化の一元化等により郷土の概念が希薄となり、用語の意味合いも曖昧模糊となった。このような推移の中で、1970年に文部省からだされた『中学校指導書　社会編』に、“身近な地域”が使用されたことが用語としての“郷土”からの離別であったと考えられよう。

6　遺跡保存と郷土保存を目的とした法整備

1871（明治4）年に、明治政府は現在の文化財保護法の前身となる“古器旧物保存方”を制定した。これは、明治元年に神仏分離令・神仏判然令により、結果として廃仏毀釈運動が発生し仏教遺物をはじめとする歴史資料の焼却・廃棄・海外へ流出防止等々を目的としたものであった。該法は、史跡や遺跡を対象とするものではなかった。そこで明治政府は、“古器旧物保存方”をさらに拡大した“古社寺保存法”を1897年に制定している。

さらに、遺跡保存と郷土保存を目的として、1900年には帝国古墳調査会が発足したのであった。ついで、前述したごとく1909年には、第一回郷土保存万国博覧会会議がパリで開催されるなど遺跡・名勝・天然記念物を含めた郷土保護思想の萌芽が認められた時代であった。

翌、1910年には、史蹟老樹調査保存会から「破壊湮滅ヲ招ク史蹟等ノ永遠ノ保存計画」が要求されている。翌1911年には、史蹟老樹調査保存会は史蹟名勝天然記念物保存協会に発展する中で、同会の会員であった議員から貴族院へ「史蹟及天然紀念物保存ニ關スル建議案」が提出された事は画期をなす出来事であったと看取される。内容は下記の通りである。

　晩近國勢ノ發展に伴ヒ土地ノ開拓道路ノ新設鉄道ノ開通市区ノ改正工場ノ設置水力ノ利用其ノ他百般ノ人爲的原因ニヨリテ直接或ハ間接ニ破壊湮滅ヲ招ク

以上のごとく、史跡等の永遠の保存計画を求めた趣旨であった。

かかる社会情勢を反映して、1919（大正8）年4月に、「史蹟名勝天然紀念物保存法」が制定されたのである。史蹟名勝天然紀念物保存法の第5条には、下記のごとく記されている。

　内務大臣ハ地方公共團體ヲ指定シテ史蹟名勝天然紀念物ノ管理ヲ爲サシムルコトヲ得

　前項ノ管理ニ要スル費用ハ當該公共團體ノ負擔トス

　國庫ハ前項ノ費用ニ對シ其ノ一部ヲ補助スルコトヲ得

本法は、史蹟・名勝・天然紀念物の保存と管理、さらには国庫補助金制度を明文化した点が大きな特徴である。さらに特記すべき点は、特別史蹟名勝・特別名勝・特別名勝天然紀念物の3区からなり、特定のすぐれた遺跡を史跡として保存する「特別史蹟名勝天然紀念物」の史跡指定制度がここに開始された。ここにようやく史跡に関するおおむねの理念が定められ、その大半は現行法である1950（昭和25）年制定の文化財保護法に継承されているのである。

7　郷土博物館論の展開―棚橋源太郎・森金次郎―

大正時代から昭和時代初期における郷土博物館論の展開は、目を見張るものがあり、学校附属郷土資料室から発した郷土博物館は当該期の博物館界の主題であったことが種々の文献から窺い知れる。

立ち返って、1888（明治21）年の岡倉天心による「博物館に就て」の中に下記の記載が認められる（岡倉1888）。

> （天）博物館ノ種類ハ漠矣判然其種類ヲ分ツヘカラズト雖モ今之ヲ試ミニ別區スレバ單ニ美術館トシテ繪畫彫刻ヲ蒐集スルモノアリ美術工藝ヲ併セル博物舘アリ古物ノミノ博物舘アリ動植物ノ博物舘アリ噐械工業博物舘、商業博物舘、人種學博物舘又ハ勸工場ニ類スルモノアリ雜物舘トモ謂フヘキモノアリ（後略　下線筆者）

上記の下線で明示した、“雑物館”なる用語が意図する専門領域こそが、郷土博物館に先行する用語ではなかろうかと推定されるが詳細は不明である。

1915（大正4）年11月に、大正天皇御大典祭・御大典記念博覧会が京都で開催され、博物館建設機運も高揚した時代であった。教育博物館・通俗教育館、防長教育博物館、大正記念三田博物館等・神社博物館が全国で多数開館されるなかで、1915年に我が国で郷土を冠した博物館の最初であろうと予測される赤穂郷土博物館が建設されている。

1919年には、上述した“史蹟名勝天然紀念物保存法”が制定され、保存施設としての郷土博物館建設に大きな影響を与えた。

1932（昭和7）年に棚橋源太郎は、その著『郷土博物館』（棚橋1932）の中で「郷土博物館といふ名稱は、それへ收容される陳列品や研究資料が、悉く郷土關係の物ばかりであると云ふことから來たものであらう。」と「郷土博物館」なる呼称名の由来を記している。

1942年に日本博物館協会より刊行された『郷土博物館建設に關する調査』（日本博物館協會編1942）にも「郷土博物館は、郷土關係の資料のみを收容する博物館である。」と簡潔に明記している。

郷土博物館論展開の推進者を代表するのは、むろん棚橋源太郎で1930年の『眼に訴へる教育機關』に次ぐ2冊目の著書である『郷土博物館』（棚橋1932）を1932年に上梓したことをはじめとし、当該期の『博物館研究』『公民教育』等々に郷土博物館に関する多数の論文を寄稿している。

1929年の『農村教育研究』（第２巻第１号）は棚橋源太郎をはじめとし郷土資料館論、小学校付属郷土資料室報告等々の郷土館特集号をはじめとし、種々の雑誌に郷土博物館特集が組まれるなど郷土博物館論の確立に邁進した時期であった。

一方でまた、郷土博物館論を唱えた人物として東京博物館学芸官であった森金次郎がいる。森は、1931年に「郷土博物館の設立と經營」（森1931）を記し、論頭に「博物館熱の勃興」と題し次のごとく記している。

> 博物館熱を促進した近因と見るべきものは二、三ある。即ち其の一つは史蹟名勝や天然紀念物の保存事業であつて、國法によって之等紀念物を貴重に保存せんとするものである。第二は產業開拓・國富增進の根本要素としては發明を奬勵し、科學知識の普及を圖らねばならぬが、之れには自然科學の博物館が重要なる施設であること。又第三は昨年文部省が全國各地の師範學校に補助金を交付して、鄉土資料の調査蒐集を奬勵したこと等の諸因が互に相關連して今日の鄉土博物館熱や科學博物館熱の急速なる勃興を見た所似である。

森は、当該期の博物館学の中興とも言える隆盛の原因を記し、「獨逸共和國の郷土博物館」「英國の郷土博物館」「米國の郷土博物館」を概観した上で、「我國郷土博物館の設立と蒐集」と「郷土博物館の學術研究と教育活動」と題し、仔細に至る郷土博物館論を展開している。

当該論は、翌1932年に『郷土史研究講座』（第９号）（森1932）に「郷土博物館」として、内容をさらに充実させた全56頁に及ぶ論文となり、郷土博物館論を代表する初期の先行研究と評価できよう。

1942年には、社団法人日本博物館協会より『郷土博物館建設に關する調査』（日本博物館協會1942）が刊行され、郷土博物館の本質・郷土博物館の重要性・郷土博物館の配置・郷土博物館の蒐集品・郷土博物館の事業・郷土博物館の建築設備〔建築設計図例〕・郷土博物館の設立管理及維持の郷土博物館の理念と具体を明示したものであった。尚、付録・郷土博物館の実例として横浜市震災記念館・大垣市郷土博物館・加活木町立郷土館・開城府立博物館・平壌府立博物館の沿革が平面図と伴に例示されており、該書による郷土資料館の具体的な明示は、当時の地域社会に大きな影響を与えたものと看取される。

以上のように、大正から昭和初期の郷土博物館論の展開は、目を見張るものがあり、博物館学の主題とも言える状態であった。

8　郷土博物館の第一の目的
—当該地域出身者の自己の確認の場—

全国の市区町村には、市区町村史があるように、それぞれの市区町村には郷土博物館が必要であると考えねばならない。市区町村史は、写真や図表を伴う文字媒体による記録であるところのあくまで二次資料である。市区町村史に実物資料を介在させ、立体的に立ち上げたものが郷土博物館であり、それが郷土博物館の展示であるといえよう。

時代の推移による新たな視点や研究方法が生じた場合などは、二次資料としての平面的記録である市区町村史のみでは決して対応できないところからも、基本となるのは実物資料であることは確認するまでもない。この意味でも実物資料を基盤に置いた博物館活動の展開そのものが必要なのである。

かかる観点でも、郷土博物館は地域社会の“蔵”であり、“郷土誌”である。この意味で郷土博物館の設置は必要なのであって、郷土博物館が不在であれば、郷土に片鱗を留める歴史・文化の残片は保存出来ず、これらは徐々に消失し去ることは明白である。

郷土博物館設立の目的は、地域住民にとっては“ふるさとの確認”の場で、郷土学習指向への契機となるのであり、それは取りも直さず郷土学習実践の場である。

次いでは、地域交流を誘う“地域おこし・村おこし”を目的とする地域文化発信の核となることである。外来者に対しては、ビジターセンターとしての当該地域の紹介の場であり、交流人口を生み出す場となるのである。

つまり換言すれば、当該地域の地理的条件・自然的条件・歴史・文化・産業等々の内容に及ぶ郷土博物館は、郷土の人々の、あるいは当該郷土の出身者にとっての“ふるさと”の縮図であり、“ふるさと”を確認できる場なのである。

郷土博物館での郷土資料は、岩石・鉱物・化石・考古・歴史・民俗・芸能・信仰・美術工芸・産業等々の種々の学術分野にわたる点が最大の特徴であり、この点はいわゆる総合博物館以外のあらゆる分野の博物館では持ち合わせていない特質でもある。つまり、郷土博物館は、郷土博物館という名の総合博物館なのである。

抑々、博物館の分類基準は複数存在するが、専門領域による分基準類の中での郷土博物館は自然・考古・歴史・民俗・美術ではなく、これらの専門領域を併せ持った総合博物館であることを峻別する分類呼称であることを再度確認しなければならない。郷土博物館の最大の意義は、この総合性にあると考えられよう。

したがって、科学館や民芸館・文学館では総合的分野にわたる郷土の資料群に対しては、到底対応出来ないことは事実である。

さらにまた、当該館種での展示資料は製（制）作に特化したものであるところから、設置及び資料保存等が簡単であるからといって科学館を安易に建設すべきではないことは、夕張市石炭博物館をはじめ多数の先行事例を挙げるでもなく、これらの現状を直視すれば一目瞭然のことであろう。

従って、文学館・美術館は郷土博物館の中に組み込むべきである。文学館・美術館も郷土博物館と称する総合博物館の中の郷土誌構成の個々の分野と把握し、コーナーとして位置付けることが重要である。こうした場合、文学・美術部門ともに郷土の中の文学・美術であり、郷土出身や郷土に由来する文学作家であり美術作家であるところから郷土の確認の上でも、また特別展・企画展・教育諸活動においても膨らみのある展示が可能となるであろう。ただし、この場合の文学・美術部門は、当然のことながら当該地域の出身者に限定することが肝要であり、捉え方としては郷土の先駆者・偉人といった設定を必要とする。

この意味でも、子ども科学館・青少年科学館とは峻別しなければならない。

9　郷土博物館の第２の目的―来訪者の拠点として―

第２の目的は、観光客にとっての当該地域との出会いの“場”は、博物館であり、旅人にとっての当該地域学習の場、すなわち当該地域の風土である自然・歴史・民俗・文化等々の学術情報享受の場が博物館なのである。したがって、当然のことながら当該目的を完遂するに耐えうる収蔵品であり、展示でなければならないことである。確認するまでもないが、博物館の展示は博物館の“顔”であり、この顔を形成するのが資料と称する“骨格”である。ゆえに、博物館における資料、すなわち集合体である“コレクション”の重要性はこの点に存在する。

さらにまた、観光地へ向かうバスの中で、当該地域独特の鳥や蝶・花、祭りや年中行事等の説明があったとする。あるいは、立ち寄った道の駅で同様の情報に触れたりもするだろう。鳥や蝶・花は、何時でも遭遇できるものではないし、祭りや年中行事等の無形の資料も同様であろう。“百聞は一見に如かず”のとおり、実物を見ることにより人は旅の原風景の確認により満足を得るのであるから、これらの不具合を解決し、資料が内蔵する学術情報を旅人に伝達することが可能な機関は博物館に限定されるのであるから、その責は極めて大きいと言えよう。

しかし、このことは何も観光客に限ったことではなく、博物館の中でも地域博物館は、当該地の自然・考古・歴史・民俗・芸能・信仰等に関する豊富な資料からなるコレクションを基盤とする情報伝達を十分果たし、見る者に“驚きと発見をもたらす”展示が必要であることが、博物館展示であることを認識しなければならない。また、博物館は、博物館内での活動に留まるのではなく、博物館法第３条８項が明示するがごとく、博物館は所在する地域の文化財を保護すると同時にそれらを旅の原風景の一コマとなるように整備活用することが重要である。さらに、博物館は観光資源となる地域文化資源のさらなる発見と保存／継承・公開・活用を継続することが交流人口の増加と継続に直結することも忘れてはならないのである。結果として地域文化・地域資源を基に知り得た知識は、博物館を含めた旅の原風景となろう。

旅・観光は、要約すると出会いである。人との出会い、自然との出会い、歴史との出会い、異文化との出会いであり、出会いの入り口は博物館であると言えよう。さらに詳細な出会いの場である非日常物・非日常空間を紹介するのも博物館であり、博物館は地域社会の社会資源として増殖し続けなければならない観光資源となることが重要であると考える。

極言すれば博物館は、観光の拠点的観光資源であり、教育資源であり、社会資源であることを認識しなければならないのである。

10　忘れ去られている郷土博物館での展示の基本要件

上記した展示の基本目的を達成するために郷土博物館での展示は、1. 当該地域の日本および県内での地理的位置づけ、2. 展示資料の日本年表での位置づけの２点が郷土博物館には不可避であると考える。

(1) 当該地域の日本および県内での位置づけ

郷土資料館の目的である“当該地域の確認の場”の役割を果たすには、 まずは国内及び県内での位置の確認と認識が第一義であることは確認するまでもない。在住者にとっては、自分たちが住んでいる場所の地理を知悉することであり、訪問者（ビジター）には訪問地の場所の確認である。今日、観光バスや車での到達が一般的であるところから、ややもすると自分の居場所が分からないといったことも出来する。車を運転して来た場合でも、30年前であれば地図が頼りであったため、それなりに自分の位置は自ずと把握していた。しかし、カーナビゲーションの使用頻度の進捗に伴い自分の位置が不明瞭となっている。ゆえに、訪問地である郷土博物館での位置確認は、自身の旅行記録の上でも、また当該地の地理上での位置確認のためにも必要なのである。当該地を知るには、まず位置を知ることである。

(2) 展示資料の日本年表への位置づけ

年表とは、歴史上の出来事を時間軸にそって順番に並べることにより、時間的推移を見る者に容易に理解できる事を目的とした表形態の展示物である。文字を基本媒体とするが、写真や絵図を含めた絵年表方式もあるところから、基本的には展示パネルと同様な目的で包括的な機能を有する情報伝達物である。

横書きの場合は通常は古い順から左から右へ、縦書きの場合は上から下へ年代は新しくなるが、博物館展示の場合見学者の左回りの原則動線からすると右から左への流れが適合する形態となる。

博物館における年表の展示は、その理由は不明であるが近年減少の傾向が認められるようである。逆にいえば、1970（昭和45）年頃までの手づくり的な郷土資料館には多見される傾向であったように思われる。

歴史系博物館の歴史展示における歴史年表は、確認するまでもなく当該地域の歴史事象とその変遷を時間軸で明示するものであり、見学者が展示されている歴史資料と年表の両者を見ることにより、展示資料を日本の歴史の中に位置づけることを目的とするものである。視覚により容易に理解が求められる展示補助資料であるところから、歴史展示には不可避であると考えられるのである。

さらには、多くは断片的な当該地域の歴史を、日本史の中に位置づけることが歴史展示が目的とする重要点である。つまり、地域博物館においては、日本の歴史や文化を総花的にあつかう展示を行うのではなく、当該地域の地域特性である独自の文化・歴史を取り上げ展示することが地域の確認を目的とする地域博物館の責務であると同時に、博物館の特色を生むこととなるのは周知の事実である。ただそうした場合、地域における個々の歴史の位置づけが不明瞭になるゆえに、日本史年表との対象が必要となるのである。日本通史の中における、当該地域の断続的資料による歴史の相対的位置を、確認することを目的とするものである

したがって、年表の構成は当該地域史と日本の歴史を対比可能な２軸構成とすることが肝要である。この地での、このような事件があったときは江戸・大坂・他地域ではどうであったかが一目で解ることが重要なのである。考古学資料の展示や海外と関わりの多い地域での歴史年表の構成は、さらに世界史年表を加味した３軸構成による年表が必要となることもあろう。世界の中の当該地域、日本の中の当該地域の把握が出来ることを目的とするものである。

年表の展示場所は、壁面が一般的である。壁面を使用するにあたって

何らかの規制がある場合は、床面も可能であろう。いずれにせよ、歴史展示室に限らず必要とされる展示構成資料である。

なお、くどいようであるが年表は、展示資料と同一場所であることが必要々件であり、展示を構成する一要素であると考えなければならないのである。ゆえに、廊下や展示室以外での年表展示は本来の展示効果を果たしていないものと考えられる。

11　郷土博物館における野外部の必要性

照井猪一郎は、「教育博物館の構成と利用」（照井 1932）の中で資料室での資料の収集及び室内展示と野外にある資料との関係を次のごとく記している。

「教室から一歩外に出ると美田萬頃、黄金の波に豊かな秋を象徴して居る其稻が、郷土室では干からびて、半穂がこぼれ落ちて、それから紙札がついて倒さに天井からブラ下つて居る一何の積りだらう一」

といふ言葉を聞いた。これはたしかに標本屋・古道具屋式の無意味さや見當違ひを嘆息されたものに違ひない。

上記引用文の主意は、博物館の基本機能である資料の収集と資料現地主義に関する根幹的問題である。つまり、博物館に収集された資料はいかに綿密な調査研究の上で収集されたにせよ、大半の資料はその資料が存在した状況や環境といった資料が有していた背景を失っていることは事実である。この点が博物館資料化した資料と、本来あるべき位置にある現地（現位置）資料との基本的な違いであり、学術上では背景・状況・環境等々の基礎情報上での差異と、展示においては見る者にとっての臨場感の違いであるといえよう。

したがって、かかる観点でのそれぞれ個別の資料が有する背景・状況・環境をある程度まで復元が可能な空間が野外部での展示であり、室内展示と連携させることにより、その結果見学者を魅了し“驚きと発見”を導き出せることとなる。この点が、博物館活動における野外部必要性の第一点であると考えなければならない。

また、郷土博物館で、郷土学習を完遂するための教育活動を実施する場として、建物内部に限定された通常の博物館では当然限界があり、さらに充実した活動を展開する為にも地域博物館に野外部は不可欠であると考えられる。つまり、屋内の展示室や学習室のみではなく、展示および教育諸活動に供せられる屋外空間を付帯させることが必要なのである。活動の場を野外にも持つことにより、種々の博物館の機能のなかでも博物館展示や博物館教育活動に大幅な拡大がもたらされることは必定である。例えるならば、野外スペースを持たない博物館は、グランドのない学校に置き換えればその活動内容においての限界は、明々白々であることからもその重要性は理解できよう。

野外部での展開については、下記の4点におおむね集約され、これらの展開により今日逼塞状態にあるともいえる多くの郷土博物館に活性化がもたらされる要因となるものと考えられるのである。

1. 当該地域の民家や歴史的建造物等の建築物をはじめとする、大型構築物の移築および再現が可能となること。
2. 野外であるが故に、火の利用や水の利用、天日干しといった室内では不可能な行為が可能であること。
3. 水田や畑、せせらぎや池等の親水施設等の設置も可能であること。
4. 水生植物を含めた遺跡検出植物・民俗植物（薬用・救荒）・万葉植物等の栽培や植栽が可能であること。

12　建築物の復元、移築展示と活用

建築物に関しては、竪穴住居や高床住居の復元家屋や古民家・当該域の象徴的な歴史的建造物である旧役場・旧郵便局等々の移設による展示空間の構成を可能とする場所が野外部分なのである。

また、従来の郷土博物館での野外部確保が困難な場合や新しく郷土博物館を設立する場合は、寄贈等々の条件が解決すれば地方で社会問題ともなっている空き家や耕作放棄地の一利用方として、古民家・蔵等を伴う屋敷をまるごと歴史的建物利用博物館とすることも郷土の保存としての得策であろう。

中でも最も必要とされるのは、郷土特有の家屋形態を有する古民家である。現地保存の場合でも、移設の場合においても、第一義的には民家と言う資料の保存であり展示であるが、さらには活用に供せる間取り等々を有している点である。床の間を有した奥座敷や囲炉裏・竈等の生活に密着した要素で構成される生活空間が建物の中にあることにより、年中行事や郷土の行事等の実施が可能となるのである。また、これに伴う体験学習の場として環境が整備されることによる、より一層の参加体験志向のいわゆる第三世代博物館の要素も強化できる事が期待出来ると同時に、昨今の激しい社会変化の中での、無形の郷土文化の保存と伝承に結び着くものと考えられるのである。

なお、“餅つき”“七夕”“どんど焼き”等々の民俗行事を博物館活動として行なうにあたっては、端的には野外があれば可能であるのだがやはり、景観としての古民家が必要であり、古民家の有無によりその臨場感は大きく左右されることは明白である。

また、我が国の建物の中でも、ある意味での象徴的建造物である土蔵を、保存・展示・活用することに意義がある。土蔵の種類により多様な活用が可能であろうが、基本的には資料の保存施設であるから収蔵庫として、あるいは収蔵展示場としての活用が基本であろう。その際に、土蔵が有する湿度調整機能及び“煙返し”による防火機能に関する知恵と技術による建築構造に関する展示を行うことが必要であることは確認するまでもない。土蔵を構成する漆喰の成分や技法・内部構造・収納状況等の展示は“驚きと発見”をもたらすであろうことは十分予測できよう。

13　郷土博物館での展示の要件
—室内展示資料と連携した野外空間での植物の展示—

今日の社会では、一般的に植物離れが著しく植物に関する知識が極めて脆弱であると看取される。植物の名称は基より、中でも植物と日本人との関わりが全く忘れ去られているのが現状であろうか。原因は、大和本草を捨て去り、明治期に輸入した西欧の分類学を基軸に置く植物学とこれを基本とした学校教育にあることはいうまでもない。日本人の教養・学識の涵養を目的に、この本不具合を教育することも博物館教育の責務であると考えなければならないのである。このことは、現在の植物園には期待できないところから、むしろ人文系博物館が果たさねばならない役割であると考えるものである。また、このことが可能な人文系博物館は、郷土博物館をおいてはあり得ないなのである。

考古・歴史・民俗・文学等の人文系博物館の展示においても、日本人の植物への感性や利用に関する知恵や伝統に関する情報伝達なくして、見る者に興味を抱かせる展示を構成する事は、不可能であると言っても過言ではないのである。

この植物文化に関する情報伝達の具体は、それは取りも直さず植栽が可能であり展示や教育活動に植物自体を取り入れる事が第一義である。仮に、考古系・歴史系・民俗系博物館は、もとより文学系博物館の展示であっても、展示室内での植物が関与する資料と野外に植栽した植物との関連を持たせることにより、さらなる深みを持った整合性のある総合展示が展開出来るのである。

野外博物館や博物館の野外部を有した博物館での植栽展示の植物は、史跡整備等でまま見られるソメイヨシノやハナミズキであっては決してならないのである。あくまで博物館の展示室内の展示品と関わりのある植物や人間が利用した有用植物を選定しなければならない。この室内での植物に関連する展示資料と野外部展示植物が一体化して、初めて大きな展示効果が発生するものと考えられよう。

例えば、当該博物館の展示室内で展示されている縄文時代遺跡出土の遺物を通した縄文文化や、また弥生文化・古墳文化とお互いに関与する植物を野外部に植栽し、その植栽植物も展示品として活用する事が望まれるのである。それには遺跡から検出された木製品・自然植物遺物や花粉分析・プラントオパール等の調査結果による学術情報に基づき、樹種・草種を選出した上で植栽による実物資料を公開することが、まずもって遺跡が持つ情報の伝達のひとつであると考える。

縄文時代であれば、一般に食物として採集対象であった胡桃（くるみ）・栃（とち）・櫟（くぬぎ）・椎（しい）・山栗（やまぐり）等の堅果植物が基本であろう。これらに加えて住居の建築材や諸道具に使用された樹木・草木類があればかなりの展示展開と教育活動は可能となろう。この方法により展示の意図に基づく縄文植物園・弥生植物園・古墳植物園といった考古学植物園を形成し、そこに展示栽培された植物はそれぞれの時代の人と植物との関わり方である智恵と植物の特性に関する情報伝達がはじめて可能となるのである。

例えば、陳寿による『三国志』「魏書」第三巻烏丸鮮卑東夷伝倭人条、通称「魏志倭人伝」に記載の我が国の植物は、橿（樫）・柟（楠・樟）・豫樟（樟）・杼（橡・栃）・櫪（櫟）・篠（ささ竹）・簳（矢竹）・桃支（かつら竹）であり、これらを「魏志倭人伝植物園」とすることも必要であろうし、また『倭名抄』に記された植物園も可能である。ただし、これらの植物群は、特に注意を喚起するにたる特徴を持ち合わせていない植物類のあると思われるが、課題そのものが注意を喚起することとなり、それなりの教育効果は期待できよう。

民俗を専門領域とする博物館であれば、当然のごとく当該地域の民俗植物園を設け、樹木では有益植物である松・梅・桐・梧桐・渋柿・柏・樫・榊・桑・楮・三椏・南天・楪等などが、竹類では孟宗竹・真竹・淡竹・矢竹等は一般的であろう。草本類は、当該地域での採集対象としてきた山菜を植栽し、それらの特質と調理法をも紹介することが重要である。

移築民家の西側や北側には、桐や柿の植栽は風景としても必要である。当然民家の前、すなわち南側には前栽やいわゆる家庭菜園が臨場感の創出のためには必要である。民家に隣接した畑も付帯させることにより、いやが上にも臨場感が高まることと、民家とこれを取り巻く環境を復元することとなり、この点が野外部のみが果たせる特徴である。

栽培植物では、赤米・黒米・稗・粟・蕎麦・麦・豆・大賀蓮等は絶対に必要であろうし、草本にいたっては蓼・茜・麻・綿・烏瓜・車前草等々の人間と関わりの深い草本を必要とする。

展示室の民具との関係を持たせる為には、それらの民具の素材である樹木・竹類・蔓類を植栽することも重要である。

例えば、蝋燭や和傘に関する資料を収蔵し展示しているのであれば、蝋燭に関しては櫨が必要であり、和傘には撥水性をたかめる目的で塗布された柿渋や桐油をとった渋柿や大油桐が必要となる。大油桐は、中国原産の大木で我が国では和歌山県等の暖地で栽培され、実から採集した桐油は和傘に塗った油でもあったことや、桐油は植物油の中では最上質の油であり、和傘への塗布・刀の保存油にも用いられて来た事などを情報伝達すれば、"驚きと発見"となり、自ずと植物への関心が高まるものと推定される。

同様なことは、梓と梓弓・梓材の活字からさらに転じて浮世絵の版木としての山桜との関係、樟（楠）と防虫剤としての樟脳とセルロイド、榁とトイレのウジ虫駆除、烏瓜と天花粉、馬酔木と牛馬の皮膚の寄生虫駆除等々をはじめとする人間の植物利用の知恵を展示することが重要であり、このような展示意図に基づき展示室内から野外への連携展示により展示内容の増幅と臨場感による多くの"驚きと発見"が出現することとなり、この点が地域博物館の活性化をもたらす要因になると考える。

また、博物館の専門領域によっては、万葉植物園や民俗薬草園や植物家紋を主題とする家紋植物園、子供の遊びに関する植物園もあり得よう。

一方で、日本人と歴史的に関係を持つ植物の多くは、果実が実り採集対象となってきた植物であるから、採集対象に供することも必要である。このことは換言すれば、参加型展示でもあり、博物館利用者のリピートを誘う大きな要因ともなろう。それぞれの季節になれば、山桃・胡桃・山栗・梅・木通・柿・渋柿・等々が実ったことを広報すれば、必ず人は博物館にやってくる。草花においても同様であろう。片栗・山百合・姥百合・菖蒲・蓮・栃・山栗・桔梗等々の花が咲いたと広報すれば、訪れた人々は博物館を、"鑑賞による満足"とまたある者は"驚きと発見"によるリピート客となろう。

植物の場合、秋から春までの間は枯れるものが多いことや、万葉集や俳歌、文学等に登場する場合は花が多いことは共通するが、花期は限定されることから、この点を室内での展示で十分補足できるように考慮する必要がある。この点を怠れば一般の植物園と全く同様の結果となろう。

おわりに

郷土博物館は、あくまで歴史・文化・自然が融合した風土の確認が行なえる空間でなければならない。博物館は、過去を知り未来をつくる空間であり、このことはまた、“ふるさと”を学び、自分を学び、地域に生きる確認でもあろう。それは同時に文化を担う誇りであり、ひいてはこれが、我が国の日本文化の保存と継承につながり、その中から新たなる創造が生まれるものと考えられる。

また、全国で人口減少と高齢化が急激に進む中で“村おこし”“観光”と言った交流人口の増加に結びつくものと考えなければならないのである。そのためには、“学芸員”“展示空間”“資料”の三要素の充実が基本であることは確認するまでもない。

場である“展示空間”に関しては、縷々上述してきた通りであり、一般に博物館と言えば室内に限定してきた我が国の博物館施設の概念に対して、室内での展示に野外部を付設させることによって面積的にも拡大できるとともに、室内展示と連携した野外部展示への延長により、博物館展示の情報伝達量や教育活動の内容が増幅できることである。このような、展示・教育効果により総合博物館の視座が進展することにより、博物館の活性化が進捗するものと考えられるのである。

さらなる基本要件は、学芸員の配置であることは記すまでもなかろう。博物館に限らずすべての機関・施設・会社等々においても全く同様であるように、基本となるのは“人”である。したがって、博物館学知識と博物館学意識を有した熱心な専任学芸員が必要なのである。

従来、億単位の大型映像設備やシミュレーション装置・動く恐竜を配置した巨大ジオラマ等々の展示物は、すぐに陳腐化をきたす傾向にあることからも、博物館経営の上で大きな足枷となっている博物館の現状を為政者は自分の目で直視し、再度確認することにより同じ轍を踏まないようにしなければならないのである。この無駄に終わってきた予算を有効に活用し、一人でも多くの博物館学知識と意識を有した熱心な学芸員を配置することが重要なのである。資料との出会いはもとより、さらには“学芸員と出会える博物館”となることで、博物館は社会資源へと昇華できるものと考えられる。

郷土博物館の建物は、なにも白亜の殿堂のごとくの建造物を必要としない。博物館建設は、“ハコモノ”行政の必要は何らないのである。今日、地方での人口減少と高齢化が進むなかでの、郷土の文化資源としての歴史的建造物の保存とその活用としての郷土博物館が望まれよう。

また、諄いようであるが、郷土博物館の活性化には、野外部を付帯させることによる展示および教育活動の場の創生と、野外部の利用による内容の拡大化により逼塞状態からの脱却を図ることが重要である。

さらにまた、研究職に位置づけた博物館学知識と意識を有する熱心な学芸員を配置することが、郷土博物館の活性化の要点であると同時に、高齢者を含めた地域住民が参加できる参加型博物館が郷土博物館であると考える。

註

1）「市町村立歴史民俗資料館の設置・運営のあり方」

市町村立歴史民俗資料館は、各種開発事業の急速な進展と生活様式の変貌に対処して、山村・漁村・離島・平地農村及び町方など広くその地域の特色を示す民俗文化財あるいは地域の歴史の流れを裏づける遺物・文書などの歴史資料の保存活用を図り、郷土の歴史と文化に対する住民の知識と理解を深めることを目的とする。

（略）

設置と資料館活動

（略）

(2) 施設

（略）

イ．地方的特色を示す民家、または郷土にとって歴史的に重要な建造物などの既存の建物を利用するもの。（以下略。傍線筆者）

2） 法令番号：明治17年文部省達第14号

3） 法令番号：明治24年文部省令第11号

参考文献

石橋五郎　1912「第二回郷土保存萬國會議状況報告」『建築雑誌』25－5、p.84

伊藤政次　1932「我が郷土研究施設に就いて」『郷土教育〔郷土科學改題〕』

18、刀江書院、p.49
岡倉天心　1888「博物舘に就て」『日出新聞』（再掲：岡倉天心　1889「美術博物舘ノ設立ヲ賛成ス」『内外名士日本美術論』點林堂）
小川正行　1932「郷土教育と郷土史」『郷土史研究講座』9、雄山閣
棚橋源太郎 1932『郷土博物館』刀江書院、p.13
照井猪一郎　1932「教育博物館の構成と利用」『郷土教育〔郷土科學改題〕』18、刀江書院、p.18
長野縣師範學校　1938「郷土室規定」『昭和十三年九月　長野縣師範學校要覽』、pp.117-118
新渡戸稲造　1898『農業本論』裳華房
日本博物館協會編　1942『郷土博物館建設に關する調査』社團法人日本博物館協會、p.1
日本博物館協会編　2017『全国博物館総覧』ぎょうせい
日本博物館協会編　2013『平成二十五年度名簿』公益財団法人日本博物館協会
日外アソシエーツ編集部編　2012『郷土博物館事典』日外アソシエーツ
峯地光重、大西伍一　1930『新郷土教育の理論と實際』人文書房
船越源一　1932「地方研究の施設に就いて」『郷土教育〔郷土科學改題〕』18、刀江書院、p.13
牧口常三郎　1965「教授の統合としての郷土科研究」『牧口常三郎全集』5、東西哲学書院（初出：牧口常三郎　1912『教授の統合としての郷土科研究』以文館）
三好　學　1915『天然記念物』冨山房
森　金次郎　1931「郷土博物館の設立と經營」『郷土―研究と教育―』6
森　金次郎　1932「郷土博物館」『郷土史研究講座』9、雄山閣
文部省　1931「昭和五年度師範教育補助費配当」『文部時報』386、pp.60-61
矢崎好幸　1932「山梨懸師範學校の郷土教育施設について」『郷土教育』23、刀江書院

第2章

波佐見町に博物館が開館するまでの経緯と既存博物館の問題点

中野 雄二

はじめに

現在、波佐見町では、個人住宅を改装・増築した、新たな「博物館」の設置が進められている。今まさに、改装工事に着手したところで、敷地は工事用の仮囲いがめぐり、住宅には足場が組まれ、多くの工事関係者が忙しそうに行き来している（写真1）。

後述するが、博物館設置に向けての発端は、今からちょうど10年前、2009（平成21）年に遡る。それは、波佐見町の歴史を調査・研究する同好会である「波佐見史談会」からの一通の要望書であった。その後、紆余曲折を経ながら、多くの方々の尽力や働きかけ、ご意見、時に厳しいご指摘をいただきつつ、博物館設置に向けての準備が進められてきた。

本章ではまず、要望書提出に至るまでの背景と、要望書提出以降の10年間の軌跡を「経緯」として振り返ってみたい。続いて、波佐見町内に現存する公立の「博物館」である「波佐見町陶芸の館観光交流センター」と「波佐見町農民具資料館」の2館について、館の内容、特徴や、活動履歴等についてまとめる。そして最後に、これら既存の「博物館」が有する問題点を指摘した上で、新たな「博物館」とどのように併存・共栄していくか、その展望について述べていく。

写真1　工事中の波佐見町歴史文化交流館

ここで、用語の整理を行っておきたい。博物館法では、同法第 10 条でいう、当該博物館の所在する都道府県教育委員会に備える博物館登録原簿に登録された「登録博物館」、また、同法第 29 条による、文部科学大臣または都道府県教育委員会が指定した「博物館相当施設」、この 2 つを「博物館」と定義している（e-GOV 2019）。さらに、博物館法の対象外ではあるものの、文化庁は博物館に類似した機能を有する施設を「博物館類似施設」としている（文化庁 2019）。波佐見町内の既存の「博物館」は全て上記の「博物館類似施設」に該当するが、本章では便宜的に「博物館」「資料館」「館」等と呼称する。また、現在建設中の新たな博物館については、「波佐見町歴史文化交流館（仮称）」との名称を暫定的に付しているが、本章では、「波佐見町歴史文化交流館」、もしくは、「交流館」と表記する。

1　波佐見町に博物館が設置される経緯

(1)　要望書提出に至るまでの背景

1956（昭和 31）年に上波佐見町と下波佐見村が合併し、波佐見町が誕生した。その後、高度経済成長の波に乗りながら、様々な社会基盤整備をはじめ、学校建設、さらに体育館・公民館等の社会教育施設の建設が進められる。しかし、波佐見町の歴史を伝える博物館の建設は、手つかずの状態であった。

1976 年、旧石器時代から江戸時代までの波佐見町の流れをまとめた『波佐見史』上巻（波佐見史編纂委員会 1976）、その後、1981 年には、明治時代以降の歴史を記した『波佐見史』下巻（波佐見史編纂委員会 1981）が刊行される。

1977 年には、波佐見町内で江戸時代以来生産されてきた波佐見焼を通商産業省（現：経済産業省）指定の伝統工芸品に申請する動きが活発化した。町では調査委員会を設置し、歴史資料の収集に努め、その甲斐あって、翌 1978 年、波佐見焼は伝統工芸品として指定された。また、同年には、「波佐見地方を中心にして先人の生活遺産を自主的に研究」（波佐見史談会 1979）することを目的とした「波佐見史談会」が発足している。

以上の 1970 年代後半からの一連の動きは、波佐見焼や波佐見町の歴史に対する町民の関心を大いに高めることになり、このような背景のもと、1984年、町内井石郷に古陶磁資料等を展示する「波佐見町陶芸の館」がオープンした。波佐見町ではじめての歴史資料を扱った公立博物館である。その内容等については後ほど詳述していきたい。

その後、1993（平成5）年、当時長崎県史跡であった（現：国指定史跡）畑ノ原（はたのはら）窯跡の復元整備工事が完了した。同年には、歴史系（考古学）の専門職である学芸員が波佐見町にはじめて採用されている。

1996年、佐賀県の有田町をメイン会場とし、長崎県側では波佐見会場、三川内会場、ハウステンボス会場をサブ会場として、やきものの一大イベントである「世界・焱（ほのお）の博覧会」が催された。さらに、1999年、陶祖李祐慶をはじめ先人陶工達を顕彰した「波佐見焼400年祭」が開催されている。

1998年には、町内鬼木郷に、波佐見で2番目の公立の博物館である「波佐見町農民具資料館」が開館する。当館についても後ほど改めて紹介したい。

2000年は、波佐見焼の歴史にとって画期となる年であった。5基の登り窯跡と2箇所の窯業関連遺跡が「肥前波佐見陶磁器窯跡」の名称で国史跡に指定されたのである。波佐見焼400年の歴史が、わが国の歴史にとっていかに重要であるかを、指定によって広く知らしめることができた。

以上のように、1980年代以降、歴史研究・調査、行政における文化財関連施策等は、波佐見焼の歴史を軸として展開してきたと言える。2000年代以降も、基本的にその軸足は変わらず、とくに文化財保護行政では、窯跡の発掘調査・出土古陶磁の研究、遺跡の整備を中心に進めてきた。

一方、波佐見焼以外の歴史的事象の調査・研究・保護は、波佐見史談会の活動を除き、低調であったと言わざるを得ない。例えば、古陶磁以外の歴史資料である古文書や石造物等については、町内各所にその存在はある程度把握されていたものの、学術的調査を実施する人員も能力も時間的猶予もないことから、ほぼ手つかずの状態で残されていた。

(2) 要望書提出以降

このような状況下において、波佐見町内旧家所蔵の古文書等が町外の博物館へ寄贈される事案が数件発生する。古文書等を保管し、研究、展示する設備が整った博物館が町内に存在しないこと、また、古文書を読み解く研究者が不在であることが、町外へ手放した大きな理由であった。確かに博物館施設として波佐見町陶芸の館は存在するが、波佐見焼に特化した博物館であるため、やきものに全く関連しない古文書等を展示することは難しく、また、古文書等を状態良く保管するための設備も有していない。古文書の専門家もおらず、教育委員会としては、貴重な波佐見の財産が他所へ流出することをただ傍観するしかなかった。さらに、ある旧家が蔵の改装に伴い代々保管していた古文書等を廃棄処分したという噂をたびたび伝え聞くこともあった。このような歴史資料の流出や消失に危機感をつのらせていたところ、波佐見史談会から、以下のの要望書をいただいた。

波佐見歴史博物館（仮称）の設置に関する要望書[1)]

「ふるさと　波佐見町」は東西約10.5km、南北7km、面積55.69km²で東西に長い台形をなし、人々が暮らすには生活環境に恵まれた土地であり、自然的にも歴史的にも、有形・無形の文化的所産の宝庫といえる町であります。

しかし、今日の豊かな生活が出来るようになったのも全く自然の恵みや、祖先・先人の人々の知恵やたゆまない努力の賜物と言わなければなりません。

今日に生きるわれわれは、故郷の美しい自然や、先人が遺した生活の歴史資料を後世に目に見える形で後世に残し伝える使命があります。

そこで、町内に存在する数々の貴重な資料を、一同に収集保存、展示公開できる機能を備え、仮称「波佐見歴史博物館」の設置について、緊急性を持ってその確保・実現に取り組んでくださるよう請願いたします。

平成21年8月24日

波佐見史談会　会長名　ほか会員一同
波佐見町教育委員会　教育長名　様

また、要望書中の歴史資料については、別記で詳述している。

①町内各家庭にある古文書、古い記録資料など。

②波佐見町内古窯跡の発掘調査による出土資料や記録資料。(町教育委員会による発掘調査資料、整理調査資料)、産業遺産としての窯業関係資料(陶磁石ほか原材料、窯跡、窯道具、成型、細工、絵付け、包装、荷造り、流通、販路、陶器祭り)。

③農・林業、窯業、工業、商業等の産業に関する道具や記録資料。

④田中孝之コレクション(農民具、教育、生活文化、町政資料ほか)。

⑤鬼木農民具資料館収集未公開展示資料、各家庭の民具資料。

⑥旧石器・黒曜石矢じり、縄文・弥生式土器片等の蒐集資料。＊田﨑明氏(皿山郷・史談会員)による町内遺跡石器等資料。

⑦古い記録資料(旅日記・手紙・住民の暮らし、風俗生活習慣、民俗信仰、インリ拝石、〆元制度、冠婚葬祭、生活改善の歴史)。

⑧日本の歴史・藩政の変遷に呼応した政治経済や生活の諸資料。

⑨町民の歴史研究の既存資料の蒐集・資料の保存と公開活用。

⑩波佐見町政の中の永久保存の行政資料(県政・国政を含む)。

以上のように、波佐見町内に存在する考古学、歴史学、民俗学をはじめ、各種生業・教育・行政など多岐に亘る資料を、博物館建設によって保管・展示公開することを強く望む内容であった。波佐見史談会にも度重なる町内歴史資料の散逸や消失の情報が入っており、このことが要望書を教育委員会に提出した最大の動機であったと、後ほど史談会の方から伺っている。

この要望を受け、町では館の建設に向けて、館の場所・規模・内容や、建設費用等の財政措置について具体的な検討に乗り出した。その後、波佐見町の様々な長期的計画をまとめた『第５次　波佐見町総合計画 2013〜2022』(波佐見町企画財政課 2013)の中で、「波佐見町の貴重な歴史的資料を保護するとともに、その歴史的資料を活用し、後世に伝えていく必要性があることから、歴史資料館建設の早期実現を図ります。」とうたい、館の建設を町政における基本方針として明確に位置づけた。

教育委員会においても、要望書によって波佐見焼以外の歴史について

写真２　屋根付き表門
（老朽化のため撤去）

写真３　主屋正面

深く掘り下げる重要性を痛感し、波佐見史談会との連携をはかりながら、町民が所蔵する歴史資料の悉皆調査を実施した。同時に、先に見た資料の散逸や消失を防ぐ一つの有効な手段として館の必要性を強く認識することとなった。

以降、検討・準備を進めていたところ、2014年に、個人住宅とその敷地を町が買い上げ、博物館として活用する案が浮上する。個人住宅は、1973年に完成した築50年ほどの大型木造建造物であり（写真２・３）、改修および増築工事によって博物館として十分機能すると想定された。こうして、まずは博物館の所在地と建物が確定した。

翌年の2015年には、学識経験者、町民代表、行政関係者からなる波佐見町歴史文化交流館建設検討委員会が立ち上がった。専門家、町民および行政、それぞれの観点から、館の施設、資料、展示計画、管理運営等に関して検討を行い、協議を重ねた結果、2018年に整備基本構想（波佐見町教育委員会2018）がまとまった。そして、2019年３月、実施設計書が完成し、同年６月から改修・増築工事に着手した。2021（令和３）年３月の開館を目指している。

２　既存博物館について

波佐見町内には、公立の博物館として、波佐見町陶芸の館観光交流センターと波佐見町農民具資料館の２館が存在する。ここでは、それぞれの館の内容やこれまでの利活用状況についてまとめてみたい。

(1) 波佐見町陶芸の館観光交流センター（写真4）

本センターは、国土庁（現：国土交通省）の定住圏構想による地場産業の振興と伝統工芸の保護育成を図る目的で建設が計画され、1983（昭和58）年に着工、翌1984年11月26日に開館した。当初の名称は「波佐見町陶芸の館」である。建設にあたっては、1978年の波佐見焼伝統工芸品指定が大きく後押しした。鉄筋コンクリート2階建、延べ面積約1,700㎡、総工費は3億5,000万円。また、管理・運営については、波佐見陶磁器工業協同組合、長崎県陶磁器元卸商業協同組合などの窯業関係団体を会員とする波佐見焼振興会が、波佐見町から委託を受けて行っている。

建設当時は、1階に、現代の波佐見焼を展示即売する「陶磁器販売コーナー」、やきもの関係の書籍を集めた「図書室」、伝統工芸士・技能士から直接技術指導を受けられる「やきもの教室」等があり、2階には展示室（写真5）が設けられた。

写真4　波佐見町陶芸の館観光交流センター

展示室には、波佐見町内の古窯跡で採集された陶片資料、町民から寄贈・寄託を受けた近世以降の波佐見焼、伝統工芸士の作品群、

写真5　陶芸の館 北区展示室

窯業関連古文書等の実物資料を展示し、写真・パネルによる解説を加えて、波佐見窯業のはじまりから昭和時代までの諸様相を理解できるようにした。また、現代波佐見焼の製造工程を示す道具等の実物資料や写真・解説パネルも展示した。

その後、1996（平成8）年開催の世界・焱の博覧会において会場の一つに選ばれた当館は、期間中、名称を「くらわん館」と改め、内部を大幅にリニューアルした。その際、開館以来長らく展示替えが行われていなかった常設展示に大きく手を加えた。

開館当時の展示と大きく異なる点は、1990年より開始された古窯跡群の年次的な発掘調査により、展示可能な古陶磁資料が飛躍的に増加した点にある。また、近世陶磁研究の進展によって、以前よりも細やかな編年が可能になり、その成果を展示に反映できた点にある。それまでの展示では、近世代の陶片のすぐ横に近代や現代の陶片が並ぶなど、時間軸を考慮せずただ雑然と陶片を並べたものであったが、この際は編年に基づく時間的変遷を強く意識して展示を行った。2階展示室は、大きく北と南展示区に分けられ、動線は右回りで北から南に人が流れるよう設定されていたため、北区に近世代、南区に近代から平成時代までの資料等を時間軸に沿って配し、見学者が波佐見焼の時間的推移を容易に理解できるよう工夫した。その他、現代の波佐見焼の製造工程に加え、江戸期の工程についても人形等を用いて表示している。展示パネルやキャプションも大きく見やすいものに変え、写真もできるだけ多く使用することを心がけた。

なお、この世界・焱の博覧会期間中、くらわん館において、特別展である「波佐見青磁・くらわんか展」を開催した。波佐見ではじめての古陶磁に関する特別展である。内容については後ほど紹介する。

波佐見町陶芸の館のその後をみていきたい。世界・焱の博覧会開催の翌年、ハウステンボス会場の絵付け師ロボットを長崎県から譲り受け、2階展示室に移設した。やきものの絵付けの筆を休め、波佐見焼の歴史をとうとうと語るロボットで、人間と見まがうばかりの表情と動きが人気を博している。ちなみに、彼の名前は「玄さん」である（写真6）。

2002年には、1階のやきもの売り場を大きく改修し、売り場面積を従前の倍以上に拡大している。また、やきものだけではなく、お茶や味噌などの地元農産品、地酒、その他食品類も取り扱うようになった。館の名称も「波佐見町陶芸の館」から「波佐見町陶芸の館観光交流センター」へ改称している。新たな名前が示すとおり、波佐見町観光の拠点的施設として生まれ変わり、この改修以降、来館者は大幅に増加している。

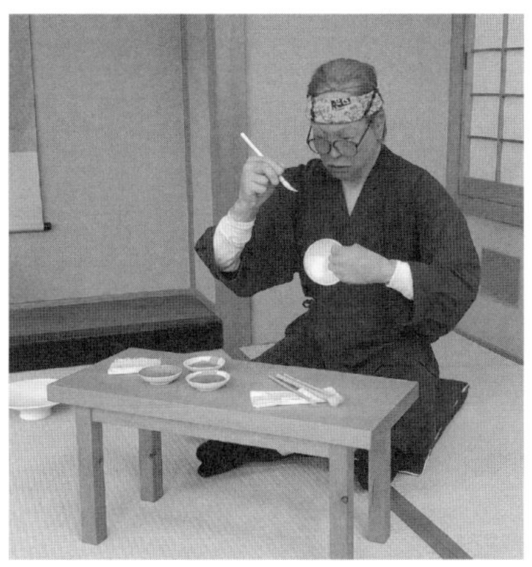

写真6　陶芸の館 絵付け師ロボット

展示については、後述する「くらわんか藤田コレクション」を常設展示の核とするための展示替えを行い、これも後述する「三上コレクション」の展示室を設けた[2)]。また、低年齢層の見学者にも展示を理解できるように、内容を簡単に分かりやすく説明したイラストを波佐見町出身の高校生に作成していただいた。

基本的に、来館者は老若男女様々であり、また、その目的も多種多様であるため、当館における波佐見焼の展示は、専門性を追求せず、どちらかというと概説的な内容を重視したものとなった。

次に、波佐見町陶芸の館の利活用事例として、これまでに館で開催されてきた歴史系の特別展について紹介したい。

①「波佐見青磁展・くらわんか展」

世界・焱の博覧会の開催に合わせて特別展を開催した。期間は1996年7月19日から同年10月31日までである。近世波佐見焼を代表する、波佐見青磁と安価な庶民向け器である「くらわんか手」製品を、生産地（出発点）、漂着物（中間点）、消費地（終着点）、それぞれの観点から眺める展覧会であった。福岡県岡垣町・芦屋町の三里松原海岸に漂着したやきものや、北海道上ノ国町、石川県金沢市、東京都新宿区、大阪府枚方市、大分県大分市など各消費地遺跡における出土品を借用し、波佐見町をはじめとする生産地の出土品と比較する展示を行っている。この際、普段は会議等に用いられる２階展示室横の２室の部屋を特別に展示会場として使用した。当特別展用の図録作成も行っている（中野・山口 1996）。

②寄贈記念「くらわんか藤田コレクション展」（写真７）

2011 年、大阪府交野市在住の藤田雅敏氏から、江戸時代の波佐見焼を中心とする貴重な古陶磁約 600 点を波佐見町に寄贈いただいた。この「くらわんか藤田コレクション」は、藤田氏が約 30 年に亘り収集された「くらわんか手」を中心としており、近世波佐見焼も数多く含まれている。この寄贈を記念し、藤田氏が長年収集されたコレクションの全貌を多くの方々に伝えることを目的として特別展を開催した。期間は、2011 年 11 月 23 日～2012 年 5 月 31 日。11 月 23 日の展覧会初日のオープニング・セレモニーでは、寄贈者の藤田氏をお招きし、コレクション収集の動機や「くらわんか手」に対する熱い思いを語っていただいた。当日は、学芸員によるギャラリー・トークも行っている。展示では、「くらわんか手」を「成立期」「発展期」「成熟期」に時期区分し、それぞれの年代にみられる特徴的な文様、技法等を紹介していった。展示会場は２階展示室であり、常設展示品の多くを一時的に撤収した後、コレクションを展示した。チ

写真７　くらわんか藤田
コレクション展 展示状況

写真８　くらわんか藤田
コレクション展 チラシ

ラシ（写真8）・ポスター・パネル等全て自主製作。当展覧会用の図録は作成していなかったが、後日、くらわんか藤田コレクションの寄贈記念図録を刊行した（中野 2013）。

③寄贈記念「三上コレクション展」（写真9）

世界的に著名な陶磁器研究者であり、波佐見町内の古窯跡群調査を指導された東京大学名誉教授三上次男氏（1907〜1987）の相続人である三上かね子氏より、2013年、三上氏旧蔵の陶磁器等約3,000点（三上コレクション）を、波佐見町に寄贈いただいた。三上コレクションは、世界各地の古陶磁、ガラス製品、金属製品、石製品、漆器、布製品等から成る一大コレクションで、質・量ともに充実しており、学術的に非常に価値あるものが多い。この三上コレクションの寄贈を記念し、2014年11月23日から2015年5月30日まで特別展を開催した。寄贈品が物語る三上氏の幅広く深い研究内容を披露するとともに、三上氏と波佐見町との関わり合いを紹介した。展示会場は、くらわんか藤田コレクションと同様、2階展示室である。展示品が多いため、常設展示品の大半は引き上げざるを得なかった。11月23日のオープニング・セレモニーでは、三上かね子氏にテープ・カットをお願いし、続くオープニング・イベントにおいては、三上氏の門下生である佐々木達夫氏・蒲生慎一郎氏、そして学芸員の三者によるパネルディスカッションが開かれた。当特別展のチラシ（写真

写真9　三上コレクション展
展示状況

写真10　三上コレクション展
チラシ

10)・ポスター・パネルは全て自前で製作している。

(2) 波佐見町農民具資料館（写真11）

1985年より開始した民具収集事業により得られた民具資料を展示・公開するために建設が企図され、1998年に建物が完成し、同年4月5日に波佐見町農民具資料館としてオープンする。木造一部2階建、施設面積は784㎡。当初、管理は鬼木郷に委託していたが、現在は教育委員会直営である。なお、当館は基本的に常時無人であり、館の解錠・施錠については、資料館前面の鬼木加工センターの方々にお願いしている。

展示（写真12）では、耕す、育てる、収穫する、計る、運搬する等のコーナーを設け、それぞれの場面で使用された農民具の展示をとおし、農山村の暮らしぶりや先人の生活の知恵を伝えることを目的とした。展示資料は約250点。また、地元鬼木郷が生んだ児童文学者である福田清人氏の展示室を設け、氏の代表的な著作や句作等も展示している。2007年には展示を大幅にリニューアルし、説明パネルやキャプション等の新調も行った。当館では、これまでに特別展は開催していない。

来館者は、館に備えている芳名録から、例年9月23日に開催される鬼木棚田まつりの頃に集中して多く、他の時期はかなり少ないと判断される。なお、昔の道具を学習するため、先生に引率された小学生達が時折訪れている。

写真11　波佐見町農民具資料館

写真12　波佐見町農民具資料館
展示状況

3　既存博物館の問題点と波佐見町歴史文化交流館について

まずは、前節で述べた2つの既存博物館が抱える問題点を指摘したい。なお、ここでは「波佐見町陶芸の館観光交流センター」を「陶芸の館」、「波佐見町農民具資料館」を「農民具資料館」と略記する。

問題点は、大きく3点あげられる。

1点目は、いずれの館も学芸員が配置されていない点である。現在、学芸員は、両館から離れた波佐見町教育委員会分室に常駐しており、展示の内容等について、来館者から専門的な質問がある場合は、館まで出向くか、電話で応答している。学芸員の不在は、来館者に対し即時的な対応を行えないだけではなく、展示資料の管理の上でもマイナス面だらけである。農民具資料館に至っては、防犯カメラ作動中の表示はあるものの、基本的に常時無人であり、盗難、破損がいつ発生してもおかしくない。

2点目は、いずれの館も常設展示の展示替えが不十分な点である。陶芸の館では、常設展示の展示替えを年に1・2回ほど行っているが、展示物を数点置き換える程度のマイナー・チェンジである。本来ならば、展示の変化に誰もが気付くような思い切った展示替えを行う必要があるだろう。農民具資料館については、2007年にリニューアルした後は、色あせたパネルの刷新を除いて、ほぼそのままの状態で放置されている。「博物館の常設展示は、一度で完成させるものではなく常に変化し、増殖して行かねばならないものなのである」（青木2013）ことを、心がけねばならない。

3点目は、いずれの館も特別展を開催するスペースが基本的にない点である。前項で述べたように、陶芸の館で特別展を開催する場合、常設展示の展示品を搬出し展示スペースを捻出していた。特別展終了後、展示品を再び搬入して常設展示に戻していたが、この展示品の搬入・搬出だけで少なくとも2日は必要で、その間常設展示を鑑賞できない状態となり、来館者にご迷惑をおかけしていた。やはり、常設展示スペースと特別展示スペースは別々に分けるべきである。

現在建設中の交流館においては、上述した既存博物館の問題点を解消する方向性を打ち出さなければならない。すなわち、①学芸員の常駐、②「可塑性のある常設展示」（青木 2013）、③常設展示スペースと特別展示スペースの分離である。①は既に決定している事項であるが、②の具体的な方法論については今後さらに検討する余地が残されている。また、③については、スペース的な問題もあり、完全な分離は難しい状況にある。展示品の搬出・搬入に係わる運用法等については今後の研究課題としておきたい。

続いて、展示を中心とした既存博物館と交流館（図１・２）とのすみわ

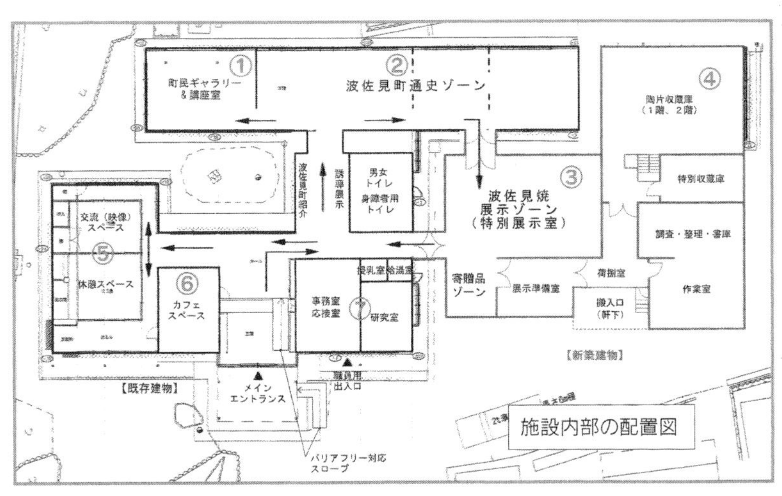

図１　波佐見町歴史文化交流館施設内部配置図（予定）
（波佐見町企画財政課 2018 より転載）

けについてまとめる。

交流館の展示におけるゾーニングであるが、基本的に常設展示ゾーンと特別展示ゾーンに分けている。常設展示ゾーンでは、波佐見町の旧石器時代から現代までの通史を展示・紹介する。また、特別展示ゾーンでは、普段は、くらわんか藤田コレクションをはじめとする波佐見焼の展示と三上コレクション等の寄贈品の展示を行い、特別展が開催される際には、それらを搬出して特別展用の展示物を陳列するように考えている。

図 2　波佐見町歴史文化交流館完成予想図
（波佐見町企画財政課 2018 より転載）

まず、既存博物館と交流館の大きな差異は、波佐見町の通史を取り上げ、町が歩んできた長い道のりを一貫して眺めることにある。波佐見の地で繰り広げられた様々な出来事が、時間・空間的につながりを持ち、その時々の世界情勢から影響を受けていたことを、町民がより深く、グローバル的に認識することに大きく寄与すると思われる。町を訪れた人々も、現在の波佐見町の背後に存在する豊かな歴史的背景に触れることで、町に対するイメージの幅が大きく広がることになるだろう。また、通史展示と学校教育における歴史学習との連携を図ることで、児童生徒は学習している時代に対する理解や親近感がより一層深まるものと思われる。

このように、波佐見町に対する誇りや愛着心を醸成する場として、ひいては、波佐見町の未来像を歴史の中からくみ取る場として機能するよう、通史展示をデザインしていきたい。

次に、陶芸の館と交流館では、どちらも近世以降の波佐見焼を展示するものの、陶芸の館の場合は、先述したように概説的、最大公約数的な展示内容である。しかし、交流館の展示では、最新の陶磁研究や、デザイン史・技術史の視点、さらには三上コレクションの海外陶磁との比較を取り入れた、より専門性・学際性の高い展示を心がける。また、陶芸の館と交流館は近い距離にあるため、陶芸の館で波佐見焼の概要を知り、さらに深く学びたい方々は交流館を訪れるような、館同士を結ぶ動線を設計したいと考えている。

交流館には、当初、農民具資料の展示も考慮したが、スペース的に難があるため、それらの展示は断念した。よって、農民具資料館は「民俗」、交流館は「歴史」と、展示内容については完全にすみわけられている。農民具資料館の民具資料を、交流館における特別展で随時展示・紹介することも考えているが、農民具について知りたい方がいらっしゃれば、農民具資料館を訪れるよう、また、ついでに鬼木郷に広がる美しい棚田を是非ご覧になるようお勧めしたい。

おわりに

本章では、博物館である波佐見町歴史文化交流館が設置される経緯をひもといた後、既存の博物館の問題点や交流館とのすみわけについて述べた。たぶん、地方の博物館はどこでも、館の運営等について様々な問題を抱え、担当者の方々は大変なご苦労をされていると思う。本章に記した内容で、何か一つでも担当者の皆様方の参考になることがあれば幸いである。

最後に、交流館建設の一番のきっかけとなったのは、波佐見史談会が提出した一通の要望書であった。波佐見町に存在する歴史資料の散逸・消失を是が非でも止めたいという、当時の史談会の方々の鬼気迫る熱意は今でも忘れられない。その方々も多くはすでに鬼籍に入られてしまった。来る交流館のオープニング・セレモニーの際には、無事の開館を静かに報告したいと思っている。

註

1）一部誤字を訂正し、また、個人名は伏せた。
2）展示室の使用が不可となったため、現在、当展示は行っていない。

参考文献

青木　豊　2013『集客力を高める博物館展示論』雄山閣、p.48

e-GOV 2019（https//elaws.e-gov.go.jp/search/elawsSearch/elaws_search/lsg0500/detail?lawID=326AC1000000285）

世界・焱の博覧会長崎県実行委員会　1997『世界・焱の博覧会長崎会場公式記録』世界・焱の博覧会長崎県実行委員会

中野雄二、山口浩一　1996『波佐見青磁展・くらわんか展』世界・焱の博覧会、波佐見町運営委員会

中野雄二　2013『くらわんか藤田コレクション―寄贈記念図録―』波佐見町教育委員会

波佐見史編纂委員会　1976『波佐見史』上、波佐見町・波佐見町教育委員会

波佐見史編纂委員会　1981『波佐見史』下、波佐見町教育委員会

波佐見史談会　1979「波佐見史談会会則」

波佐見史談会　2009「波佐見歴史博物館（仮称）の設置に関する要望書」
波佐見町企画財政課　2013『第５次　波佐見町総合計画 2013〜2022』波佐見町、p.101
波佐見町企画財政課　2018『広報波佐見』664、波佐見町、pp.2 - 3
波佐見町教育委員会　2018『波佐見町歴史文化交流館（仮称）整備基本計画』波佐見町教育委員会
文化庁　2019（http://www.bunka.go.jp/seisaku/bijyutsukan_hakubutsukan/shinko/gaiyo/）
真家和生・小川義和・熊野正也・吉田　優　2014『大学生のための博物館学芸員入門』技報堂出版

第3章

波佐見町に求められる新たな博物館の要件

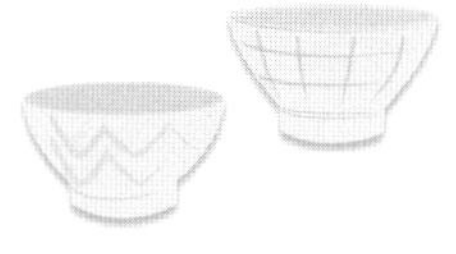

落合 知子

本章は地方創生における博物館の形態を示しながら、観光活用を視野に入れた波佐見町歴史文化交流館に求められる博物館の要件について示すものである。

「地方創生」は2014（平成26）年に第2次安倍政権が掲げた政策の一つで、地域再生や地域活性化などがその一連の事業として推進されてきた。新しい地域づくりの概念としての「地域創生」という言葉の使用は2000年頃からで、従来の地域再生や地域活性化として、地域を元の姿に戻す、あるいは地域を盛り上げるのとは異なり、地域を一からつくり変える、あらためてつくり直すという意味合いが強く、「中央―地方関係」の大きな転換期を背景とした「地域」への関心の高まりの中で生まれてきた言葉である。地方大学に地域創生学部や学科が設置され、2017年には「日本地域創生学会」が設立されるなど、「地域創生」は学術的に議論されるようになっている（西田心2018）。

日本における観光まちづくりの取組みは1990年代後半頃から顕著になるが、それは1970（昭和45）年頃から当該地域独自の構想をもって着実に地域振興を図ってきたことが要因と言える。国による観光政策の推進は、2002年の「観光政策審議会答申」と2003年の「観光立国政策懇談会報告書」を出発点として始まった。「観光振興の魅力を活かす環境整備」の施策では、観光まちづくりは地域の魅力を高め、観光振興にも地域振興にも効果的となることが記されている。しかし、観光まちづくりに着手しても観光客が一時的に訪れるだけでは、観光振興や本来の意味での地域振興にはならない。重要なことは、観光資源の市場性を様々な面から検討すること、市場性つまり誘客力を有しているかという点が重要なのである（西田安2018）。

2003年に小泉内閣が観光立国日本を標榜し、2007年には観光基本法を全面改正した観光立国推進基本法が施行された。翌2008年には観光庁が設置されて、2012年に観光立国推進基本計画が閣議決定されたのである。2016年には、安倍総理が議長を務めた「明日の日本を支える観光ビジョン構想会議」がまとまり、観光政策の基本構想が策定された。安倍内閣主導の観光戦略は、観光庁をはじめとする関連省庁と共にその施策が広く展開されたのである。

我が国の観光政策は、日本国民のための観光施策から増加する海外からの観光客に対応すべく、その転換が図られてきた。このような観光政策の転換が文化財にも影響を及ぼすことになったのは周知の通りである。これまでのように、文化財は保存が優先という概念だけではなく、文化財の活用が提唱され、地域活性化を推進するために文化財を積極的に活用する機運が高まったのである。

言うまでもなく、我が国に限らず地域文化資源を観光に活用してきた歴史は古く、地域文化資源なくして観光は成り立たないであろう。しかし、観光振興における文化財の活用方法は、文化財保存の理念を大前提としたものでなければならない。これはあくまでも学芸員の立場からである。観光立国日本を標榜し、それを推進するには外国人観光客に対しての積極的な文化財の活用は不可欠であり、それには学芸員の知識と技量が求められる。地域文化資源を活用した地域活性化を推進するには、地域連携に長け、積極的に諸活動を実践する学芸員が必須であろう。これからの地域博物館は地域文化資源の保存と活用、そして地方創生とリンクさせることが求められるのである。

政府によるインバウンドを中心とした観光立国政策が活発化する中で、文化庁でも地方創生とリンクした事業の展開が推進されてきた。2016年に文化庁が発表した「文化芸術資源を活用した経済活性化（文化GDPの拡大）」に「インバウンドの増加と地域活力の創出」「文化産業における潜在的顧客・稼ぎ手の開拓」「「文化財で稼ぐ」力の土台の形成」といった方向性が示され、ここに文化財で稼ぐことが明確に謳われたのである。地域の文化資源を掘り起こして地域経済への波及を創出すること、そして、地方創生を見据えて障がい者や子ども、外国人の支援を展開すること、さらには文化活動を拡大して稼ぎ手を開拓することが提唱されたのである。ここには文化財を活用してあらゆる人々が活躍する場を創出するとしながらも、文化財を利用して稼ぐことが暗に示されている。そして、地域文化財の戦略的活用に至っては、海外からの観光客に対応するために文化財の修理や建造物の美装化が推進されており、文化財の修理・修復を推進する目的は、観光客を呼び込み、そして稼ぐことが容易に理解できるのである。

同様に、日本遺産など文化財を中核とする観光拠点を全国200拠点程度整備し、地域文化資源の戦略的活用の推進が明確に示された。長崎県出島阿蘭陀商館跡の復元整備による観光効果は、1996年度からの復元整備事業で入館者数が段階的に増加し、ピークの2006年度以降落ち込むものの長崎市の取組みで再度増加を見せている。このような修理・修復・整備事業は観光効果を高め、経済効果を上げることに繋がってはいるが、観光立国日本を推進するための文化財の公開優先施策は、これまでの文化財保護の理念を大きく崩す可能性があることは否めない。

また、2015年のUNESCOによる「ミュージアムとコレクションの保存活用、その多様性と社会における役割に関する勧告」には、ミュージアムは経済発展、とりわけ文化産業や創造産業、また観光を通じた発展をも支援し、創造産業や観光経済を通して、ミュージアムとコレクションが持続可能な発展のパートナーとして、ミュージアムが社会において経済的な役割を演じ得ることや、収入を生む活動に貢献し得ることを認識すべきであると明記され、ミュージアムを観光経済に利用する施設として捉えていることに注目したい（落合2019）。

2017年に文化審議会から提出された「文化財の確実な継承に向けたこれからの時代にふさわしい保存と活用の在り方について（第1次答申）」の「Ⅳ. その他推進すべき施策」に「1. 博物館等の役割強化」が挙げられ、「博物館等には、過疎化や生活様式の変化等に伴う文化財散逸の危機を救済したり、地域の文化財のデータバンクとなったり、地域おこしに協力したりといった社会的な意義・機能がある。（中略）地域の博物館等の果たす役割が重要である」として、「博物館等が文化財の保存と活用が両立するよう専門的な観点から相談、助言を行いながら、地域の特色を生かした地域振興、観光振興策と連携することも必要」で「地方公共団体において、地域住民や来訪者が当該地域の文化財への理解を深めるためにも、博物館等の常設展示やガイダンス施設の充実が必要である」と示された。まさにこれからの日本における地域博物館と学芸員に対する期待が読み取れるのである。地域創生における博物館の役割として積極的な文化財の活用が求められている。このような社会的現状を踏まえて、開館する波佐見町歴史文化交流館に求められる要件を試案するものである。

1　登録博物館を目指す意義

登録博物館及び博物館相当施設を目指す意義は、言うまでもなく国に認められた博物館施設として、学芸員の意識の向上はもちろんのこと、対外的な信頼性を得ることに繋がるからである。何よりも文部科学省をはじめとする各種助成金に応募する資格を得ることに直結し、学芸員の研究面においても大きく関与してくることは明確である。これは大学組織でも同様であるが、研究予算は外部資金を獲得しなければ得ることが出来ない時代である。もちろん獲得せずとも公立博物館の運営はある程度は成り立っていくであろう。しかし、それ以上の教育活動、研究活動、資料の充実は図れない。一度外部資金を獲得すれば、数年間は潤沢な資金による資質の高い博物館活動ができるのである。その後のその勢いは必ずや継続していくことは間違いない事実である。

登録博物館か否かは、特別展を開催する時にも支障をきたすことが予測される。特別展を開催するにあたり、資料を他館から借りる際にも登録博物館あるいは相当施設でなければ、多くの場合資料の貸借は難しいであろう。一言で言うなら信用問題である。登録博物館および相当施設になることは、社会的信用を得る一つの指針なのである。つまり、無名の地域博物館から特別展に必要とされる資料の貸し出し要望があったとしても、快く貸してくれることは望めないということである。貸す側の資料の保存環境、資料の取扱い、資料の管理面等に対する不安は、登録博物館という冠があるだけでかなり軽減するものと思われる。文化財を扱う博物館には対外的な信頼性は必須であろう。

登録博物館の審査要件は、博物館法第12条に規定されているとおり①必要な博物館資料があること、②必要な学芸員その他の職員を有すること、③必要な建物及び土地があること、④1年を通じて150日以上開館することである。また、博物館相当施設は博物館法第29条に規定され、文部科学省令の博物館法施行規則第20条においてその審査要件が①事業を達成するために必要な資料を整備していること、②事業を達成するために必要な専用の施設及び設備を有すること、③学芸員に相当する職員がいること、④一般公衆の利用のために当該施設及び設備を公開すること、⑤1年を通じて100日以上開館することとあり、決してハードルの高い要件ではない。

博物館登録制度の見直しについては、2001（平成13）年頃から現在まで議論されてきたことであり、我が国の博物館の約8割が博物館法の対象外という現状から、博物館登録制度が博物館活動の基盤を形成しているとは言えないのも事実である。今後予想される登録博物館制度の見直しを考慮しても、波佐見町歴史文化交流館においては、登録博物館もしくは博物館相当施設を目指すべきである。

現代博物館界における課題のひとつ、指定管理者制度の導入については、指定管理者による博物館運営は民間の能力が期待される一方で、社会教育施設である博物館の継続かつ安定的な学習の提供には問題を有している。したがって、長期的な博物館展望は教育委員会所管であることを徹底しなければ困難であり、波佐見町歴史文化交流館の運営は教育委員会所管から外れてはならない。

2　入館料は無料であるべき理由

博物館は社会教育法の精神に基づく利潤を追求しない社会教育機関である。博物館法第23条には「公立博物館は、入館料その他博物館資料の利用に対する対価を徴収してはならない」と明記されている。入館料の徴収は、博物館利用者を減少させるだけでなく、生涯学習機関である博物館をも否定するものである。

「博物館は入館者数が問題ではなく、活動の質である。博物館の有料化が来館者の最大のバリアーである」ことは博物館学の最も基本的な理念である。一方でこの理論に反対論者も当然のことながら存在する。「その質に見合う対価が支払われるのは受益者負担の原則である」とのことである。しかし、質の良いサービスを提供する入館無料の博物館や図書館はどうなのか。また、入館料を取る博物館にそれに見合う質が伴っているだろうか。入館料を取る博物館の学芸員はそれに見合う質の高いサービスを提供し、質の高い研究をしているだろうか。入館料を取る行為は、生涯学習機関である博物館を否定することに間違いないであろう。同じく社会教育法を母法とする図書館法による公立図書館は入館料その他図書館資料の利用に対するいかなる対価をも徴収しなくとも、経営破綻で廃館になることはないであろうし、質の高いサービスを提供しているであろう。したがって、博物館の入館料は最大のバリアーに他ならないのである。

入館料が無料であることが、同時に博物館の質の低さを示すことになるという意見を耳にすることがある。有料であることこそが学芸員の意識が高まり、質の高いサービスに繋がるそうである。これは波佐見町の会議での私の無料論に対する有料論者の理論である（落合 2017）。

例えば、英国では国民のあらゆる階層の人が博物館に無料でアクセスできることが、国民の福利厚生の向上につながるとして国立博物館を全面無料にし、ニュージーランドの博物館については、国民は税金によって博物館への支払いを済ませているから無料にすべきであるとまで論じられている。イタリアでも博物館の入館料を廃止した結果、入場者が激増したとある（瀧畑 2016）。

中国では 2008 年に「全国博物館記念館の無料開放に関する通知」が出されて、公立博物館と記念館（遺跡博物館・歴史的建造物を除く）の入館料は無料となった。中国の博物館は入館者の制限をする程、常に多くの人で賑わっている。海外からの観光客だけでなく、地域住民による博物館利用も顕著となっており、上海博物館などは平日の常設展にも拘わらず1時間程並ばないと入場できず、陝西省博物館などは事前予約が必要なほど来館者が多い。その理由は確認するまでもなく無料だからである。

このように海外の多くの国立博物館は無料であり、無料こそが博物館のステータスになっている。ましてや地域に根差す市民の為の郷土博物館が有料でいいはずがない。1951（昭和26）年に博物館法が制定された背景に博物館関係者がこぞって入館料を支持し、「儲かる施設」と認識されていた時代ではない。博物館で稼ぐ行為は、生涯学習機関である博物館をも否定することであり、市民のための博物館であればわずかな入館料でも徴収してはならないのである。

日本博物館協会の『平成25年度日本の博物館総合調査報告書』（公益財団法人日本博物館協会2017）によると、入館料を徴収している博物館は年々減少する傾向にあるが、およそ7割の博物館が有料制度を保持し続けている。社会格差の是正や教育機会の均等が叫ばれる中、入館料徴収は入館者数を大きく減少させるものである。

入館料徴収は博物館にとって負の効果しかもたらさない。年間入館者数がおよそ3万人を下回る無料館では、どのような入館料金額を設定しても黒字にはならない。また、入館料徴収は他の事業に負の影響を与える可能性がある（山本ほか2019）。

例えば、1日の入館者数が10名にも届かないような地方の小規模資料館で子ども50円、大人100円の入館料を徴収する場合、入館料を管理する職員がパートであれば、その職員に支払われる日当は入館料を大きく上回ることは言うまでもない。50円を払ってまで毎日子どもたちが資料館に訪れるはずもない。郷土博物館は、子どもたちが学校帰りに気軽に立ち寄る遊びの場であることが、郷土博物館たる使命と言えるのである。

有料化によるセキュリティの向上が図られる効果よりも、無料化によって得られる効果は計り知れないと考える。波佐見町歴史文化交流館は地域に根差した市民の為の郷土博物館を目指している。地域の子どもたちにとっての学びと遊びの場として、ビジターにとっては驚きと発見のある個性的な博物館でありたい。その為にも入館料は無料でなければならない。

1868（明治元）年、福澤諭吉は『西洋事情外編』巻之二（福澤 1872）に博物館は広く国民に恩恵を与える施設であり、博物館を逍遥すれば人の健康を助け、実物資料を見れば人の知識を広くする。身分に関係なく万民が訪れることができ、その結果悪行に陥る者は少なくなるということを 150 年以上も前に明記している。その理念は現代社会においても遜色ないものであろう。博物館学の父たる棚橋源太郎も論じたように、博物館は「時間に制限されることなく何時でも入館出来、誰でも自由に利用することができる」施設なのである。当然ながら、そこには入館料は介在するはずはないであろう。

3　博物館のファンドレイジング

ファンドレイジングとは民間非営利組織が活動のための資金を個人や法人、政府から集める行為の総称である。もとは「Raising Fund」（資金を集める）が名詞化したものである。

ファンドレイジングは、単なる資金集めという目的を超えて、「寄付」などの善意の資金により市民の社会参加を促進し、「社会に変化を生み出す」ための活動である。つまり社会のさまざまな課題の解決に、市民を結びつけるパイプラインを作る行為といえる。

大石俊輔は、博物館がファンドレイジングに取り組む意味は、財源を得るための手段に留まらず、自館のミッション・ビジョンへの理解と共感を広げつつ潜在的ファンを増加させ、財源を獲得することとし、つまりそれは社会を変えていく手段であり、自館の存在意義を理解してもらうプロセスであると定義している。一般的には寄付に加え、会費、助成金、補助金などの「支援的資金」集めも含むとされ、民間非営利組織の財源獲得（事業収入、融資を含む）の総称である。欧米諸国では個人寄付の割合が多いものの、日本では個人寄付と法人寄付が半分ほどの割合となっているのが特徴である（大石 2017）。

田中裕二は、地方自治体は2003（平成15）年の指定管理者制度の導入により、自立的な経営や運営といった舵取りが必要であるという認識が次第に広まり、設置者は館の目的や使命の策定といったガバナンスを、管理者は館のマネジメントと責任がより明確になり、経営責任や経営判断という認識も醸成されたが、自助努力や創意工夫をして収入の道を模索する時代になったと論じている（田中 2017）。

また、外部資金獲得に費やす事務処理が膨大であることは大学組織でも同様であり、米国のように資金調達の専門職員が配置されている博物館はほとんどなく、学芸員の負担となっているのが現状である。我が国の博物館が、米国のようにファンドレイザーの採用が一般的になり、外部資金の調達に関する組織体制が構築されるにはまだまだ時間がかかると思われる。したがって、学芸員自らが資金調達をしなければならず、学芸部門と事務部門の協力関係の構築は必須であろう。

4　教育普及担当学芸員（ミュージアム・エデュケーター）の必要性

博物館の専門職員である学芸員は、研究者であり、教育者でもある。しかし、これまでの我が国の学芸員は研究職としての意識が強く、専門分野に特化した研究に専念してきたのが現状である。時代と共に博物館に求められる役割も変化してきたが、生涯学習の場として、学校教育の場として、いわゆるリカレント教育の場としての役割を担わなければならない現代博物館において、学芸員の負担も増大しているのは事実である。博物館では公開講座やワークショップを開催し、学校には出前授業やアウトリーチに出向き、年数回の特別展開催に追われ、その結果調査研究に充てる時間が減少しているのが現状と思われる。国立博物館では早くからエデュケーターを配置してきたが、地方においても教育普及担当の学芸員採用が増加しており、博物館に教育普及専門の学芸員が必要であることは明らかである。何よりも地域博物館における集客力の要は教育活動に他ならない。その教育活動を担う専門学芸員を配置することは、円滑な博物館活動と博物館運営に直結するものである。

国の政策の地域人材育成プランとして、地域産業の振興を担う専門的職業人材の育成を行う大学の取組みを推進し、特にリカレント教育や職業教育が極めて重要であるとして、関係府省庁から総合的な推進を図る必要性が示された。地域においても、地域に根ざしグローバルに活躍する人材育成は重要であり、大学でも地域に根差したグローバル・リーダーの育成や留学生の受入れを推進し、官民が協力して海外留学支援制度を推し量り、地域における留学生交流を推進している。このようなリカレント教育は大学のみならず、社会教育機関である博物館との連携が有効であることは言うまでもない。また、地方創生の戦略のひとつに地域のプレミアム化があるが、地域の自然、歴史、文化、街並みなどを活用した、地域独自のプレミアム価値の発見と創造が求められている。さらに、地域内の大学との共同研究はもとより、グローバルな研究ネットワークの構築も必要である（落合 2019）。

博物館では様々な教育活動が展開される。地域連携事業、地域の大学との連携、海外からの受け入れ、これらを円滑にこなせるコミュニケーション能力に長けたエデュケーターの採用は必須であり、博物館が負の遺産になるか否かはエデュケーターの手腕にかかっていると言っても過言ではない。しかし、エデュケーターを教育するのはこれまで博物館に従事してきた先輩学芸員であることを忘れてはならない。

某大学院生が某郷土資料館に非常勤として採用された最近の事例を挙げて、郷土博物館の現状を示すとともに、組織の意識改善を切に願いたい。某郷土資料館は非常勤学芸員１名の配置で運営されており、適切な指導を受けないまま、半年後に開催される特別展の企画案の提出が求められた。特別展のみならず、講座やワークショップなどもすべて一人でこなすように指示を受けたとのことである。それらの指示には新米の非常勤学芸員に対する指導や教育が一切伴っていないことが大きな問題であろう。もちろん、学芸員資格を取得する課程において、大学で基本的な資料の取扱い等の指導は受けており、大学院生は学内展示を活用した展示の実践も行ってきた。恐らくは、学芸員としての技量は当然のことながら大学で教育を受けてきたはずであろうとの考えに基づく方針であるかもしれない。しかし、大学で指導できる内容には限界があり、博物館に採用された後に職務の中で教育を受け、先輩学芸員から学びながら知識や技術に磨きをかけていくものであろうし、少なくとも学芸員であれば大学における学芸員課程の現状は把握しているはずである。この事例に対して「これはいじめとしか言いようがない」「1年ごとに切り捨てる雇用形態を継続するための博物館のやり方ではないか」と他館の学芸員からの声も多い。若い学芸員を育てる意識が皆無であること、博物館の質的向上に無関心であることが、我が国の郷土博物館を悪くしているという好事例として記したい。

波佐見町歴史文化交流館にも教育普及担当の学芸員は必要である。現在は2名の正規学芸員で運営されているが、開館後は博物館教育に特化した専門学芸員との連携により、交流館は必ずや成長するはずである。当然のことながら、そこには新米学芸員に対する指導と教育が前提にあることは確認するまでもない。波佐見町には新米学芸員に対する質の高い教育を期待している。

5　博物館教育活動の必要性

博物館における教育普及活動とは、年齢を問わず個人の興味に応じて、博物館の資料を基に資料がもつ様々な情報を様々な角度から学習する機会を提供する活動である。したがって、学芸員は学習者のニーズにあう教育プログラムを提供する必要がある。博物館の教育機能が注目され始めたのは生涯学習政策がとられるようになった1990年代以降である。これまで学芸員は資料の収集や研究が中心業務であった。その結果、学芸員の教育知識は乏しく、博物館教育の方法や博物館の研修体制は未整備である。博物館教育は展示が基本であることは言うまでもないが、講演会、公開講座、見学会、出前授業、ワークショップ、移動博物館、ボランティアの育成などが博物館教育であり、市民参加型の教育活動も増加傾向にある。エデュケーターの役割は、博物館を利用する人と資料と学びを結びつけることを専門に研究し実施することである（對馬

2004)。

本項では博物館教育活動の基本とも言えるミュージアムワークシートとワークショップに焦点を充てて博物館教育活動の必要性を論じるものである。まず、ミュージアムワークシートは館の種別に関わらず、多くの博物館で実践されている博物館教育である。しかし、多くの博物館のワークシートはいつ行っても更新されずに、同じワークシートが用意されていることが多い。ワークシートを楽しみに訪れる子どもたちが、次に博物館に訪れて渡されたワークシートが前回と同じであったなら、失望することは間違いなく、その子どもたちをリピーターとして確保することは難しい。したがって、学芸員はワークシートを数多く用意しなければならない。目黒教育植物園のワークシートは月ごとに更新され、ワークシートを目的に訪れる子どもたちも多い。

次に、ワークシートは手渡されたその場ですぐに解ける内容であってはならない。ワークシートは展示の中から答えを見出すことに意義があり、滞留時間を延ばす手立てにもなる。展示の中に答えが隠されていることから、展示の熟覧にも繋がり博物館教育の効果が上がる。最後に、ミュージアムワークシートを全問解答した来館者には記念品をあげることも重要である。記念品はシールでも栞でも博物館のオリジナルのものであれば手作りでも構わない。博物館でしか手に入らないものこそが子どもたちにとっては最高に魅力的なのである。

次にワークショップについて意見を述べたい。博物館のワークショップで最も人気で、多くの博物館で行われているのが勾玉作りである。多くが勾玉を所蔵している歴史系の博物館で行われるが、中には勾玉に全く無関係の美術館や自然史系の博物館で行われることも少なくない。学芸員が勾玉作りのキットを渡して、時間内に仕上げさせるだけのことである。これでは博物館教育にはほど遠いプログラムであることは言うまでもない。勾玉作りで必要とされることは①勾玉の歴史的背景、②勾玉に利用された石の話、③勾玉の色・形、④翡翠（ひすい）の加工方法、⑤翡翠の穴の開け方・柘榴石（ざくろ）・金剛砂（こうごんしゃ）等々の説明は最低限必要である。時間があれば山に入って竹を採集し、勾玉の穴を開けるための錐（きり）の製作から始めるのが本来の勾玉作りである。1日掛かりのワークショップになるが、子どもたちにとっては楽しい夏休みの思い出になるはずである。

多くの博物館で実践されている、すでに穴の開いた滑石で勾玉作りをする場合も、重要なことは子どもたちに達成感を味わってもらうことである。参加した全ての子どもたちが完成させて持ち帰ることが鉄則であり、時間内にできなかった子どもに宿題を課すことは絶対に許されない。設定された時間内ですべての参加者が、同じ足並みで作業を進行していけるようにサポートするのがエデュケーターの役割である。したがって、勾玉作りの企画案は綿密に作成しなければならず、遅れがちな子どものサポートをどのようにするか、勾玉作りに飽きた子どもの対応はどのようにするか、どのような事態になっても、全ての子どもが自分の手で完成させて、達成感を体験することにワークショップが博物館教育たる所以と言える。忘れてはならないことは、楽しみながら参加できる環境維持である。参加する子どもの中には楽しみを見出せず、その子の親が真剣に石を磨いている光景をよく目にするが、あくまでも主役は子どもであり、楽しく参加できる環境維持はとても大切なことである。

教育普及担当の学芸員は、研究職学芸員と比較して軽んじられる傾向にあるが、資料を相手に仕事をすることも、人を相手に仕事をすることもいずれもその仕事の質には差はなく、むしろ人を相手に仕事をすることの大変さは計り知れない。したがって、エデュケーターの採用は人となりが重要となり、あらゆる人との協調性、対応力、企画力、判断力、積極性が求められ、博物館運営の要と言っても過言ではない。波佐見町歴史文化交流館で勾玉作りが行われるかは分からないが、どのようなワークショップを実践するにも、学芸員の意識の在り方には変わりはない。子どもたちが博物館に興味を持ち続けるような取り組みを期待したい。

そして、郷土博物館のワークショップに求められることは年中行事である。地域の年中行事の継承は郷土博物館の役割でもある。正月の餅つき、凧揚げ、コマ回し、鏡開き、七草粥、どんど焼きなどは昭和30年代にはどこにでも見られた風景であるが、現代社会においてはほとんど目にすることがなくなった行事である。このような正月の行事は年の初めに博物館の行事に組み込まれることが多く、親子連れで賑わうのもこの時期である。国立博物館が正月に開館するようになり、確実に博物館人口が増加している。国民の休日にイベントを開催することもこれからの博物館には必要であろう。

6　研究紀要の役割

博物館の研究紀要はその博物館に勤務する学芸員の研究成果である。したがって、研究紀要を見れば当該博物館の学芸員の専門分野がある程度把握でき、調査に訪れた研究者にも活用されることが多い。研究紀要は当該博物館の研究の資質を判断する指針なのである。

博物館の学芸員は研究者である。したがって研究をしない、厳密には研究はしてもその成果を発表しない学芸員は、学芸員としての資質が問われることになる。これは大学教員も同じで、学芸員と大学教員は研究者でもあり、教育者でもあるところに一致している。大学の教員は日常の講義の他に、ゼミ生の指導、大学院生の指導、委員会等々に日々追われるが、年度末には必ず研究業績の提出が求められる。研究成果をあげない大学教員は大学教員としての評価が非常に低くなるのは当然である。学芸員も大学教員も研究が最大かつ基本的な業務である。忙しいことを理由に論文が書けないということをよく耳にするが、それは理由にはならないことを明記したい。

初めて訪れる博物館で必ず確認することがある。その館が刊行している研究紀要、企画展図録、年報等の確認から始まり、ワークシート、解説シート、ミュージアムグッズ、カフェで一通りの確認は終了する。展示室（資料）を見学するのはこれらの確認が終わってからである。

地方で小規模の博物館であってもそこには研究紀要が置かれ、定期的に研究成果が発表されていれば、学芸員としての研究職務を果たしている証である。博物館の企画展は学芸員の日頃の研究成果を発表する場でもあることから、企画展の図録を見れば、担当学芸員の研究分野や研究の視点が理解できる。企画展に出品された資料の情報は、図録と相まって高められる。図録の作成は、一過性である企画展の情報を後世に残していく唯一の手段であるから、企画展には図録が伴わなければならない。これも学芸員の大きな仕事の一つである。

博物館の研究紀要の特徴は、学芸員の専門分野及び博物館収蔵資料、地域の文化財に関する論文が多いことにある。反面、博物館学的視座に基づく論文は非常に少ないのが現状であるが、エデュケーターを配置している博物館では博物館教育に関する論文も散見されるようになってきた。開館する波佐見町歴史文化交流館も研究紀要は必ず刊行するとの意欲的な声を聞いている。研究紀要には学芸員の専門分野の論文のみならず、博物館教育活動に関する論文の掲載も必要である。通常は博物館の活動は年報や会報などに報告されるだけの場合が多く、単なる教育活動の内容、開催日、参加者の記録にすぎない。博物館教育活動が盛んに叫ばれる現代博物館において、教育普及担当の学芸員の職務は活動の実践で終わるのではなく、研究紀要に活動内容に関する論文を掲載することまで求められるであろう。教育普及担当学芸員も研究者であることを忘れてはならない。

そして、波佐見町には豊富な地域文化資源があり、未調査、未発表の資料も沢山ある。これらの情報を公開することは学芸員の使命であり、その期待も大きい。また、エデュケーターによる波佐見町の教育普及活動の成果も同時に期待するものである。研究紀要は幅広い分野の研究者や波佐見町の郷土家も投稿できる規範つくりが必要であろう。さらには、長崎国際大学と包括協定を締結していることから、教員及び学生・大学院生との協同調査を推進し、その調査報告を掲載することも必要である。学芸員の研究分野に偏った研究紀要ではなく、多くの研究者に活用される出版物を目指したい。

7　史談会・友の会・ボランティア

長崎国際大学が毎年主催する上海大学博物館学研修生の受け入れに波佐見町も積極的に協力してきた。その取り組みがICOM（国際博物館会議）のUMAC（大学博物館・コレクション国際委員会）AWARD 2019のトップスリーにノミネートされ、2019（令和元年）年9月3日、ICOM京都大会で世界2位の受賞が決定した。その活動は国際的な評価を受けて、波佐見町の学芸員による教育活動が世界に発信された。地方においてもグローバルな教育活動の実践は可能であることの証である。このグローバルな教育活動を実践したのは波佐見町の学芸員であり、教育委員会の理解のもとに成り立っている。窯の火入れ体験では、夜を通して学生たちの体験のために窯の火を守り、工房見学では丁寧な説明に加え、絵付けなどの作業場を間近で見ることができる。また、休店日を返上して上海大学の学生たちのためにミシュランの腕を振るってくれるアルブルモンド、地場の食材で肌理細やかなもてなしをしてくれる四季舎、このような波佐見町民の協力もこの研修の大きな原動力となっている。

上海大学では欧米研修をはじめとする沢山の研修プログラムが企画されているが、本博物館学研修は上海大学の研修の柱にする程の評価を受け、今後も長期的な継続が求められている。研修をスタートさせた当初、地方の小規模大学の小さな取り組みを成功させるには何が必要かを思案し、博物館学一教員の力だけではなく、教職員の協力に頼ることとした。驚くことに、専門分野が違うにも関わらず国際観光学科の教員から多くの協力を得ることができた。職員に至っては仕事量が増えるにも関わらず、徹底的なサポート、さらにはこの研修に対して大学の予算までつけてくれたのである。恐らく他大学ではあり得ないことである。このような経緯もあり、この研修は必ずや成功させなければならず、全力で研修生たちに向き合った結果、研修生たちから高い評価を得て、上海大学からも同様の評価を得ることができた。

これは波佐見町に開館する博物館においても当てはまることで、町民をはじめとして多くの理解者を得ることが極めて重要である。波佐見町の博物館を成功させるのは、言うまでもなく波佐見町の学芸員であり、職員である。それには地域住民を取り込むことが重要であろう。1951（昭和26）年の博物館法制定以来の我が国博物館の失敗は、市民参加が無かったからと言っても過言ではない。友の会や波佐見史談会も博物館にとっての主戦力となることは間違いない。子どもたちをはじめとする地域住民が常に集う憩いの場となれば、自ずと観光客も訪れる博物館となるはずである。波佐見町は博物館を核として、より一層の地域活性化が図れるものとなろう。地域に存在する文化資源の魅力を地域住民の手によって発信し、伝承していくことが重要であり、それを実践する熱心な学芸員が必須なのである。そして、地域の文化財を核とした地域住民による案内・ボランティア活動は、地域振興を実現していくうえでとても重要である。

我が国のボランティア活動は、1936年に日本民芸館が個人ボランティアを導入したのが最初で、次いで1955年に茅野市尖石博物館で団体ボランティアが導入された（矢野 1993）。

文化庁による「文化ボランティア活動推進事業」が2003（平成15）年度から始まり、市民参加が提唱されてきた。文化ボランティアとは文化を「知識や技術がすすみ、物心両面で暮らしが豊かになる状況」で、そのような環境を自発的に創る活動のことである。活動の現状は博物館などの文化施設の事業を支える活動、地域の文化施設を拠点とした活動、地域の文化を創造し、発信する自立した市民活動である。伊藤寿朗は『市民のなかの博物館』（伊藤 1993）で「市民の参加・体験を運営の軸とする」博物館がこれから求められる博物館であることを述べている。博物館ボランティア活動はまさに市民による博物館における参加・体験の活動であり、博物館における市民の学びの基軸をなす活動であり、同時に博物館の「教育普及活動」の要となるものである（木村 2010）。

仙台市富沢遺跡保存館では「市民文化財研究員」制度を設け、考古学や遺跡に興味を抱く市民が、当館を核としてその支援を受けながら自主的にそれぞれのテーマを選び、歴史や文化をより身近なものにすることを目的とする活動を継続している。学習成果をまとめて発表し、その多くが館ボランティアとして活動している。館職員数に限界のある館側としては、まさに「市民とともに創る博物館事業」の意識が強い。さらに市内の大学生が「学生サポーター」として登録し、社会貢献や博物館でのキャリア養成の場としてボランティア活動を行っている（金森 2017）。

萩では2004年6月に市民有志により「NPO 萩まちじゅう博物館」が

設立され、萩の都市遺産を再発見し、その情報管理や活用を行い、次世代に継承し保存運動を展開することを目的とした活動を行っている。まちじゅう博物館推進事業（地域活動ネットワーク）を構築し、7地域から民間団体の協議会と5町内の町おこしボランティアとが推進事業を進めている。この活動がヨルダン国の目にとまり、サルト市まちづくりのモデルとなり「サルト・エコミュージアム計画」が開始されている（須子2011）。

博物館ボランティアは、地域の歴史遺産と博物館・資料館を繋ぐ上で欠かせない活動であり、博物館が公教育の基盤となる生涯学習機関としての社会的役割を果たす、重要な活動である（谷口2018）。

博物館のボランティアは一般的なボランティアである奉仕を意図するものではなく、博物館を活用して自己学習を行いたい人のことであり、博物館のための奉仕活動を行う人ではない。ボランティア活動を通じて自らが学ぶ参加型の教育活動なのである。ボランティア活動に対しては課題も多いが、現代社会に適応したボランティア制度を確立して、波佐見町と類似する萩まちじゅう博物館構想、松本まるごと博物館構想、函館市のまちぐるみ博物館構想などの成功事例や九州国立博物館のボランティア制度を参考として波佐見町に合ったボランティア制度の確立を図ることが必要である。一般市民参加はもちろんのこと、高齢者、退職者、主婦の参加や近隣大学の学生ボランティアなど若い力も有効である。多くの理解者を得ることが波佐見町の博物館運営の成功に繋がると確信している。

次いで、博物館友の会は、博物館を利用する市民が一定の目的にしたがって、まとまりのある活動を自主的に行うためのサークルである。欧米では、“The Society of Museum friends” として古くから知られてきた。棚橋源太郎も博物館における成人教育を取りあげ、その事業として美術作品観賞会、美術見学旅行、地質旅行、植物採集会、史蹟考古学遺跡見学会、天体観測会、茶の湯会、生け花その他の趣味の会などのほか、映写会、講演会、研究座談会などの開催を推奨し定期的な印刷物の刊行の必要性にもふれている。今日の友の会については、その維持、管理、運営、財政的問題などのほか、それが圧力団体と化するという問題もあり、友の会設置についてはかなり消極的な立場がある。愛知県陶磁資料館の友の会の発足は1983年で「陶磁資料館の活動を側面から支援する」ことを目的とし、会自体を文化団体と位置づけ「自ら学習して自分自身を高める学習集団であり自主団体として」独自に運営されている。会の事業は①陶磁に関する観賞会、講演会、講座の開催、②研究会、学習会の開催、③機関紙の刊行、④館行事に対する協力などがあげられている（矢野1993）。

1990年6月に社会教育審議会は「博物館の整備・運営の在り方について」の中間報告を取りまとめ、博物館活動の「活性化」と「振興のための基盤の整備」について示し、その中でもボランティア活動や友の会活動は重視されている。友の会は博物館の継続的な利用を促進するための方法のひとつとして組織の充実をはかることが指摘されている。友の会はその成り立ち、運営方法に規定はなく、博物館の事務負担の増加、維持費や活動、一方通行的な関わりになってしまうなど友の会に対する問題は少なくはないが、波佐見町では波佐見町に合致したボランティア活動、友の会活動の発展的体制を構築することが望まれる。

学芸員は地域文化のインタープリターであり、博物館はまちづくりのシンクタンクである。歴史系博物館や地域の資料館は、単に資料（モノ）が収蔵されているだけでなく、その資料にまつわる情報（コト）から始まり、その地域・それぞれのまちの記録や記憶が蓄積されている。博物館は地域活性拠点の一つにもなりうるのである。博物館は地域社会を構成するうえで多くの機能を持つ大切な機関であり、人々がその町で国で暮らし、時には旅をしていく中で必要な施設であるという認識を、行政、住民、施設運営に携わる者は持ってほしい（中島2015）。

8　ミュージアムショップとミュージアムグッズの必要性

博物館におけるミュージアムショップは単なる土産物屋ではない。そしてミュージアムショップは展示の延長であるから、グッズは当該博物館の所蔵資料に関連するものでなければならない。よく地域の特産物やお菓子のみを販売する博物館を目にすることがあるが、ミュージアムショップ本来の意義から逸脱した行為と言える。

旅行先でお土産を買う目的は、自分はもちろんのこと家族や友人や職場に対しての土産物であったり、その土地を訪れた記念として購入することもあろう。それと同様に博物館を訪れた記念にミュージアムグッズを購入する人も多い。博物館の来館記念としてのグッズは、当該博物館の所蔵資料に関連するグッズでなければならない。

前述のごとく、ミュージアムグッズは展示の延長であり、ミュージアムショップは展示室の一部であり、最後の展示室と言えるのである。暗い展示室では熟覧できなかった、あるいは手に取って見ることが叶わなかった展示資料のレプリカやその意匠を移し取ったグッズを購入することで、その不満はかなり軽減される。そして、そのグッズの中には必ず由来書が添えられていることが重要である。なぜならばグッズは展示の延長であり、自宅に帰ってから由来書を読み返して、再度その資料について学ぶことで博物館の教育は終了することになるからである。したがって、グッズは当該博物館の所蔵資料でなければならず、他館の所蔵資料の意匠を使ってはならないのである。

我が国のミュージアムグッズに関する論が展開されるのは、1875（明治8）年の栗本鋤雲の「博物舘論」（『郵便報知新聞』第七九十號）が嚆矢である。栗本は「物品の目録を造り見物人へ低價を以て賣下けへし」「博物舘にて出版の目録及日誌寫眞等を賣下げ多少の金ハ舘に収まるものなり」として、目録など出版物や写真を販売することで、多少なりとも博物館の収入になることを論じている。1888年には岡倉天心が「博物舘に就て」（『日出新聞』）において「出版ニ於テハ寫眞スヘク著迷スベクシテ皆博物舘ノ權利ナレバ収入ノ最タルモノナリ」と述べ、印刷物と写真の販売について論を展開している。1912（大正元）年には坪井正五郎が「歐米諸國旅行雜話　附たりみやげ物の事」（『農商務省商品陳列舘報告』第一號）の中で「記念品物が欲しい、所がこれだと云う物がない、カイロー邊へ行つて探しても繪葉書より外何もない（中略）さう云ふ所では寧ろ初めから是は模造であるとさう名乘つて確な學者に相談して學術參考品として拵へた物を買る様にしたら宜からうと思ふ、初めから模造としてあれば安心して人が買ふだらう」として、土產物に対して「學術上の標本を造ること、記念物を造ること、名所の土產物を造ること」と提案している。さらに「ピラミッドや大スフインクスの雛形を作つて置き物なり、文鎮なりとして買つたら宜いと思ひました」と論じ、博物館のミュージアムグッズの要件を端的に示している。

現代では青木豊が1988（昭和63）年に「現代博物館におけるミュージアムショップの必要性に関する一考察」を発表し、博物館におけるミュージアムグッズの必要性を説いた。

平成30年度長崎国際大学学長裁量経費の採択を受けて、波佐見町との協働で大学グッズの製作を行った。博物館学ロゴ及び大学ネーム入りのユニバーサルデザインマグカップと、同じく大学ネーム入りのコンプラ瓶は波佐見和山の製作である。コンプラ瓶の中身は佐世保市の梅が枝酒造の焼酎が使われた。本来であれば地元酒造の焼酎を使用すべきであったが、理解を得ることができなかったことに課題を残している。とはいえ、和山、梅が枝酒造の両社には利益を度外視した絶大なる協力を賜り、素晴らしいグッズを完成している。これらのグッズはネームを変えて、今後開館する交流館のミュージアムグッズとして生産されることになっている。

第8章で、中国で最もミュージアムグッズの人気を博している故宮博物院の事例を挙げて、中国における文化産業についても紹介したい。

参考文献

伊藤寿朗　1993『市民のなかの博物館』吉川弘文館

大石俊輔　2017「ファンドレイジングは社会を変えていく手段」『博物館研究』52－12、日本博物館協会

落合知子　2017「郷土博物館をつくる―波佐見町フィールドミュージアム構想―」『考古学・博物館学の風景―中村浩先生古稀記念論文集』芙蓉書房出版

落合知子　2019「地域創生と博物館の形態」『博物館が壊される！―博物館再生への道』雄山閣

金森安孝　2017「旧石器時代の遺跡が語る地域の歴史」『博物館研究』52－7、日本博物館協会
木村　純　2010「博物館ボランティア活動の意義とその学び」『生涯学習研究年報』12、北海道大学高等教育機能開発総合センター生涯学習計画研究部
公益財団法人日本博物館協会　2017『平成25年度日本の博物館総合調査報告書』
須子義久　2011「萩まちじゅう博物館構想を支援するボランティア活動―萩博物館とNPO萩まちじゅう博物館の協働活動―」『社会教育』66－11
瀧端真理子　2015「日本の博物館はなぜ無料でないのか？：博物館法制定時までの議論を中心に」『追手門学院大学心理学部紀要』10
田中祐二　2017「公立博物館の外部資金調達―その経緯・事例・課題―」『博物館研究』52－12、日本博物館協会
谷口　榮　2018「博物館・資料館とボランティア―地域の歴史的・文化的資源と博物館・資料館を繋ぐ―」『歴史評論』822
對馬由美　2004「物館教育普及活動から見た学芸員の資質に関する研究」『教育研究所紀要』13、文教大学教育研究所
中島宏一　2015「観光と博物館―観光学習と博物館、ボランティアの活動―」『北海道歴史文化財団研究紀要』1、北海道歴史文化財団
西田心平　2018「「地域学」としての北九州学序説―地域創生の位置づけをめぐって―」『地域創生学研究』1、北九州市立大学地域創生学会
西田安慶　2018「観光まちづくりによる地域創生」『税経通信』73－4、税務経理協会、pp.121-124
福澤諭吉　1872『西洋事情外編』巻之二、慶應義塾出版局
矢野牧夫　1993「「ボランティア活動」と「友の会」―生涯学習時代の博物館活動を考える―」『博物館研究』28－2、日本博物館協会
山本順司ほか　2019「博物館と入館料―経済性の観点から―」『博物館学雑誌』44－2、全日本博物館学会
吉川弘文館　1993「市民のなかの博物館」

第4章
地域文化資源の確認と保存と活用の場としての博物館

第1節　陶磁器生産地における歴史的資源の種類と特殊性

盛山 隆行

はじめに

波佐見町は、安土桃山時代から江戸時代初期の16世紀末に陶器生産が行われたのを契機として、17世紀初めに磁器生産を開始して以来、磁器の原料「陶石」の産出地として大村藩の庇護のもと、佐賀藩領・有

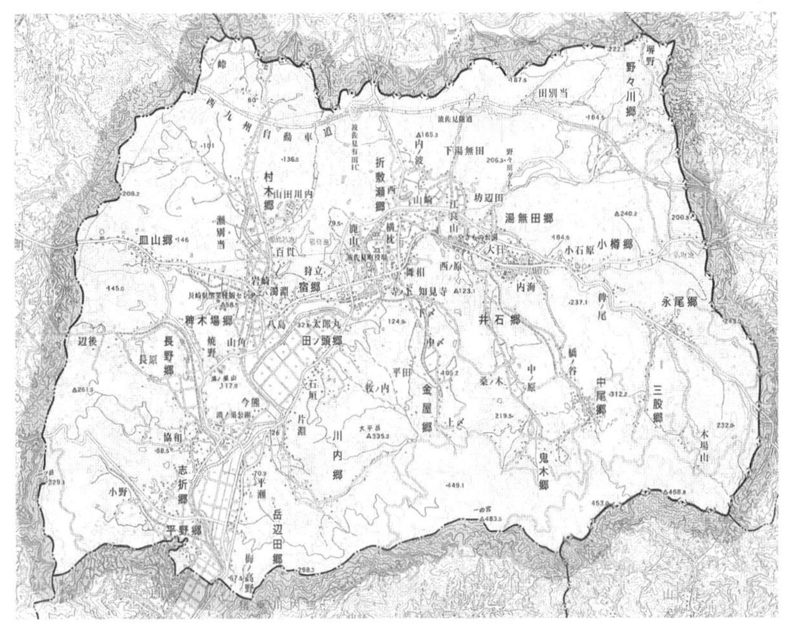

図1　波佐見町の地図
波佐見町の範囲は、江戸時代の大村藩領波佐見村上・下の領域とほぼ同じである。

田、平戸藩領・三川内とともに肥前磁器生産の中心地として発展を遂げてきた（大村市史編さん委員会 2015、落合・中島 2019）。

町内各所には、肥前磁器生産の歴史を物語る窯跡など関係の史跡が確認され、特に畑ノ原窯跡、三股青磁窯跡、長田山窯跡、中尾上登窯跡、永尾本登窯跡の代表的な窯跡の５箇所と、大村藩が窯業指導と管理にあたった皿山役所跡、陶石を採掘した三股砥石川陶石採石場の２箇所を含めた計７箇所は、肥前波佐見陶磁器窯跡として、2000（平成 12）年９月６日に国の史跡に指定された[1)]。

波佐見町内では、波佐見焼 400 年の歴史という言葉がよく使用され、あたかも波佐見町の歴史が 400 年というイメージを与えているように感じるが、当然のことながら、町内各所で、陶器・磁器生産開始以前にすでに人々の営みの痕跡が確認されていることから、陶器・磁器といった波佐見焼関係以外の歴史的資源についても今後、調査研究を通じて町内外への啓発を行う必要が多分にある。引いてはそれを波佐見町歴史文化交流館（仮称）の展示・普及活動として実践することが求められる。

本稿では、陶磁器生産地つまり波佐見町における考古学資源以外の歴史的資源と特殊性について、述べてみたい。

１　波佐見町の先史・古代―旧石器時代～奈良時代―

本章第２節で述べられると思うが、波佐見町の先史について、村木郷畑ノ原や平野郷栗林遺跡でナイフ型石器が出土しており、すでに旧石器時代（今から３万年前～１万 3,000 年前）において人々の営みがあったことが認められ、さらには稗木場郷山角遺跡耳取で縄文土器（中期）や石器類が出土しているので、引き続き縄文時代（今から１万 3,000 年前～紀元前３世紀）においても多くの人々が暮らしていたと考えられる（波佐見町史編纂委員会 1976、はさみ観光ボランティアガイド協会 2013）。

しかし、次代の弥生時代（紀元前３世紀～3 世紀）と古墳時代（3 世紀後半～7 世紀）の遺跡は現時点で波佐見町内において確認されておらず、今後の調査研究に期待するところが大きい（波佐見町史編纂委員会 1976、はさみ観光ボランティアガイド協会 2013）。

奈良時代初期に律令国家が編さんした地誌「風土記」の一つ『肥前国風土記』（713年頃編さん）に「彼杵郡浮穴郷」が記述され、同地は現在の波佐見町から川棚町付近に比定されている。また、「彼杵郡浮穴郷」は土蜘蛛という集団を率いた女性酋長・浮穴沫媛が統治し、大和朝廷（景行天皇）に抵抗したことなどが『肥前国風土記』に記述される（植垣1997）。浮穴沫媛は、邪馬台国の女王・卑弥呼のような性格を持つ存在であったことが想起され、同記述は波佐見町から川棚町付近の弥生時代から古墳時代の事蹟を記述したと考えられる。これは景行天皇が実在したと仮定した場合の年代比定からも裏付けられよう。

また、奈良時代の708～715年（和銅年間）に高僧・行基が金谷山（金屋郷）に東前寺を建立したこと、続いて742（天平14）年に聖武天皇が西海の異賊鎮護のために、勅使として左大臣・橘諸兄を同じく金谷山に派遣し、大和国（奈良県）吉野の金峯山の神霊を勧請して金谷山大権現（現在は金屋神社）を建立したことが、江戸時代に大村藩が編さんし、1862（文久2）年に完成した藩領内の総合調査書『郷村記』波佐見村上に記述される（藤野1982）。

しかし、『郷村記』という史料は後世の編さん史料であること、そして寺社建立と同時代の史料でないため、真偽の程は縁起書の域を出ず正確な建立時期がいつなのかは今後の調査研究が必要となろう。

2　波佐見町の中世─平安時代末期～室町時代─

(1) 町内に残る多様な石造物

先述したとおり、東前寺は最初、金谷山に建立されたが、1574（天正2）年のキリスト教徒の焼き討ちにより、金谷山大権現とともに悉く破壊され、残らず焦土となった。そして初代大村藩主・大村喜前は、キリシタン禁制直後、東前寺が消滅していることを嘆き、1605（慶長10）年波佐見居住の藩士（家臣）に命じて小規模ながらも金谷山に東前寺を再興し、『郷村記』によれば、1629（寛永6）年に岳辺田郷平瀬に移転し、真言宗の寺院として現在に至っている。

東前寺が金谷山に存在していた頃、現在地の岳辺田郷平瀬には、東前

写真1　滑石製笠塔婆

寺の附属12坊（寺）のうち、6坊（寺）が創建されているので末寺があったと伝えられ、実際に6坊の1つである聖之庵と刻まれる石造物が存在し、確かに末寺の存在を示すかのように境内には中世の石造物がたくさん確認される。ただし、1965～1975年代前後に岳辺田郷に隣接する乙長野郷今熊周辺から移設された石造物も含まれているため、当地に最初から存在していた石造物か否かの判別は非常に困難である。

その内、滑石製笠塔婆の塔身2点（写真1）があり、大石一久（石造物研究家）によれば、形状や梵字の彫刻など意匠から、1150年代（平安時代後期）以降に西彼杵半島（西海市周辺）産の滑石を用いて制作されたものと考察される（大村市史編さん委員会2014）。これは波佐見町内において現時点で確認されている最古の石造物である。寸法は、写真1（左）が高さ46cm、幅7.8cm、奥行7.8cm、写真1（右）が高さ41cm、幅11.9cm、奥行10.2cmで2点とも上部に柄（ほぞ）という突起があり、当初は石製の笠がのっていたと考えられる。

滑石製笠塔婆の塔身に当たる類例資料は、長崎県内、大村湾沿岸では川棚町小串郷、有明海沿岸では諫早市小長井町川内・称念寺などで確認（大村市史編さん委員会2014）されているが極めて少なく、古代・中世移行期において波佐見町で仏教文化の展開が認められる貴重な資料であることは言うまでもない。

同じく東前寺境内から、宝塔の塔身1点（写真2）が確認され、大石によれば、形状や梵字の彫刻など意匠から、1300年代初期（鎌倉時代後期）以降頃に西彼杵半島産の緑色片岩を用いて制作されたものと考察される。ただし、編年上は範囲を広げて、1200年代（鎌倉時代前期）から1300年代初期（鎌倉時代後期）としても可能のようである。寸法は、高さ22.3cm、幅24cm、上（首）部の高さ2.5cm、直径20cm、深さ6.5cmほどの穴がくり抜かれてあり、当初は石製の笠がのっていたと考えられる。

この最大の特徴は首部に縦蓮子の切り込みを入れているところで、これは鎌倉時代後期の一時期のみに登場する極めて特殊な塔であるという点から考えれば、有力な宗教関係者（高僧）クラスに限定された石塔とされる。県内での位置づけとして、大村市の「正和五年」（1316年）「阿闍梨性元」銘の東光寺跡宝塔とほぼ同時代の制作で、同石材、同種の宝塔は、大村市の郡川周辺（東光寺跡、延命寺跡など）で約5基ほどが確認されている（大村市史編さん委員会 2014）。ただし、石材（安山岩）は異なるが、同種の宝塔で最古の部類に入るのは、佐賀県嬉野市の宝塔とされる。

写真2　宝塔（緑色片岩）

上記、平安時代後期の笠塔婆と鎌倉時代初期の宝塔が確認されたことにより、東前寺の創建が奈良時代の708〜715年（和銅年間）とするのが難しいとしても、少なくとも平安時代後期から鎌倉時代初期には仏教文化が波佐見町で展開していたことを表わしており、同時期には既に東前寺が創建されていたことを示していよう。またその際、現在確認される石造物に梵字が刻まれているのは、真言宗を中心とした密教文化が波佐見で展開した証でもある。さらに、西彼杵半島産の滑石と緑色片岩を石材とした石造物が確認されたことは、西彼杵半島と波佐見町間の大村湾を媒介とした経済交流があったことを物語る資料と言える。

なお、東前寺境内で阿弥陀三尊の梵字を表記した種字と「貞和三年丁亥十月十二日」と刻まれた板碑（上下寸断）が確認されている。これは、現在確認されている波佐見町内の紀年銘がある板碑・五輪塔・宝篋印塔ほか全石造物の中では最古の石造物である。1347（貞和3）年は南北朝時代（室町時代）前期で、貞和は北朝年号であることから、当時の波佐見が北朝勢力に属していたことを示す資料として注目できる。また、南北朝時代においてもなお仏教文化が展開した証でもある。この板碑に関しては、文献史料との比較を試みたので本項（2）で詳述したい。

町内の紀年銘がある石造物として、宝篋印塔や五輪塔には、1504（永正元）年7月19日、高源泉公禅定門の宝篋印塔地輪（緑色片岩）、1509年、俗名・橘貴、法名・月窓浄圓の宝篋印塔地輪（緑色片岩）、1544（天文13）年3月21日、権大僧都・宥秀の五輪塔地輪（凝灰岩）が存在する。また、異質な石造物として、1514年9月28日の南無阿弥陀仏拝石や1556（弘治2）年8月の逆修塔（笠塔婆竿部）等が存在する。

以上のように中世の石造物は、中世の波佐見町を詳らかにする歴史的資源と言うことができる。

（2）文献史料からみた武士団の形成と展開

平安時代になって律令政治の中の公地公民の制度が崩壊し、貴族や寺院などによる私有地化が進み、それが荘園制度へと繋がっていく。波佐見町は、古代の行政上、彼杵郡に属していたが、彼杵郡全体が京都の仁和寺領（本家職）となり、彼杵荘となった（大村市史編さん委員会2014）。荘園の領有は京都などに暮らす貴族や大きな寺社であり、荘園からの収入を獲得する構造となっており、荘園で実際に開発領主として君臨していたのが武士の始原と考えられる。

1185（文治元）年源頼朝は各地に守護・地頭を設置し、1192（建久3）年源頼朝が征夷大将軍に任命され、本格的な武家政権「鎌倉幕府」が成立したが、波佐見町にも武士の存在が確認される。

長崎県南松浦郡新上五島町青方郷には、鎌倉時代初期には中世武士青方氏一族が存在したが、青方氏に伝来した文書群は鎌倉時代初期から江戸時代末期まで年代・内容ともに多岐に渡り「青方文書」（瀬野1975）として、現在は長崎県の有形文化財に指定され、長崎歴史文化博物館（長崎市）に収蔵されている。

この「青方文書」所収の1301（正安3）年の文書の中に波佐見左衛門太郎親平が登場し、狩俣島（新上五島町若松島）の領有をめぐって青方氏と相論を行っている。同じく1320（元応2）年の文書には波佐美左衛門太郎入道親平（真仏）が登場し、先述の人物と同一人物とすることができるが、この波佐見（美）左衛門太郎親平（真仏）が文献史料に登場する「波佐見」という文字の初見であり、「波佐見」を名字とした最初の人物である。同人物は、「青方文書」によれば、青方能高の子息で重高の甥とあり、波佐見氏を相続したと人物として考えられ、波佐見町には海がないが、大村湾や五島灘を媒介として、はるか新上五島町と関係を持っていたことが言える。

彼杵荘の領主として後に東福寺（領家職）も関わることとなったが、東福寺に伝存した古文書は、江戸時代に加賀藩主前田家によって整理され、現在は「東福寺文書」として、国の重要文化財に指定され、公益財団法人前田育徳会（尊経閣文庫）に所蔵される。

「東福寺文書」は彼杵荘の動向が分かる貴重な文献史料であり、同文書所収「楠木合戦注文」裏書文書（大村市史編さん委員会 2014）の 1325（正中 2）年の項には、波佐見村の在地領主（武士）として、「波佐見彦次郎、波佐見彦四郎、波佐見一童丸」が登場し、1328（嘉暦 3）年の項には、波佐見村の在地領主（武士）として、「波佐見次郎忠平」が登場し、波佐見の領主として展開していたことが分かる。

やがて 1333（元弘 3）年鎌倉幕府が滅亡し、1334（建武元）年後醍醐天皇による建武の新政が開始される。鎌倉幕府の討幕に貢献し、建武の新政に協力した足利尊氏は後醍醐天皇（南朝）から離れ、北朝方となり、1338（暦応元）年北朝の光明天皇から征夷大将軍に任命され、京都に幕府を開いたが、南北朝間による動乱が幕開けとなった。

南北朝時代の波佐見や波佐見人の様相を示す資料として、石造物と文献史料から見ていこう。

本項（1）で東前寺境内で確認された阿弥陀三尊の梵字を表記した種字と「貞和三年丁亥十月十二日」と刻まれた板碑について述べたが、板碑の現状は、「阿弥陀三尊（阿弥陀如来・勢至菩薩・観世音菩薩）の梵字を表記した種字　貞和三年」が刻まれた部分（上部）と「丁亥十月十二日」と刻まれた部分（下部）が寸断され、破損している状態である。さらに下部にも断絶痕があり、造立当初は非常に長い板碑であったことが想起される。寸法は、上部が高さ 90㎝、幅 32㎝、厚み 13㎝ほどで、下部が高さ69㎝、幅30㎝、厚み10㎝ほどである。先述したとおり貞和は、北朝年号であるので、当時の波佐見は北朝勢力に属していたことが分かる資料であるが、このことは文献史料からも裏付けられる。

肥前国彼杵郡戸町浦（長崎市深堀町ほか）の地頭職であった鎌倉幕府の御家人・深堀家に伝来した中世文書「深堀家文書」（国指定重要文化財／公益財団法人鍋島報效会 徴古館所蔵）（佐賀県史編纂委員会1959）の中の1351（観応2）年の文書の中に波佐見の在地領主・波佐見俊平が筑前国月隈原（福岡市博多区月隈）の合戦に北朝・足利直冬方の今川直貞の軍勢として参戦していることが記載されている。板碑は1347年で「深堀家文書」は1351年と4年という僅差が認められるが、当時の波佐見や波佐見人が北朝勢力に属していたことを如実に示していよう。

これは石造物つまり、石造物に刻まれた金石文・貞和年号と文献史料を比較して導き出した時代考証の一事例であり、今後、町内から新たに確認されるであろう石造物と文献史料の比較にも期待できる。

波佐見町内における板碑の文化財的な位置付けであるが、石材は波佐見産の硬砂岩で東前寺は最初、金谷山（金屋神社付近）に建立され、一度、1574年のキリスト教徒による焼き討ちに遭い、1605年金谷山に再建、1629年に現在の岳辺田郷平瀬の地に移っているが、金谷山現存時に平瀬には附属12坊（寺）のうち、6坊（寺）が創建されているので、その内の1坊（聖之庵か）に関する板碑と推察できる。1574年、キリスト教徒たちに金谷山が焼き討ちされる前の東前寺関係の資料として極めて貴重である。

また、紀年銘があり、現在、長崎県の有形民俗文化財に指定されている最古の板碑は、平安時代末期・鎌倉時代初期の1190年造立の「西郷の板碑」（諫早市）[2]で、次に造立が古いのは、南北朝時代（室町時代）前期の1351年の「慶巌寺の名号石」（諫早市）[3]であったが、この波佐見町の板碑は1347年造立なので、県内で造立が2番目に古い板碑と言える。

南北朝時代の波佐見と波佐見人の動向について知る上で今一つ重要な文献史料がある。平安時代末期に肥前国彼杵荘老手・手熊両村の荘官に補任され、同地に下向した平兼盛を祖とする鎌倉時代は御家人であった福田家伝来の中世文書の写本「福田家文書」(外山 1986) である。これは当初、福田家の子孫が所蔵していたが、中世史学者の外山幹夫に譲られ長らく外山の手元にあった。外山没後、長崎歴史文化博物館の収蔵史料となったものである。

外山は「福田家文書」を翻刻した上で、該当箇所を利用し、南北朝時代における肥前国彼杵荘の御家人や在地領主の動向 (彼杵一揆) に関する研究を行い、その先駆者となった。

彼杵一揆とは、彼杵荘の御家人や在地領主が自らの領主権を守るために確立した国人一揆であり、一揆とは集団組織を意味し、これら御家人や在地領主が南朝方もしくは北朝方に属していたことが「福田家文書」によって知ることができる。

「福田家文書」所収・1362 (正平 17) 年彼杵一揆連判状断簡写には、波佐見修理亮橘泰平、同弥三郎橘近平らが登場し、波佐見以外の武士とともに南朝方に属していたことが分かる。

先述「深堀家文書」1351 年には波佐見俊平が北朝方に属していたが、11 年後には南朝方に転じている。また「福田家文書」所収・1372 (応安 5) 年彼杵一揆連判状断簡写によれば、波佐見三郎代河内六郎、同横大路彦七、同松熊丸代浦弥次郎、同□、波佐見掃部助、波佐見折敷瀬弥三郎、波佐見井瀬木新左衛門が波佐見以外の武士とともに北朝方に属している。これは南朝方に属していた 1362 年から 10 年後のことである。

このことから、波佐見の在地領主は、小規模領主であることを認識し、趨勢を見極めた上で北朝→南朝→北朝とその味方となる勢力を変えていったことが明らかとなり、中世の波佐見の武士の姿を垣間見ることができる。

なお、波佐見氏の名前は 1372 年を最後に文献上から消滅し、代わりに内海氏が登場する。このことは、波佐見氏と内海氏が同家系にあることが一因だと考察される (太田 1976)。

以上のように町内には確実に中世の文献史料と言えるものが管見による限り確認されていないため、町外に残る文献史料は波佐見町の武士団の形成から展開を知る上で重要な歴史的資源となり得るのである。

(3) 文献史料と町内の仏像からみた中世仏教の展開

本項(1)を中心に(2)で石造物から中世の波佐見における仏教の展開を詳述したが、まずは次の「大般若経」という文献史料２点からも同様のことを明らかにすることは可能である。

「大般若経」とは、中国・唐の玄奘三蔵が訳した全600巻の「大般若波羅蜜多経」の略称で、「般若経」とも略称される。中世には社会の平安や個人の武運長久を祈って「大般若経」600巻の写経が各地でたびたび行われた（大村市史編さん委員会2014）。

それでは波佐見に関する「大般若経」について見ていこう。

１点目は横蔵寺（岐阜県揖斐郡揖斐川町）所蔵とされる「大般若経」第44巻奥書（大村市史編さん委員会2014）である。

これは、南北朝時代の1378（永和4）年１月14日に「肥前国彼杵庄波佐見新熊野山」の乗戒坊成空（23歳）が美濃国鵜沼庄（岐阜県各務原市鵜沼）の宝蔵庵での「大般若経」写経会に波佐見から参加し、写経を行った記録である。

この奥書が重要なのは波佐見という文字が地名として初めて登場することと乗戒坊成空という写経僧が波佐見出身であり、波佐見を離れ、遠い美濃国で「大般若経」の写経を行ったことを示している点である。

新熊野山とは乗戒坊成空が新熊野信仰の僧侶で、新熊野信仰とは吉野の金峰山を本山とする熊野山検校の天台宗聖護院門跡系の修験道であり、肥前国の新熊野信仰の総本山が波佐見町金屋郷の金谷大権現（金屋神社）とされることから同地の可能性が指摘される（大村市史編さん委員会2014）。

他に地名等から考えて、新熊野山とは熊野神社が鎮座する湯無田郷坊辺田や、今熊権現が祀られる乙長野郷今熊が考えられるが、いずれも決定的な根拠がある訳ではない。

２点目は龍登院（静岡県掛川市内田）所蔵の「大般若経」第70巻奥書（大村市史編さん委員会2014）である。

これは、室町時代の1409（応永16）年９月30日に「九州肥前国彼杵庄波佐見横大路」の清悦（37歳）が「大般若経」の写経を行った記録である。

奥書の中に「筆者於九州肥前国彼杵庄波佐見横大路」と記載されるので、清悦は地元の波佐見横大路で「大般若経」の写経を行ったと読み取れるが、肝心の「大般若経」が所蔵される龍登院がある遠江国内田庄で写経したと現時点では解釈されている（大村市史編さん委員会 2014）。

この奥書が重要なのは、波佐見横大路という地名が登場することと、同地に清悦という写経僧の存在が明らかになったことである。横大路が波佐見のどこかは不明である（大村市史編さん委員会 2014）が、中世波佐見の信仰の拠点・金谷山の麓、金屋郷に横尾という地名があることから、同地の可能性が高い。

また奥書によれば清悦比丘と表現されるので、清悦は各地を訪ねる男性の修行僧であったことが分かる。

なお、龍登院には、清悦一人が写経した約 321 巻の「大般若経」が残されており、清悦の力量を窺い知ることができる。

以上のことから波佐見出身の写経僧が２人確認された訳だが、現在長崎県内で確認されている写経僧はわずかでその内、波佐見出身者が２人いることは割合的には多い。写経は、写経僧を養成する道場が必要で、また写経に必要な紙と筆等の道具や写経僧の衣食住（僧衣・食堂・居住施設）が整っていなければ写経僧を輩出できないし、写経自体も行うことができない。したがって「大般若経」奥書２点によって、中世の波佐見が写経僧を養成し、写経が行える環境が整備されていたことが考えられ、仏教文化を極めた人材が少なからず存在したことが言える。

ここでも石造物と文献史料を比較検討することによって波佐見の歴史的位置付けが可能となる。

次に町内に残る中世の仏像に関しては東前寺（岳辺田郷平瀬）の本尊「薬師如来坐像」が挙げられる。像高 28.0㎝、彫眼、寄木造りの仏像で、『郷村記』によれば、行基の作とされてきたが、近年の調査研究により、「薬師如来坐像」の首に押し込まれた状態で、1403 年の年紀を記し、この仏像の完成・開眼にあたって書写された「薬師瑠璃光如来本願功徳経」と「宝篋印陀羅尼」が見付かり、室町時代中期の 1403 年に仏師の念仏法眼が制作した仏像であることが判明し、旧大村領宮村（城間町ほか)、現在の佐世保市城間町の正蓮寺の阿弥陀如来像をさかのぼる、キリスト教徒による廃物以前の木彫像として確認される２例目とされる(大村市史編さん委員会 2014)。

これは大村領内（県央）で、制作年が明らかな最古の仏像であることが言え、大村領内のキリスト教への改宗期に木彫仏像は悉く破壊されたなかで残存した仏像として貴重である。

残存した理由として、波佐見の地が当時、キリスト教が未だ盛んではなかった肥前佐賀の嬉野にほど近い周縁部であり、廃仏に際しては越境して災禍を免れたのかもしれないとされる（大村市史編さん委員会 2014)。

波佐見町が佐賀との境目だったことが幸いして町内に領内最古の木彫仏像が残ったことは、波佐見町の地政学上、歴史的資源としても注目できる。

なお、「薬師如来坐像」は 2019（平成 31）年に波佐見町の有形文化財に指定された。

3　波佐見町の中世—戦国時代・安土桃山時代—

(1) 戦国時代の波佐見の在地領主たち

戦国時代の波佐見の在地領主に関する同時代の文献史料はほとんど残っておらず、近世・江戸時代に大村藩が藩士つまり大村家家臣団の系譜を家別に集大成した『新撰士系録』（大村市立歴史資料館所蔵）所収の各家譜から追っていくしか方法がない。

波佐見の主要な在地領主としては、金谷（金屋）郷の福田氏、湯無田郷の内海氏、岳辺田郷平瀬の渋江氏が存在していた（波佐見町史編纂委員会 1976、大村市史編さん委員会 2014)。

波佐見村は、武雄領主後藤氏や平戸領主松浦氏の侵攻を受け、大村氏との係争の場となっていた。波佐見村の在地領主、先述の福田氏・内海氏・渋江氏が大村氏に属したのは、大村純伊の治世・1521～28 年（大永年間）頃とされ、三氏が協力して各々築城し、後藤氏による侵攻を防いでいた（大村市史編さん委員会 2014)。ただし、1576（天正 4）年頃と考えられる７月 17 日付の武雄領主後藤貴明・晴明父子宛の波佐見の領主・

定松美作守前久の起請文（後藤家文書／多久市郷土資料館所蔵）（佐賀県史編纂委員会 1962）が存在するように定松美作守前久は、大村方の金谷郷の福田丹波守の誘いを拒み、後藤父子の誘いに応じ忠誠を誓っているのである。

ところが 1574 年、金谷郷の福田丹波守が武雄の後藤貴明に内通して純忠に反抗するなど、大村氏の波佐見村統治には不安定な要素が内在したが、その後波佐見村は天正年間・大村純忠治世（1573～87 年）において、完全に大村純忠の支配下に入った（大村市史編さん委員会 2014）。

しかし波佐見村は大村氏の領国の維持・経営にとって重要な位置を占めたにも関わらず、武雄領主後藤氏に味方する在地領主も未だ存在しており、依然として不安定であった（大村市史編さん委員会 2014）。

それを示す文献史料が 1584 年 4 月 14 日付の武雄領主後藤家信、大村領主大村純忠宛波佐見村の波佐見衆中（20 人）、折敷瀬衆中、内海衆中による起請文である（久田松 1977）。この起請文は原文書ではなく写本であり、現在は武雄市図書館・歴史資料館所蔵武雄鍋島家文書の中に収められている。

波佐見衆中には、加盟した大村因幡守・福田薩摩守・土橋甲斐守・永田但馬守・針尾五右衛門・朝長若狭守ら 20 人の人名が確認できる。しかし、写本であるためだろうか、折敷瀬衆中略之、内海衆中略之と記載され、折敷瀬衆中と内海衆中に加盟した人名が省略されている。

加盟した波佐見衆中・折敷瀬衆中・内海衆中の人物たちが後藤家信と大村純忠両人に起請文を出しているのは、強力な 2 人の戦国大名の狭間にいる在地領主の宿命を表わしており、波佐見の小領主が生き延びる戦術であったことを物語っている。

また、この起請文の文末には「世壽主」、つまりイエズス（イエス・キリスト）と記載されるので、波佐見衆中・折敷瀬衆中・内海衆中の人物たちはキリシタンであったことを意味する。

1549（天文 18）年に宣教師ザビエルが鹿児島に来航してキリスト教が日本に伝来し、1563（永禄 6）年横瀬浦（西海市西海町横瀬郷）で大村領主大村純忠が家臣 25 人とともにキリスト教の洗礼を受け、純忠は日本最初のキリシタン大名として洗礼名ドンバルトロメウ(オ)を名乗る。それ以降、全家臣・領民がキリシタンとなっているので、この起請文も波佐見におけるキリスト教の布教状況を知る上で大変貴重な史料であることが言える。

波佐見町の中世、とりわけ戦国時代の城館（大村市史編さん委員会 2014）は下記のとおりである。

松山城（金屋郷）は、1480（文明12）年から約80年間、領主の福田氏が武雄の後藤氏と攻防した山城で堀切が良好で主曲輪・土塁も残存しており、当地域最強の防備が展開した。

内海城（湯無田郷）は大村氏が武雄領主後藤氏に備えた出城の一つであり、元来は在地領主の内海修理亮泰平が築城したとされる。主曲輪・堀切・土塁が残存し、城の南西には館という地名が内海氏の平時の館であった。

岳山城（岳辺田郷）は大村純忠が渋江氏に守らせた重要な山城で石垣、堀が残存し、大村地方の城郭構造ではなく、洗練された佐賀地方の城郭構造が珍しい。

井石城（井石郷）は井石氏の丘城で、堀が残存している。

(2) 波佐見のキリスト教世界に関する資料

原マルチノは1582年の天正遣欧使節の一人として長崎港を出港したことはあまりにも著名であるが、彼が肥前国波佐見出身であることはその後の禁教令の影響が大きく、日本の古文書等文献史料には全く記載されない。イタリア国内に残る『ボローニャ元老院日記』にわずかに記載されるのみである（波佐見町史編纂委員会 1976、大村市史編さん委員会 2014）。したがって、外国語文献も波佐見のキリシタンの動向を知る上で重要な資料と言えるのである。

加えて、1586年、ドイツのアウグスブルクで発行された新聞に掲載された使節の肖像画（天正遣欧使節肖像画／京都大学附属図書館所蔵）（大村市史編さん委員会 2014）は、原マルチノやその他天正遣欧使節の容姿を伝える重要な歴史的資源と言える。

また、波佐見出身で唯一福者に列したガスパル貞松やその他波佐見出身の重要なキリシタンについても、外国人宣教師の記録の中から詳らかにする必要がある。

なお、原マルチノは使節の4人の少年の中で最も語学に堪能だったとされる。ローマからの帰路、1587年に天正遣欧使節を代表して原マルチノがイエズス会及び巡察師ヴァリニァーノにラテン語で述べた謝辞は『原マルチノの演説』（1588年）として著名である。これは天正遣欧使節一行がポルトガルから招来した印刷機を用い、伊佐早（諫早市）生まれのコンスタンチノ・ドゥラートゥス（邦名不詳）の手によりゴアで刊行された。日本人が印刷した初めての活版印刷物で、世界で4冊しか所在が確認されていない稀本である。この内、筑波大学附属図書館が1979（昭和54）年度に大型コレクションとして購入した、パリ在住のマックス・ベッソンが蒐集した日欧関係刊行書377冊の1冊として『原マルチノの演説』が所蔵される[4)]。

同資料は、波佐見町歴史文化交流館（仮称）での開館特別展の展示資料として借用させて頂きたい資料の一つである。また、可能であれば波佐見町の先覚者の資料として複製の製作が必要と考えられる資料でもある。

原マルチノはイエズス会の中で翻訳業務を行っており、一つ一つの業績を追うことにより、原マルチノの事蹟を科学的に明らかにして、それを波佐見町内外の来館者への啓発が必要と思われる。

(3) 波佐見のキリシタンに関する石造物

波佐見町のキリシタンの動向を知る上で欠かすことができない石造物が、「INRI」銘入り石製四面線刻罪標十字架碑（南島原市教育委員会・大石2012、大村市史編さん委員会2015）である（写真3）。

これは1940年頃から、東前寺（岳辺田郷平瀬）隣の個人宅裏山崖の穴の中に置かれていたことが確認されていた。その後、1990（平成2）年波佐見史談会の調査でキリスト教の礼拝用の道具として確認され、2006年に個人から波佐見町教育委員

写真3　「INRI」銘入り石製四面線刻罪標十字架碑

会へ寄贈された。2010年６月23日、町の有形文化財に指定され、現在は波佐見町教育委員会事務局がある波佐見町総合文化会館（ウェイブホール）内ロビーに展示されている。

幅広の二面に十字架とラテン語の「ユダヤ人の王、ナザレのイエス」を意味する「INRI」、幅が狭い二面に十字架がそれぞれ線刻している1600年代前半（江戸時代初期）の初期キリシタン時代の石造物である。

石材は波佐見産の安山岩で、寸法は、高さ48cm、幅12cm、厚み8cmほどであり、このような移動可能な石造物は全国でも珍しく、現時点ではほかに「薄肉彫りカルワリオラテン十字架有孔碑」（佐賀県唐津市厳木町）とこの「INRI」碑の２点のみであり、「INRI」と陰刻されたものは「INRI」石碑（大分県臼杵市野津町）があるが、残片であるので、四面に十字架、二面に「INRI」と陰刻された石造物は、全国でこの「INRI」碑しか確認されておらず、極めて貴重な石造物である。

なお、町内には江戸時代前期の1656（明暦2）年に大村藩が領内のキリシタンを検挙した事件「郡崩れ」以前のものとされる「波佐見町のキリシタン墓碑群」（野々川郷）があり、1972年に長崎県の史跡に指定された。

4　波佐見町の近世―江戸時代―

(1) 江戸時代における大村藩領波佐見村

波佐見は江戸幕府成立後、肥前大村藩領波佐見村となった。第４代大村藩主・大村純長の治世、1651（慶安4）年～1706（宝永3）年に波佐見村上（上波佐見村）と波佐見村下（下波佐見村）に分村したが、それは大村藩内での分村で、江戸幕府へ届け出た文書では、一括して波佐見村と記された（盛山 2018b）。

藩内の重要産業である焼物の生産地、また藩内第一の広邑（広い村）で米作りの盛んな村として栄えた。陶磁器生産と農業生産つまり、陶農・波佐見は近世に形成されたと言っても過言であるまい。

また、波佐見村は大村藩の中でも平戸藩や佐賀藩との境目に位置しており、藩内統治の上でも重要拠点で、江戸時代後期には大村藩（波佐見焼）、平戸藩（三川内焼）、佐賀藩（有田焼）による焼物の燃料獲得競争の末に境界石が設置された。

肥前大村藩（約2万8,000石）は、江戸時代以前、鎌倉・南北朝・室町時代（中世）からの領主・大村氏が藩主として治めた外様大名の藩である。江戸時代以前から、同じ土地を領した藩主を旧族居付大名と言い、長崎県内では、大村藩のほか、対馬藩（藩主・宗氏）、平戸藩（藩主・松浦氏）、五島藩（藩主・五島氏）がこれに当たる。藩主・松平氏に代表される島原藩のように江戸時代になって他国から転々と国替えをして島原に入ってきた転封の譜代大名とは異なる（盛山2018a・b）。

中世から近世つまり江戸時代の変化として、江戸時代以前は武士が農村に居住していたが、江戸時代に入って、各藩は城の周辺に城下町をつくってそこへ武士つまり家臣を集団居住させる命令（城下集住）を出した。村から武士がいなくなるというのが一般的な藩のあり方で土地から家臣を切り離すことが命題だった。

大村藩の場合も確かに大村市の久原分と池田分を城下町として上級・中級家臣を居住させたが、村にも家臣を居住させていた。

このように村にも家臣を居住させていた藩は、薩摩藩（藩主・島津氏）、長州藩（藩主・毛利氏）、佐賀藩（藩主・鍋島氏）、仙台藩（藩主・伊達氏）などであり、この中で大村藩と支配体系が似ていた藩は、薩摩藩だとされる。

大村藩では村に住む家臣（藩士＝武士）を在郷給人と言い、波佐見村に住んだ家臣を波佐見給人と言った。因みに幕末の記録『郷村記』によれば、上波佐見村居住の大村家家臣は50人、下波佐見村居住の大村家家臣は52人とある（盛山2018a）。

(2) 町内に残る文献史料

写真4は、1688～1703年（元禄年間）に編さんされた『大村記　波佐見村』である。これは大村藩が編さんし、1862（文久2）年に全79巻として完成した『郷村記』と関係がある史料で、現在は波佐見町文化財に指定され、波佐見町教育委員会所蔵の史料である。当史料は江戸時代初期の波佐見村の記録として貴重である。

『郷村記』とは、大村藩が編さんした領内各村の故事来歴、人口、宗

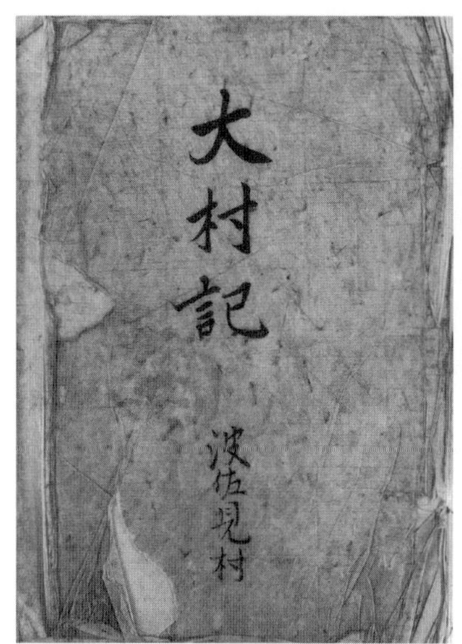

写真４『大村記　波佐見村』

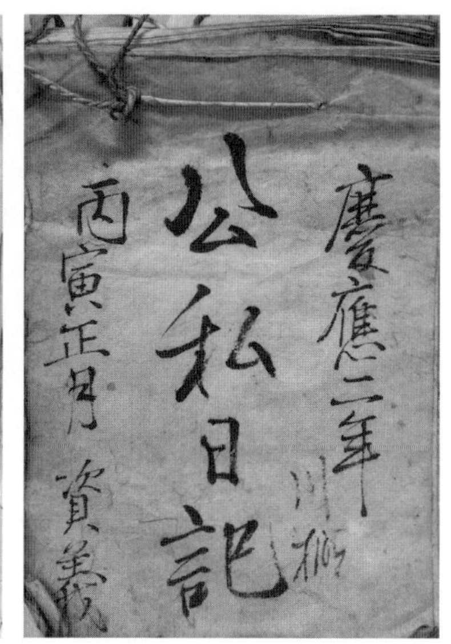

写真５　1866（慶応２）年正月『公私日記』

旨、農業・漁業の生産高を事細かに記した調査書であり、波佐見町内にも『郷村記　波佐見村上・下』が存在し、波佐見町文化財に指定される。『郷村記』正本は、大村藩から明治時代に大村県、そして長崎県の所蔵となり、現在は長崎歴史文化博物館に収蔵される。波佐見町所蔵の『郷村記』は、『郷村記』正本の下書きもしくは写本と考えられる。大村藩が編さんした書物に関わる記録が町内に残るのは貴重な歴史的資源である。

上波佐見村永尾郷（永尾郷）に居住した大村藩士太田家は、皿山代官・諸村横目・勘定方役人などを歴任した家系で、江戸・大坂・長崎にあった大村藩屋敷でも勤務した人物を輩出している。

特に幕末の当主、太田郷右衛門資義は、大村藩領内各村の横目を歴任し、福田村の横目勤務中に明治維新を迎えた。資義は幕府領長崎に来航した外国船の記録や膨大な日記を残し、その傍ら、俳句を嗜み俳号を「杜月」と称した。

この太田家に伝来した古文書群が、2017（平成29）年に御子孫から波佐見町教育委員会へ寄託された。特に江戸時代前期・1658（明暦４）年に大村藩家老３名の署名によって領内各村に布告された「御條目／定」（原本）や太田郷右衛門資義が、江戸時代後期から明治時代前期に書いた『公私日記』（原本、写真5）、そして幕末の長崎港に来航した外国船に関する記録（原本）の数々は、江戸時代の大村藩や波佐見村、幕府領長崎の実態を知る上で大変貴重な歴史的資源として調査・研究・普及する必要がある（盛山 2018b）。

(3) 三方境傍示石（三領石）

村木峠（村木郷）は、大村藩、平戸藩、佐賀藩の境界に位置しており、同峠付近は良質な薪が取れるため、波佐見焼・三川内焼・有田焼の窯焚職人が薪の取り合いをして争った場所だった。

そこで三藩の境を明らかにするため、1742（寛保 2）年に三藩の役人と酒井田柿右衛門（佐賀藩有田焼）等が立ち会って建てた石碑が三方境傍示石（通称・三領石）である（写真6）。石の調達と石碑に文字を彫る彫り師は、平戸藩が提供している。高さ７尺１寸（2.15m）、幅尺（30㎝）の三角形の石柱で、下記のとおり三面にはそれぞれの領域が刻まれており、現在もはっきりと解読できる。

写真６「三方境傍示石」（三領石）
【長崎県指定史跡】

正面：「此三領境東西峯尾續雨水分南大村領
彼杵郡波佐見郷」

左面：「此三領境西北峯尾續雨水分平戸領
彼杵郡早岐郷」

右面：「此三領境東西北峯尾續雨水分佐嘉領
松浦郡有田郷」

1972（昭和 47）年に波佐見町の史跡、2015 年には長崎県の史跡に指定された（藤野 1982、大村史談会 1995、盛山 2018b、落合・中島 2019）。

これも波佐見町の地政学上重要な歴史的資源である。

(4) 波佐見町の民俗芸能

1732（享保17）年の享保の飢饉の際に、皿山郷民の飢えを救うため人形浄瑠璃の興行を始めたとする皿山人形浄瑠璃（長崎県指定無形民俗文化財）は重要で長崎県内で人形浄瑠璃を行っているのは皿山郷のほかに東彼杵町千綿宿郷にしか存在しない。また、長崎県や佐賀県の肥前国一帯では、雨乞いや豊年満作を祝して太鼓や鉦をならして踊る芸能「浮立」が存在する。波佐見町内には、山中浮立（湯無田郷）、野々川浮立（野々川郷）、鬼木浮立（鬼木郷）、協和浮立（協和郷）があり、1972年に波佐見町の無形民俗文化財に指定された（波佐見町史編纂委員会1976、はさみ観光ボランティアガイド協会2013）。これも町の民俗芸能として重要な歴史的資源と言える。

5　波佐見町の近代―明治時代～昭和時代―

(1) 波佐見町制までのあゆみ

1870（明治3）年、波佐見村は正式に「上波佐見村」と「下波佐見村」に分かれた。そして、1934（昭和9）年上波佐見村は町制に移行し、「上波佐見町」になった。その後、1956年6月1日に、上波佐見町と下波佐見村が合併し、「波佐見町」となった（はさみ観光ボランティアガイド協会2013）。

(2) 波佐見金山

1896年に湯無田郷の山本作左衛門が金鉱脈を発見し、翌年、鹿児島県の鉱山事務所（所長・祁答院重義）が採掘を開始した。1910年からは日本興業銀行による「波佐見鉱業株式会社」が経営を行った。これが波佐見金山である。坑道は「朝日坑」をはじめ全部で9坑あり、1914（大正3）年の閉山までに金1,033kg、銀2,394kgが採掘され、最盛期には、1,000人ほどの従業員が勤務していた。また、「迎賓館」などの洋館が建ち並び、日本興業銀行関係者や政府要人や、アメリカ人など外国人の出入りがあり、湯無田郷内海は非常な賑わいをみせた。加えて1910年には金山火力発電所が完成し、波佐見で初めて湯無田郷に電灯が点いた。電気の使用により、モーターや最新式の削岩機がアメリカから輸入され、アメリカ人の技師が機械据付けから操作まで指導した。1937年に三菱鉱業によって金山が再開されたが、わずか数年で閉山した。そして、その後、太平洋戦争末期の1944年には、大村の第21海軍航空廠が疎開し、坑道は戦闘機「紫電改」の部品生産のための地下工場に使用された（波佐見史編纂委員会1981、はさみ観光ボランティアガイド協会2013、落合・中島2019）。

現在「朝日坑」の坑道はショウガやサツマイモなどの保管場所として利用され、農業生産の分野で利用されている。また、見学も可能であり、金山を実体験できる。

(3) 旧波佐見町立中央小学校講堂兼公会堂

1937年に波佐見尋常高等小学校の講堂兼公会堂として建築された大型の木造洋館である（写真7）。設計者は、波佐見周辺で活躍した清水玄治である。1956年の町村合併による現在の波佐見町の誕生により、当校は波佐見中央小学校となり、本建物も講堂兼公会堂として引き継がれた。1995（平成7）年、波佐見中央小学校が移転新築後、旧小学校敷地には本建物だけが残ることとなった。

外観は風格のある玄関部が特徴である。２段の屋根の下に装飾的な柱を持つ玄関ポーチは、洋風でありながら威圧的ではなく、親しみのある優れた設計となっている。

また、内部は、吹き抜けの中央部と両側の低い天井部及び列柱が、教会堂を思わせる落ち着いた雰囲気を醸し出している。

本建物は、音響効果に優れていることも特徴で、場所によって天井の材質を変えるなど講堂兼公会堂という建物の性格に配慮した設計がなされている。近年の科学的な音響調査でも、優れた音響特性が実証されており、ホールとしての優秀性が証明されている。

写真７　旧波佐見町立中央小学校講堂兼公会堂

昭和前期のこれだけの大型木造建造物が残されている例は少なく、これほど大型の建物は、長崎県内のみならず九州においても他に例がない。

昭和前期の大型木造建造

物として貴重である[5)]（はさみ観光ボランティアガイド協会 2013）。

2010 年 1 月 15 日に国の登録有形文化財となった。

(4) その他町内の建築物

中尾山うつわ処赤井倉は 1890 年 3 月 17 日建築。木造一部 2 階建・入母屋造り、内部は「ドマ」「ミセ」「ザシキ」からなる。明治期の陶磁器卸商家の様子を伝える建造物で国登録有形文化財である[6)]。

旧福幸製陶所跡の事務所[7)]は、1926 年頃に建てられた木造 2 階建切妻造の建物で、昭和初期の事務所建築として貴重であり同年頃に建てられた細工場[8)]は、木造平屋建の切妻造の建物で昭和初期の製陶工場の様相を今に留める。絵書座[9)]も同年頃に建てられた木造平屋切妻造の建物で波佐見焼を代表する製陶工場を構成する工場建築のひとつとして価値が高い。福重家住宅母屋[10)]は 1928 年に建てられ、昭和時代初期の状態が現在も良好に留められる和風建築物として高い建築的価値を有する。

波佐見往還・宿の街並みは江戸時代の主要街道「波佐見往還」は大村藩領川棚村から上波佐見村折敷瀬郷舞相までである。そこから分岐して佐賀の有田方面と武雄方面にそれぞれ向かう道で、宿場町だったのが、宿郷になる（はさみ観光ボランティアガイド協会 2013）。

その中に今里酒造建造物群[11)]があり、川棚川右岸沿いの敷地に位置し、上波佐見村往還に南面して建っている。1764〜1772 年（明和年間）に始まる造り酒屋、「今里酒造」の建造物群で、うち 6 棟が登録されている。「店舗及び住宅」「本蔵」「中蔵」は江戸時代後期、「製品置き場」は大正時代、「新蔵」「洗い場」は昭和時代初期の建造。往時の様相を留める木造の大型醸造建築物として国の登録有形文化財になっている。

以上の近代建築物も、波佐見町の近代を象徴する歴史的資源として活用する必要がある。

おわりに

古代から近代にかけての、陶器・磁器といった波佐見焼関係以外の歴史的資源について確認を試みた。波佐見焼 400 年の歴史より前にも波佐見町では人々の営みが資料として残っていることが分かった。特に古代・中世においては、町外の文献史料と町内の多様な石造物によって、精度の高い仏教文化が展開し、武士団の活動も認められた。そして中世末期の戦国時代の波佐見人の活動も町外の文献史料と城館あるいはキリシタン石造物によっても窺い知る結果となった。このほか、近世の大村藩領波佐見村の実態、特に大村家家臣の中での波佐見給人の展開や動向は町内外の文献史料、そして境目としての波佐見村は三方境傍示石（三領石）によって知ることができ、多様な民俗芸能があることも確認できた。近代の波佐見は波佐見金山と多種多様な建築物によって、窺い知ることが可能であることが確認できた。以上のことから、波佐見焼関係以外の波佐見町の歴史的資源は、石造物、町内外の文献史料、民俗芸能、金山、建築物ということができ、それは長崎県内の中で波佐見町の位置関係と特殊性を如実に示すものだと言える。今後は、波佐見町歴史文化交流館（仮称）での収集、調査、研究、展示、各種講座、史跡めぐり等でこれら歴史的資源を活用し、交流館の運営や活動に町民が積極的に参画し、波佐見町の歴史文化の魅力を来館者等に伝え、発信する体制づくりが必要である。

註

1）長崎県 HP「長崎県の文化財」http://www.pref.nagasaki.jp/bunkadb/index.php/view/406
2）註 1 HP　http://www.pref.nagasaki.jp/bunkadb/index.php/view/71
3）註 1 HP　http://www.pref.nagasaki.jp/bunkadb/index.php/view/86
4）筑波大学附属図書館 HP「ベッソン・コレクション」http://www.tulips.tsukuba.ac.jp/pub/tree/besson.php
5）註 1 HP　http://www.pref.nagasaki.jp/bunkadb/index.php/view/417
6）註 1 HP　http://www.pref.nagasaki.jp/bunkadb/index.php/view/409
7）註 1 HP　http://www.pref.nagasaki.jp/bunkadb/index.php/view/414
8）註 1 HP　http://www.pref.nagasaki.jp/bunkadb/index.php/view/415
9）註 1 HP　http://www.pref.nagasaki.jp/bunkadb/index.php/view/416
10）註 1 HP　http://www.pref.nagasaki.jp/bunkadb/index.php/view/405
11）註 1 HP　http://www.pref.nagasaki.jp/bunkadb/index.php/view/419

参考文献

植垣節也　1997『風土記』新編日本古典文学全集5、小学館
太田　亮　1976『姓氏家系大辞典』3、角川書店
大村市史編纂委員会　1962『大村市史』上、大村市役所
大村市史編さん委員会　2004『新編大村市史』2・中世編、大村市
大村市史編さん委員会　2015『新編大村市史』3・近世編、大村市
大村史談会　1995『九葉実録』2、大村史談会
奥川光義・波佐見史談会　2002『波佐見二十二郷の風土記』波佐見史談会
落合知子・中島金太郎　2019『平成30年度長崎国際大学学長裁量経費採択「地域文化資源を利用したMLA連携による博物館展示教育の実践」実施報告書』長崎国際大学博物館学芸員課程
久田松和則　1977「キリシタンの起請文について」大村史談会編『大村史談』13、大村史談会、pp.48-57
佐賀県史編纂委員会　1959『佐賀県史料集成』4・古文書編、佐賀県史料集成刊行会
佐賀県史編纂委員会　1962『佐賀県史料集成』6・古文書編、佐賀県史料集成刊行会
瀬野精一郎　1975『史料纂集』古文書編・青方文書第1、続群書類従完成会
外山幹夫　1986『中世九州社会史の研究』吉川弘文館
長崎県史編集委員会　1973『長崎県史』藩政編、長崎県、吉川弘文館
はさみ観光ボランティアガイド協会　2013『はさみ観光ボランティアガイド養成用　はさみ観光ガイドブック』はさみ観光ボランティアガイド協会
波佐見史編纂委員会　1976『波佐見史』上、波佐見町役場、波佐見町教育委員会
波佐見史編纂委員会　1981『波佐見史』下、波佐見町教育委員会
藤野　保　1975『新訂幕藩体制史の研究』吉川弘文館
藤野　保　1982『大村郷村記』3、国書刊行会
南島原市教育委員会・大石一久　2012『南島原市世界遺産地域調査報告書　日本キリシタン墓碑総覧』南島原市教育委員会（世界遺産登録推進室）
盛山隆行　2018a「波佐見村の大村家家臣—「郷村記」にみる禄高の形態—」波佐見町文化協会編『波佐見文化』31、波佐見町文化協会
盛山隆行　2018b「古文書から見た境目における大村藩と平戸藩展—波佐見町所蔵・寄託史料を中心に—」『第二回企画展資料解説パンフレット』長崎国際大学博物館学芸員課程、波佐見町教育委員会、長崎国際大学図書館

第2節　考古学資源の種類と特殊性

中野 雄二

はじめに

ここでは、波佐見町内に存在する地域文化資源のうち「考古学資源」の種類とその特殊性について述べていきたい。なお、「考古学資源」は、本来的には「過去人類の物質的遺物」（濱田 1922）全てを網羅するものであるが、本稿においては、周知の埋蔵文化財包蔵地ならびに考古学的発掘調査・分布調査により検出・採集された遺跡や遺物とする。まず、考古学資源の種類について述べ、次に、その特殊性と活用についてまとめる。

1　考古学資源の種類

(1) 周知の埋蔵文化財包蔵地について

地表面の遺物の散布状況から遺跡およびその範囲を推定した地図である「長崎県遺跡地図」（長崎県教育委員会編 2019）を用いて、波佐見町内に所在する周知の埋蔵文化財包蔵地を図と表にまとめた（図1・表1）。

これまでに確認されている埋蔵文化財包蔵地は61件を数える[1)]。その時代的な内訳は、旧石器時代と縄文時代の複合遺跡が4件、縄文時代の遺跡が10件、縄文・弥生時代が1件、中世が1件、中世末が7件、近世・近代が29件、近代が9件であり、近世以降の遺跡数が最も多い。

次に、時代毎の遺跡の概要および特徴について述べる。

まず旧石器時代から縄文時代にかけての遺跡は、後述する山角（やまずみ）遺跡（図1 No.10　以下、図1-10と表示）を除いて発掘調査が実施されておらず、分布調査等により採集された資料からその存在が推定されている。採集資料は石器を中心とする。主に近隣の佐賀県伊万里市腰岳や佐世保市針尾島から産する黒曜石が使用されており、石材の獲得・搬入のために、当時、多くの人々が頻繁に行き来していた様子が窺える。石器の種類では、ナイフ形石器（図2）、石刃、細石核（図3）、石鏃、尖頭器、削器等

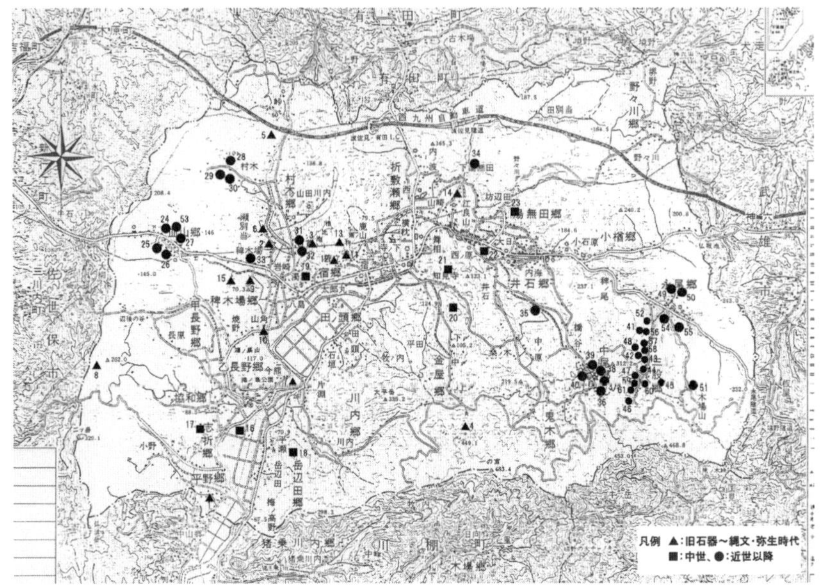

図１　波佐見町内遺跡分布図

がみられた（中島 2001）。旧石器・縄文時代の遺跡は波佐見町の西部を中心に展開しており、西部の地理的環境が往時の人々の居住や生業活動に適していたことを想像させる。

弥生時代の遺跡（図 1-15）は１件のみで、続く古墳時代、古代の遺跡についてはこれまでのところ発見されていない。弥生から古代にかけての遺跡数の異常な少なさは、単に分布調査の不徹底に起因するものと思われる。今後の調査をまちたい。

中世においても、遺跡としては蔵本（くらもと）遺跡（図 1-16）１件のみである。ただ、平安末期以降の笠塔婆をはじめ、鎌倉期・南北朝期・室町期の板碑・五輪塔・宝篋（きょう）印塔などの石造物が近年相次いで確認されており[2)]、今後、石造物に関連する寺院などの遺跡が発見される可能性はある。

中世末、戦国期の遺跡は全て山城であり、これまでのところ７基（図 1-17・18・19・20・21・22・23）確認されている[3)]。各山城は、現在も本丸、堀、土塁等が残されているが、いずれも発掘調査は実施されておらず、遺物も全く採集されていないため、その築城・廃城年代等については明

表１　波佐見町内遺跡一覧

No.	時代	地区	遺跡名	種別	備考	No.	時代	地区	遺跡名	種別	備考
1	旧石器・縄文	平野	栗林遺跡	遺物包含地		32	近世	村木	百貫東窯跡	窯跡	
2	旧石器・縄文	村木	赤松原遺跡	遺物包含地		33	近世	稗木場	下稗木場窯跡	窯跡	
3	旧石器・縄文	村木	百貫堤遺跡	遺物包含地		34	近世	湯無田	鳥越窯跡	窯跡	
4	旧石器・縄文	金屋	金屋岩陰遺跡	洞穴、岩陰		35	近世	井石	長田山窯跡	窯跡	国史跡
5	縄文	村木	鍛治屋谷遺跡	遺物包含地		36	近世	中尾	広川原窯跡	窯跡	
6	縄文	村木	飛松遺跡	遺物包含地		37	近世・近代	中尾	白岳窯跡	窯跡	
7	縄文	長野	笹渡遺跡	遺物包含地		38	近世・近代	中尾	中尾上登窯跡	窯跡	国史跡
8	縄文	長野	銭亀遺跡	遺物包含地		39	近世・近代	中尾	中尾下登窯跡	窯跡	
9	縄文	稗木場	下の谷遺跡	遺物包含地		40	近世	中尾	大新登窯跡	窯跡	
10	縄文	稗木場	山角遺跡	遺物包含地		41	近世	三股	咽口窯跡	窯跡	
11	縄文	宿	狩立Ａ遺跡	遺物包含地		42	近世	三股	三股青磁窯跡	窯跡	国史跡
12	縄文	宿	狩立Ｂ遺跡	遺物包含地		43	近世	三股	三股古窯跡	窯跡	
13	縄文	宿	猪狩遺跡	遺物包含地		44	近世・近代	三股	三股本登窯跡	窯跡	
14	縄文	折敷瀬	江良山遺跡	遺物包含地		45	近世・近代	三股	三股新登窯跡	窯跡	
15	縄文・弥生	稗木場	耳取遺跡	遺物包含地		46	近世	三股	三股上窯跡	窯跡	
16	中世	岳辺田	蔵本遺跡	集落跡		47	近世・近代	三股	三股上登窯跡	窯跡	
17	中世末	協和	日見須城跡	城館跡		48	近世・近代	三股	三股砥石川陶石採石場	採石場跡	国史跡
18	中世末	岳辺田	岳ノ山城跡	城館跡		49	近世・近代	永尾	永尾本登窯跡	窯跡	国史跡
19	中世末	宿	八島城跡	城館跡		50	近世	永尾	永尾高麗窯跡	窯跡	
20	中世末	金屋	松山城跡	城館跡		51	近世	永尾	木場山窯跡	窯跡	
21	中世末	金屋	矢岳城跡	城館跡		52	近世	永尾	皿山役所跡	役所跡	国史跡
22	中世末	井石	井石城跡	城館跡		53	近代	皿山	深川内窯跡	窯跡	
23	中世末	湯無田	内海城跡	城館跡		54	近代	永尾	智惠治窯跡	窯跡	県史跡
24	近世	皿山	高尾窯跡	窯跡		55	近代	永尾	中原窯跡	窯跡	
25	近世	皿山	向平窯跡	窯跡		56	近代	三股	咽口新窯跡	窯跡	
26	近世・近代	皿山	皿山本登窯跡	窯跡		57	近代	三股	仕立窯跡	窯跡	
27	近世	皿山	辺後ノ谷窯跡	窯跡		58	近代	三股	三股下窯跡	窯跡	
28	近世	村木	山似田窯跡	窯跡		59	近代	三股	貢窯跡	窯跡	
29	近世	村木	畑ノ原窯跡	窯跡	国史跡	60	近代	三股	実窯跡	窯跡	
30	近世	村木	古皿屋窯跡	窯跡		61	近代	三股	鳥居窯跡	窯跡	
31	近世	村木	百貫西窯跡	窯跡							

（長崎県教育委員会編 2019 をもとに作成）

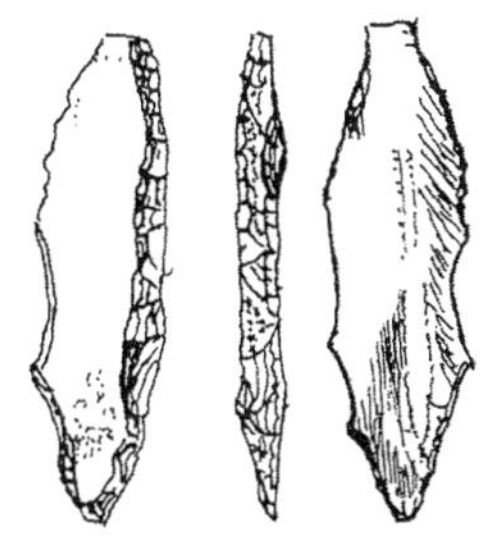

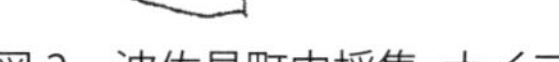

図２　波佐見町内採集 ナイフ形石器

図３　波佐見町内採集 細石核

らかではない。

波佐見では、安土・桃山時代末期から江戸時代初期頃、下稗木場窯跡（図1-33）において陶器生産が開始される。17世紀前半代には、磁器の原料となる陶石が三股砥石川陶石採石場（図1-48）で発見されたことを契機に磁器専業体制となり、17世紀後半には東南アジア諸国向けの海外輸出品を生産する。18世紀以降は、世界最大の全長を誇る大新登窯跡（図1-40）をはじめ、世界に例をみない巨大な登り窯を擁した磁器大量生産体制を構築し、いわゆる「くらわんか手」と呼ばれる安価な庶民向け磁器製品を全国中に供給していた。近代以降も庶民向けの器を中心に生産を続け、今日に至っている。

以上のように、近世に入って後、波佐見の歴史は窯業を軸として展開しており、それを反映するように、近世以降の遺跡は全て窯業に係わるものである。現在のところ、窯跡は36基、窯業関連遺跡は2遺跡を数え、うち、発掘調査が実施された窯跡は23基、窯業関連遺跡では皿山役所跡（図1-52）が調査されている。その代表的な調査事例については後ほど紹介していきたい。

(2) 発掘調査が実施された遺跡について

ここでは、これまでに波佐見町内で発掘調査が実施された遺跡を取り上げ、調査概要および成果等について述べていく。

最初に、縄文時代と鎌倉～室町時代、2遺跡の調査を紹介する。いずれも開発工事に伴う緊急発掘調査であった。

①山角遺跡（図1-10）

当遺跡は、町内稗木場郷に所在する。1972（昭和47）年、河川変流工事によって遺跡が損壊を受けることから、工事着手前に発掘調査が実施された（正林1979）。調査主体は長崎県教育委員会である。

調査は、河川変流工事区内における遺物包含状態の存否、遺物包含範囲の確認を主目的として、対象区に9箇所の試掘坑を設置し掘り下げを行った。その結果、遺構は確認できなかったものの、良好な遺物包含層を検出し、約1,000点の遺物を得ることができた。

出土遺物は、土器、石器である。土器の多くは器面に太形凹文が施さ

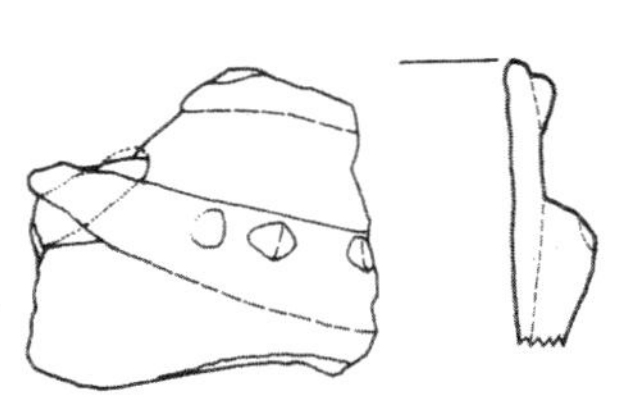
図４　山角遺跡出土 土器

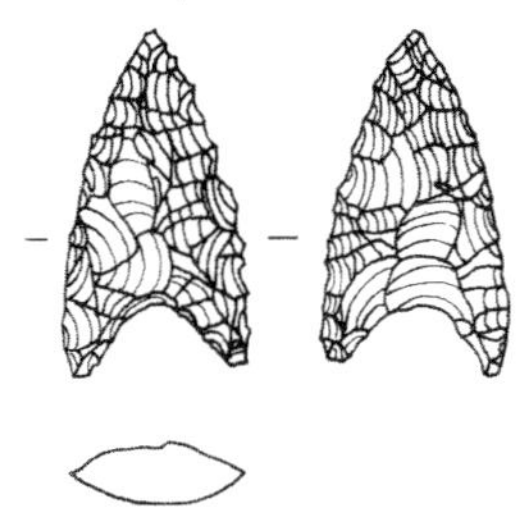
図５　山角遺跡出土 石鏃

れており、縄文中期の阿高（あだか）式土器の系譜に連なるものであることが判明している（図4）。石器については、黒曜石と安山岩が石材として使用され、石鏃（図5）、掻器、石核、石刃がみられた。

②蔵本遺跡（図1-16）

町内岳辺田郷所在。1995（平成7）年、圃場整備工事中に発見され、調査を実施した（中野 1996）。調査主体は波佐見町教育委員会。

まず、遺構であるが、300を越える建造物・柵の柱穴ピットおよび土坑等を検出している。建造物の桁行方向はほぼ南北方向と予想されたが、明確な平面プラン・規模については把握できなかった。

次に、遺物については、土師質土器坏（図6）、土師質土錘、滑石製石鍋、輸入陶磁器等が出土している。土師質土器は、小皿、坏が中心であった。輸入陶磁器は全て中国製であり、浙江省龍泉窯系青磁皿（図7）、福建省同安窯系青磁皿などがみられた。

遺跡の年代は、土器および輸入陶磁器から、12世紀初頭を上限、14世紀中葉を下限とすることが想定されている。

続いて、近世以降の窯跡の調査事例を紹介するが、その前に、波佐見町における窯跡調査の歴史を振り返る。

波佐見町内窯跡群の調査は、1979年、東京大学名誉教授の三上次男による分布調査を嚆矢とする（三上ほか 1982）。同年には金沢大学の佐々

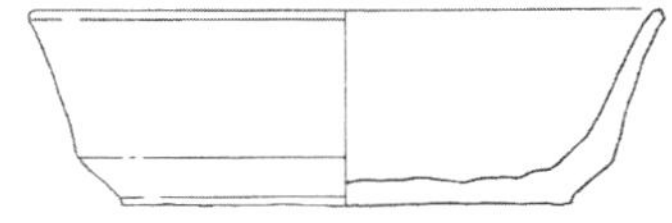
図６　蔵本遺跡出土 土師質土器坏

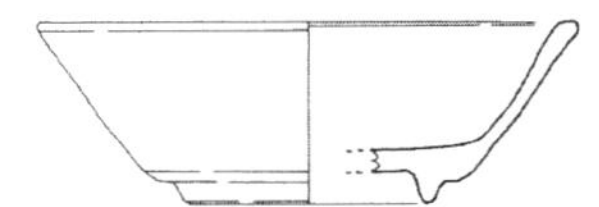
図７　蔵本遺跡出土 龍泉窯系青磁皿

木達夫によって中尾下登窯跡（図1-39）の発掘調査も実施されている（佐々木1982）。1981年、佐々木により当時長崎県史跡であった畑ノ原窯跡（図1-29）の調査が行われた（佐々木1988）。その後、1990年からは、町内古窯跡群の保存・整備ならびに国指定史跡化を念頭においた年次的・体系的な調査が始まる。1990年から1992年までは長崎県教育委員会、1993年以降は波佐見町教育委員会が主体となり調査が進められた。以上の調査成果によって波佐見町内窯跡群のわが国における歴史的重要性が確固たるものとなり、2000年、「肥前波佐見陶磁器窯跡」の名称で、5基の窯跡と２箇所の窯業関連遺跡が国史跡に指定された。5基の窯跡は、畑ノ原窯跡、三股青磁窯跡（図1-42）、長田山窯跡（図1-35）、中尾上登窯跡（図1-38）、永尾本登窯跡（図1-49）、２箇所の窯業関連遺跡は、皿山役所跡、三股砥石川陶石採石場である。以下、国史跡の窯跡の中から２基の調査事例を紹介する。

③畑ノ原窯跡

町内村木郷所在。当窯跡は、金沢大学の佐々木達夫を中心とする調査団によって、1981年に調査が行われた。窯体は全面発掘され、1室の大きさは幅・奥行きともに2m程、窯室数約24室、窯体全長が約55.4mを測る階段状連房式登窯であることが判明している。

失敗品の捨て場である「物原」からは、大量の製品・窯道具が出土している。製品は、陶器の碗・皿を主体とするが、わずかな点数ではあるものの、染付（図8）、白磁、青磁等の磁器製品が確認された。これら磁器製品は、国内磁器草創期の特徴を示しており、畑ノ原窯跡は、波佐見における磁器生産の開始を知るために、さらには、国内磁器生産開始期の諸様相を探る上で、非常に重要な窯であることが分かった。

畑ノ原窯跡は、1993年に保存整備工事が完了し、実際に焼成可能な4室分の窯室を復元し活用している（写真1）。

④中尾上登窯跡

町内中尾郷所在。1991年、長崎県教育委員会により調査され（宮崎・村川1993）、その後、2006年からは史跡整備に伴う確認調査が行なわれている（中野2008）。1991年の調査によって、1室の大きさは幅6〜7m、

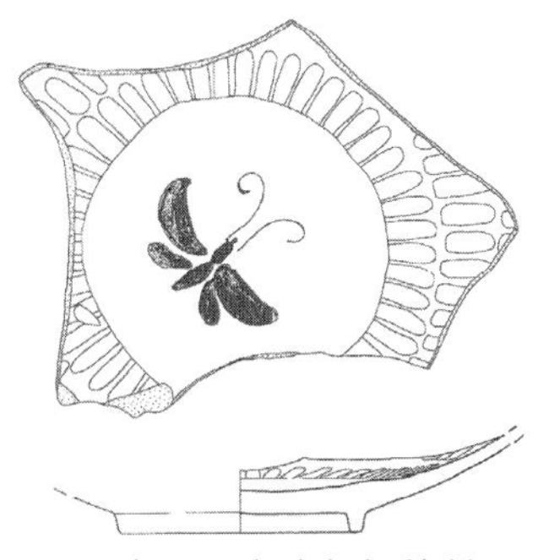

図８　畑ノ原窯跡出土 染付皿

写真１　復元整備された畑ノ原窯跡

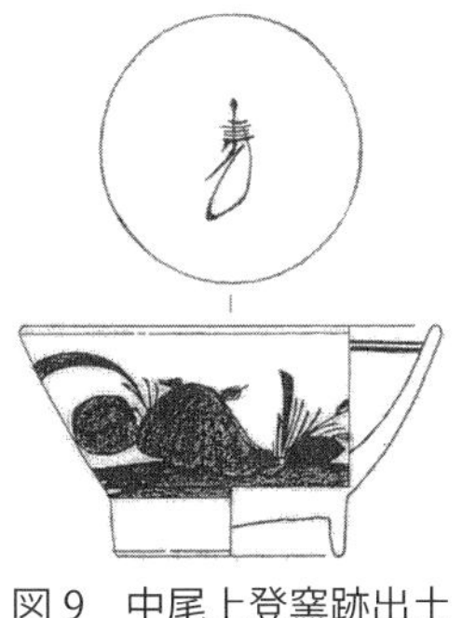

図９　中尾上登窯跡出土
くらわんか手染付碗

写真２　整備中の中尾上登窯跡

奥行き4〜5m、窯室数33室、窯体全長が約160mの巨大な登り窯であることが明らかになった。この全長は、先述した大新登窯跡に次ぐ世界で２番目の規模である。

近年の物原の調査では、1640年代の青磁皿、17世紀後半の海外輸出用染付鉢、18世紀以降の「くらわんか手」製品（図9）、19世紀のコンプラ瓶、明治から昭和初頭にかけての製品が大量に出土し、長期にわたる製品様相の動態が把握されている。

当窯跡では、2009年から本格的な整備工事が始動した。現在も継続して進められ、往時の勇姿に戻りつつある（写真2）。

2　考古学資源の特殊性と活用

以上、波佐見町内に存在する考古学資源を紹介した。ここで、その特殊性とともに博物館等における活用についてまとめたい。

波佐見町内の考古学資源は、時代的には旧石器～縄文時代と近世以降に集中し、とくに、遺跡数、出土遺物の点数からみると、近世以降の窯跡および出土した陶磁器が核となっている。これは、波佐見町の考古学資源の特殊性と言えるだろう。このような特殊性は、波佐見町の歴史を語る上で窯業史は欠かせないことを示しており、博物館等における歴史展示では、窯業を前面に打ち出す必要がある。ただし、これまでの発掘調査で得られた出土品や伝世品を展示するだけではなく、陶工の技術や窯構造などの「生産」、販路や海揚がり品から推測される「流通」、国内外各地の遺跡調査成果を基にした「消費」、以上の３要素を織り込んだ展示を行い、波佐見窯業の有する歴史的価値やダイナミズムにあふれた世界を多くの方々に伝えていきたい。

先述したように、国史跡の畑ノ原窯跡は整備が完了し、同じ国史跡の中尾上登窯跡も着々と整備が進められている。整備によって、来訪者は遺跡に対する理解を深め、遺跡がかもし出す雰囲気を現地で体感できる。整備は、遺跡という考古学資源を最大限に活かすものと言えよう。今後、他の国史跡についても、各遺跡の持つ個性を際立たせるような整備を行っていきたい。

また、窯業のみで波佐見町の歴史を語ることはできず、窯業開始以前、近世以前の歴史を来館者に伝えることも当然重要である。しかし、考古学資源を用いて近世以前の波佐見町の歴史を展示紹介する際、山角遺跡をはじめとする旧石器～縄文時代の遺物、中世代蔵本遺跡の遺物は展示可能であるが、自前の資料のみでは時代的に「点」の展示となってしまう。通史展示では時間的連続性を有する「線」の展示が望ましいため、考古学資源の乏しい時代については、その連続性を保つためにも、近隣の博物館・資料館から該当時代の遺物を借用し展示する方法を採用したいと考えている。

おわりに

以上、波佐見町内に存在する考古学資源の種類とその特殊性、活用についてまとめた。開館までには未だ時間的余裕があるため、考古学資源の再点検・再整理を行い、よりよい展示が行えるよう準備を進めていきたい。

註

1）「長崎県遺跡地図」では60件であるが、筆者が「三股砥石川陶石採石場」を加え61件とした。

2）大石一久氏・盛山隆行氏の調査による。なお、波佐見町内の石造物については別項で詳述してあるため、本項では触れない。

3）かつては8遺跡存在していたが、現在、そのうちの1遺跡は消失している。

参考文献

佐々木達夫　1982「波佐見下登窯跡」『日本海文化』9、金沢大学文学部日本海文化研究所

佐々木達夫　1988『畑ノ原窯跡』波佐見町教育委員会

正林　護　1979「山角遺跡」『長崎県埋蔵文化財調査集報』Ⅳ、長崎県教育委員会、pp.155-178

田﨑　明　1988「波佐見の石器散歩考」『波佐見文化』創刊号、波佐見町文化協会、pp.65-74

田﨑　明　1989「波佐見の石器散歩考（追記）」『波佐見文化』2、波佐見町文化協会、pp.69-72

長崎県教育委員会編　2019「長崎県遺跡地図」(https://iseki.news.ed.jp/iseki/contoroller/iseki.php)

中島眞澄　2001「東彼杵郡波佐見町の先史遺跡の研究」『波佐見之郷土史考』波佐見史談会、pp.14-26

中野雄二　1996『蔵本遺跡』波佐見町教育委員会

中野雄二　2008『中尾上登窯跡』波佐見町教育委員会

濱田耕作　1922『通論考古學』大鐙閣、p.11

三上次男・吉田章一郎・佐々木達夫・大橋康二　1982『波佐見町古窯跡分布調査報告書』波佐見町教育委員会

宮崎貴夫・村川逸朗　1993「中尾上登窯跡」『波佐見町内古窯跡群調査報告書』波佐見町教育委員会、pp.48-68

第5章
地域博物館における フィールドミュージアムの必要性

第1節　フィールドミュージアム構想と世界の窯野外博物館の再生

落合 知子

野外博物館とは呼称名のごとく、我が国で一般的な博物館である建物の中で展開される屋内博物館に対し、野外を展示・教育諸活動空間とする形態の博物館を指す。海外では、Open-Air Museum、Outdoor Museun、Field Museum 等と呼ばれる博物館に相当し、我が国では「フィールドミュージアム」「屋根のない博物館」「地域まるごと博物館」「エコミュージアム」等がそれに相当するものである。時間の経過に従い、あらゆる種類の文化財が増加の一途をたどり、今後も増え続けることは言うまでもない。具体的には登録文化財、近代化遺産、文化的景観等といった新規の文化財を保存し、これらを活用するには野外博物館しかないと言える。野外博物館は地域文化資源の保存と活用の場として、町おこしにもつながり、地域博物館の新しい形態としての位置付けがなされるであろう。博学連携が盛んに行われる現代社会において、野外だからこそ可能な、野外でなければできない教育の実践の場として、子どもから大人まで楽しめる市民の中の地域博物館としての野外博物館構想が求められる。

野外博物館は、環境景観といった風土を移設・再現した野外展示空間を有するもので、自然系と人文系の両者を併せ持ち、総合博物館へと昇華したものでなければならない。それと同時に核となる博物館を有し、その核は野外展示と関連した、つまり野外展示を集約したものと言える。さらに、野外博物館はその地域の文化・自然を併せ持った風土の核となり、地域の風土の縮図となる。自然空間と歴史空間はそれ自体が野外展示物で、野外博物館を構成するものであり、それら地域文化資源の保存と活用は野外博物館しか成し得ないのである。

野外博物館の教育活動の特性は、子どもたちの自然教育や情操教育を育むことが期待でき、何よりも“ふるさと”の発見が可能となることにある。つまり、郷土の文化・風土・芸術・歴史をまるごと体験できるのが野外博物館といえるのである。したがって、今日の低迷する郷土博物館の活性化の第一歩は、野外博物館にすることであろう。

しかし、我が国の野外博物館の概念は、古民家を全国から移設・収集した川崎市立日本民家園や大阪の日本民家集落博物館、犬山市の博物館明治村等が一般的とされているが、これらは必ずしも本来の生涯学習施設として完成された野外博物館の姿ではない。野外の展示、教育諸活動空間を形成する屋外空間の構成物はすべて地域文化資源であることに意義があり、換言すれば、植物、岩石、建築物、構築物、大型資料等のすべてがそれぞれ地域文化資源でなければならない。なぜならば、野外博物館は考古・歴史・民俗・信仰・芸能等といった資料の保存と活用に留まるものではなく、自然および人文のあらゆる地域文化資源の保存と活用を展開する場だからである。

以上のような郷土博物館が具備せねばならない郷土の資料、文化の保存と伝承・活用は当該地域の住民にとっては「ふるさと」の確認であり、他国の者にとってはビジターセンターとしての郷土博物館なのである。したがって、郷土博物館の野外部は原地保存型であることが第一義であり、当該地域を代表する風土的特質の地が占地の第一理由とならねばならない。このようなことから、郷土の生活的・文化的核である神社や廃校、旧役場等を含めたエリアが野外博物館の地として好ましい。地域文化資源と連携させることによって、博物館利用人口は増加するものと予想されるのである（落合 2009）。

１　波佐見町フィールドミュージアム構想

現在、波佐見町には２つの展示施設、陶芸の館と農民具資料館がある。そして既存の建造物を利用した博物館建設構想が推進されて、波佐見町湯無田郷に所在する旧橋本邸を波佐見町の歴史を展示する博物館施設として改修している。1973（昭和48）年に建築された旧橋本邸は3,600㎡（1,090坪）の規模を誇り、波佐見町では最大級の大型和風建築物であるが、まだ50年を経ていないため登録有形文化財には指定されておらず、将来的には指定の可能性を有する建造物である。波佐見町は三上コレクションや藤田コレクションといった優秀な資料を所蔵しているものの、町内には歴史、文化、民俗、芸術等を総合的に展示する施設がなく、教育委員会分室の老朽化と相まって博物館の必要性は議論されてきたが、財政面から実現は難しい状況であった。このような歴史的建造物利用の博物館施設は日本各地に所在しており、歴史的建造物の保存とその活用の両面においても非常に有意義な方策と言える。新しい箱モノを造るよりも当該地域文化資源を活用した博物館は、はるかに地域住民のふるさとの確認の場と成り得るであろう。地域住民のふれあいの場として、波佐見町の歴史を展示し、波佐見焼コレクションを公開する施設として地域住民からの期待も大きい。

波佐見町には窯業を中心とした地域文化資源が多く点在している。湯無田地区には波佐見の近代化遺産とも言える波佐見金山、中尾地区には陶郷中尾山（長崎県まちづくり景観資産）、中尾上登窯跡（国史跡）、中尾山うつわ処赤井倉（国登録有形文化財）、レンガ煙突群（長崎県まちづくり景観資産）、文化の陶四季舎（長崎県まちづくり景観資産）、鬼木棚田と集落（日本棚田百選・長崎県まちづくり景観資産）、波佐見町農民具資料館（1998年開館）、西ノ原地区には旧波佐見町立中央小学校講堂兼公会堂（国登録有形文化財・長崎県まちづくり景観資産）、旧福幸製陶所建物群（国登録有形文化財・長崎県まちづくり景観資産）、福重家住宅主屋（国登録有形文化財・長崎県まちづくり景観資産）などである。これらをサテライトとしたフィールドミュージアム構想の実践において、旧橋本邸を改修した博物館が核になることは言うまでもない。

中尾地区は、1644（正保元）年に窯業が開始されて以来、波佐見四皿山の一つ「中尾山」として発展を遂げて、幕末まで近世波佐見窯業を牽引した地区である。また、8本の石炭窯煙突群や昭和初期建設のやきもの工場、そして中尾地区の町並み全体が、長崎県のまちづくり景観資産に登録されている。約360年にわたる窯業の歴史を伝える地域文化資源が残り、保護されている。

現在は波佐見焼ブランドの全国的な定着により、観光交流人口も増加傾向にあり、特に西ノ原地区の工場跡を活用した施設が若い層を含めて賑わいの空間を形成している。これらの観光交流人口を波佐見町全体にいざなうことが重要であろう。滞留時間をより長くするためには、フィールドコースを作り、歴史や自然を学ぶことができる空間の形成が求められる。子どもたちの学びの場、そして地域住民にとってのふるさとの確認の場、ビジターにとっては当該地域の文化・歴史・自然の情報を得る場となるのである。旅人がまず向かう場所は博物館が圧倒的に多い。つまり、博物館はビジターにとっての最大の情報伝達の場なのである。そしてこのような野外博物館は世界最古のスカンセン野外博物館が目指した、郷土の保存の実践であり、郷土博物館そのものである。野外は無限の展示空間を有し、そこでは当該地域の年中行事をはじめとし、野外でしかできない、野外だからこそ可能な教育諸活動の実践が展開できるのである。

表1に示した地域文化財を巡りながら、日本遺産の構成遺産である陶祖祭や波佐見焼の生地成形技術、窯焚き職人たちが夏場に好んで食した冷汁、波佐見陶器まつり、やきもの市など観光政策の対象ストーリーを取り込んだフィールドコースを作成し、波佐見町全域を網羅したフィールドミュージアム構想が望まれる。

そして、旧橋本邸を核とする波佐見町フィールドミュージアムを成功させるのは言うまでもなく学芸員であり、職員である。それには地域住民を取り込むことが何よりも重要であろう。1951年の博物館法制定以来の我が国博物館の失敗は市民参加が無かったからと言っても過言では

表１　フィールドミュージアムコース案

テリトリー	コア	サテライト
湯無田郷・井石郷エリア	波佐見町歴史文化交流館 陶芸の館「観光交流センター」	世界の窯広場・緑青・長田山窯跡 福重家住宅主屋・旧福幸製陶所 橋んきわ資料館・旧波佐見町立中央小学校講堂兼公会堂
中尾郷・鬼木郷エリア	波佐見町農民具資料館 中尾山交流館	中尾山登窯跡・山神社・鬼木棚田 陶郷中尾山・大新登窯跡
三股郷・永尾郷エリア		皿山役所跡・三股青磁窯跡 永尾本登窯跡・智恵治窯跡 三股砥石川陶石採石場
村木郷・稗木場郷エリア		畑ノ原窯跡・稗木場郷窯跡
宿郷エリア		今里酒造建造物群・宿場町

図１　はさみガイドマップ（波佐見町 HP より）

ない。友の会や波佐見史談会も博物館にとっての主戦力となろう。このような参加型の博物館は地域の核としての位置づけがなされる。そこには熱心な学芸員が居て、入館料は当然のごとく無料でなければならない（落合 2017）。

2　やきもの公園「世界の窯野外博物館」の再生

(1)　やきもの公園設立構想

波佐見焼産地にとって昭和 40 年代ほど急速な成長をとげた時期はな

かった。特に1969（昭和44）年から1973年は日本経済の発展の波に乗り、波佐見焼は量、質ともに発展し、全国的に一大産地として大きいウェイトを占めるようになった。時を同じくして、「やきもの公園」建設計画が打ち出され、その計画案は産地で働く者の憩いの場となるよう適切な運営を望むものであった。

波佐見町の基幹的地場産業である波佐見焼の理解と認識を広め、地域の伝統工芸への親しみを保存・伝承し、新たな波佐見焼の研修を担う中心施設の建設がかねてから要望されていたことを受けて、1977年2月に「やきもの公園」建設推進協議会が設置された。採用された案の設計趣旨は、やきもの公園の中心施設としての「やきものアトリエ」構想を全面にすえ、やきもの教室や研修の場としての開放的な利用が可能な「やきものアトリエ」を核とし、野外部の多目的広場と展望広場が道路を挟んで設置され、モニュメントに至る道筋には登り窯を設置するものであった。「やきもの公園」整備事業は、このような「クラフトパーク」としての基本理念に基づき、町民のためのコミュニティの場となるように、地場産業の「やきもの」をイメージした施設等を設置し、伝統文化としての波佐見焼の継承、地場産業の振興としての公園造りを目指したものであった。この整備事業は、1986年度に事業認可を受け、1994（平成6）年度までに用地買収、水遊び広場、休憩所、管理用道路等の施設整備を行い、1996年の一部開園を目指したのである（やきもの公園整備事業 長崎県波佐見町1996会議議事録より）。

この整備事業の他に、佐世保モデル定住圏域における波佐見町の役割を担う施設としての「やきもの公園」構想も、やきもの公園設立に至る要因として挙げられる。佐世保モデル定住圏域は、1979年度に国のモデル定住圏の指定を受けた面積757㎢の広がりを持つ1市3町からなる圏域である。佐世保市を中核都市として環状に圏域が構成され、北松ブロック、東彼ブロック（東彼杵町、川棚町、波佐見町）、西彼ブロックの3ブロックに区分されている。このうち波佐見町の機能分担は、佐世保市への波及効果と波佐見焼の産地振興を図るため、やきもの公園及び関連施設の整備を行うことにあった。以下に当時の手書きによる会議資料を紹介し、やきもの公園構想に関わった職員の熱意と期待をここに記録として留めるものである。

やきもの公園の基本理念

戦後の社会経済構造の発展変化と共に忘れ去られてきた郷土産業や、その土地の自然環境に対して高度経済成長期を境に反省が加えられてきた。とりわけ近代の工業化社会に代表される物質的機能主義化に対して、ともすれば後退性を強調されがちであった伝統的文化及び自然文化等に対しても最近では積極的な見直しがなされている。このようなことから伝統的な文化に対する反省は将来の世界観を展望して行く上に欠くことのできないものである。370年来の歴史的背景に支えられる波佐見焼を質実ともに向上させてゆくことは町民あげての念願であり、さらに広く人々に親しまれる焼物産地として対応してゆくには、総合的な視野のもとに計画を進めてゆかなくてはならないであろう。こうした考えに基づいて幾つかの基本理念を以下のように考察したいと思う。

1. 地域住民による日常の利用を基調とし、郷土産業であるやきもの（波佐見焼）への啓発と啓蒙を行う場とする。
2. やきもの公園としての象徴性を考慮に入れ、豊かに表現、反映させる。
3. 日帰りの誘致圏内利用者に対応できる魅力ある公園とする。

利用者の設定

1. 町民の日常生活の中での利用。
2. 佐世保市民及びその近隣住民の利用。
3. 県外観光客の利用。
4. 全国陶芸愛好者の利用。
5. 全国及び諸外国の陶芸家と陶芸家を目指す若者の利用。
6. 全国及び諸外国の陶磁器商工業者の利用。

利用計画

1. 官民連立の柔軟な組織活動を目指す。
2. 地域住民参加による住民主導型の活動を重視し、活動の適正化と他の諸活動の誘発を促すことを目標とする。

3. 利用者、参加者を広く開放し、地域生活産業振興にかかわる人々や専門家、愛好家等へ対応できる内容の充実を図る。
4. 地域の独自性を描き出し、育成、伝承していくことを目標とする。
5. 魅力ある文化活動を創り上げていく。

本計画の位置付け

本計画は国の定住構想に基づく佐世保モデル定住圏計画特別事業（「新たな雇用機会の創出と産業振興のための事業」）の中の地場産業の振興と伝統工芸の保護育成を目標とし、波佐見地区の中核施設としての「やきもの公園」全体施設整備計画の基本構想、並びにその中心的施設となる「陶芸の館」の基本計画を策定するものである。

基本方針

波佐見町の基幹産業である波佐見焼の振興と育成、さらには「活力あるまちづくり」を推進して行くための中心となる「陶芸の館」を効果的に管理運営していくにあたり、以下の基本方針が設定された。

①「活力あるまちづくり」を目指す中心施設として、町・町民団体・一般町民との連携を促し、適正な環境づくりを推進していくために、運営主体を行政に委ねるより第3セクターに委ねる方が、より柔軟な管理・運営利用計画に対応できるものと考えられる。そこで、「陶芸の館」での活動を活性化し、運営を円滑にするために町および陶磁器関連企業組織を中心とする運営組織の確立を図る。

②住民参加による協力体制として、施設は基本的に町が整備し、地場産業を発展させる方向を模索する中心的な館とするためにも、町民から親しまれる館とするためにも企画運営は日常的な町民・民間団体等の参加と協力をもとに推進する。また、陶芸の館運営組織想定図にはこの効果の一つに地域文化創造が挙げられた。

（58年3月1日陶芸の館検討必要事項より）

(2) やきもの公園建設の経緯

1976年12月1日に、商工課が県に対してやきもの公園（仮称）建設陳情書を提出した。1977年3月10日、やきもの公園建設推進協議会第1回会議が開かれ、その後何回にも及ぶ協議会や部会等を経て、1979年7月25日にやきもの公園開発許可申請書が提出され、7月28日に商工課から建設課に造成工事関係の事務引継ぎが行われた。10月15日から造成工事が着工され、11月に陶芸の館が開館したのである。1985年になり、やきもの公園建設について都市公園事業として県に要望が提出され、翌1986年5月に工事事業が決定した。そしてやきもの公園整備工事が完了するのは1996年3月31日である。

世界の窯野外博物館は、波佐見町やきもの公園の小高い丘にある「世界の窯広場」に、古代から近世にかけての世界を代表する窯「野焼きの祭壇」「穴窯」「磚の窯」「龍窯」「登り窯」「景徳鎮のまき窯」「オリエントの窯」「トルコキタヒヤの窯」「ボトルオーブン」「角型石炭窯」「上絵窯」「赤煉瓦の窯（囲い窯）」など12基の窯を再現した野外博物館である。最も初期の窯である「野焼き」を山上の祭壇にし、東に東洋の窯、西に西洋の窯を時代とともに下って設置されている。「穴窯」はカットモデルの断面を見せる展示形態で、「磚の窯」は中華人民共和国天津郊外の窯を移築し、天津からの職人により再現されたものである。丘の壁面は陶磁の原料から加工、成形の技法や装飾の多様な変化などを組み込み、積み上げて創った50mの大陶壁画「陶の断層」から成っている。また、原始的な焼き方の野焼きから焔の流れや、高度な技術の現代の窯に至るまでの技術的発展を示した図を陶板パネルとして展示している。

世界には多種多様のやきものがあり、それを焼く窯は地域や時代によって違いがあり、それぞれに特色ある窯が見られる。世界の窯野外博物館では古代からの歴史や地域差、技術の変革などを学ぶことができ、このような世界の技術的な窯の歴史を展示する野外博物館は珍しいと言える。

陶芸の館の概要には、「単なる資料博物館的な性格を越えて、単なる資料館に留まらず、商工組合、町民の協力のもとに、陶芸に親しむ一般観光客だけではなく、全国的な規模で波佐見焼の振興を目的とする」とある。「単なる資料博物館的」という文言からは、当時の地域博物館に対する概念が、単に資料を展示するだけの施設であると読み取ることができると同時に、教育諸活動を実践しないような地域博物館から脱却し、地域密着型の、地域住民とビジターを取り込みながら波佐見焼の振興を目指すといった、波佐見町の強い意欲が窺えるのである。

3　世界焱の博覧会波佐見サテライト会場

1991（平成3）年、福岡・佐賀・長崎三県の知事で開催される「九州北部三県懇話会（三県知事サミット）」において、三県連携による博覧会の開催準備がスタートした。世界的な陶芸関係者組織である「国際陶芸アカデミー（IAC）」の定期総会を、1996年に佐賀県で開催すべく誘致活動が始まったのである。翌1992年には「世界・焱の博覧会準備委員会」が発足し、博覧会の名称は「世界・焱（ほのお）の博覧会」に決定した。1993年には「世界・焱の博覧会実行委員会」が設立され、三県が共同で行う事業の円滑な推進を図るため、実務者レベルの「三県連絡協議会」が設置された。

博覧会の正式名称は「ジャパンエキスポ佐賀'96世界・焱の博覧会」（略称は「世界焱博」）である。「焱」の文字は火が勢いよく燃え上がる様を表し、「人の情熱の火」「文化創造の火」「産業発展の火」という三つの火を「焱」と燃やしていこうという願いを表現したものであった。

古来から大陸文化の玄関口として、共通した「やきもの」の歴史と文化を有する福岡県、長崎県、佐賀県が連携・協力しながら、アジアの表玄関としての北部九州三県の一体的かつ広域的な発展に繋げることも目的としたものである。

有田地区会場、九州陶磁文化館会場、吉野ヶ里サテライト会場の３会場が、それぞれの特性や機能を活かしつつ、相互連携のもとに博覧会の基本理念やテーマの展開を図るといった、ネットワーク型の博覧会であったことが特徴である。焼き物産地を中心に10ヵ所の地域サテライト会場が協賛会場として設けられ、主会場とのネットワーク化を図ることで、より広域的な博覧会を目指すものであった。地域サテライト会場では博覧会の開催に合わせて自主的な企画と運営がなされ、多彩なイベ

写真１　焱の博覧会波佐見サテライト会場（西日本新聞社編 1997 より転載）

ントが開催された。地域サテライト会場の総入場者数は、約 221 万 3,000 人に達するものであったことが記録されている。

波佐見サテライト会場では「であい・ふれあい・わかちあい・まつり」を基本コンセプトに、波佐見の知名度アップを目指した。波佐見焼の近代窯業の柱であるセラミックゾーンを中心とした「町全体が会場」の構成を図り、メイン会場はやきもの公園一帯として、陶芸の里中尾山や畑ノ原窯跡公園をサブ会場とした。世界の窯野外博物館を活用したオープニングイベントや中国龍窯登り窯への火入れが行われ、その焼成品は展示公開されて、多くの来場者を魅了したとある。目標 25 万人を見込んだ来場者は、20 万 1,000 人を数え成功裡に終わったと言えるものであった。

4　郷土博物館の現状と課題

地方創生における地域博物館の役割は、地域文化資源を活用し、観光経済を活性化させることにある。地域文化資源を観光に活用できる博物館の形態の一つが野外博物館である。フィールドミュージアムは、地域文化資源を構成要因とし、地域おこしや地域活性化を目的として構想されることは述べた通りである。1989（平成元）年に政府の「ふるさと創生」

が提唱されてから、地方では「町全体が博物館」、「町民すべてが学芸員」のキャッチフレーズのもとに地域創生が展開され、全国的にも地域おこしが活発化していった。地域住民参加型のフィールドミュージアムは、地域創生のモデルとなり、地域に存在する文化的資源の魅力を地域住民の手によって発信し、教育の実践や観光振興、地域創生のキーワードとなり得ることも期待できる。

現在、日本の地域（郷土）博物館の多くが疲弊しきっていると言える。そして日本には博物館という多くの負の遺産が存在する。箱モノは作ったものの、その後は多くが先細りの結果となっているのである。同じ轍を踏まないためにも、これから建設される博物館においては、軽佻浮薄な箱モノを作ってはならない。

かつて開館に至るまでお手伝いをした廃校利用の資料館もその一例である。民具資料のクリーニング、調査、データ化、博物館展示構想、展示等すべてを大学院生が行った、博学連携による我が国初の大学院生による手作り資料館である。博物館建設構想当時の村長は文化面にとても理解のある村長であったが、博物館職員の博物館学意識が希薄であり、博物館相当施設を目指す意義も理解されておらず、その結果、館長の趣味的専門分野に特化した子どもたちには魅力のない展示になっているのが現状である。そして村長が変わり、現在は末期的な状況になっていると言っても過言ではない。村民の憩いの場になるはずであった資料館は、誰も訪れない箱モノとなっているのである。まさに負の遺産であろう。

世界の窯野外博物館も焱の博覧会が開催された当時はかなりの盛況ぶりであったが、現在は訪れる人も少なく壊れた窯も散見されることから、このままでは負の遺産になる確率が非常に高いと思われる。したがって、世界の窯野外博物館をフィールドコースの要として取り入れ、再整備を行うことが求められるとともに、再生を図る絶好のチャンスとも言える。

野外博物館は当時にタイムスリップできる異次元の空間である。波佐見町のフィールドコースを巡りながら、波佐見の歴史を学び、タイムスリップを楽しめるようなフィールドミュージアムを構想することが求められる。それには学芸員と地域職員の郷土保存の意識の高さが博物館経営成功の鍵となることは言うまでもない。地域に密着した地域住民の為の郷土博物館として発展できる博物館となることを願いたい。

参考文献

落合知子　2009『野外博物館の研究』雄山閣

落合知子　2017「郷土博物館をつくる」『考古学・博物館学の風景』芙蓉書房出版

西日本新聞社編　1997『世界・焱の博覧会公式記録』世界・焱の博覧会実行委員会

第2節　波佐見町の文化的景観

鐘ヶ江 樹

1　文化的景観とは

文化的景観とは、2004（平成16）年に文化財保護法改正により生まれた文化財の概念で、「地域における人々の生活又は生業及び当該地域の風土により形成された景観地で我が国民の生活又は生業の理解のため欠くことのできないもの」（文化財保護法第2条第1項第5号より）と定義されている。また文化的景観は、有形文化財や無形文化財のように文化庁主体で運用されるものではなく、景観法にのっとって都道府県や市区町村が定めた景観計画区域、または景観地区にあり、保存のために必要な措置を話し合ったうえで、自治体から国に申し出が出される制度であり、文化的景観の中でも特に重要なものは重要文化的景観に選定される。重要文化的景観に選定される基準として、国民の基盤生活または生業の特色を示す8つ（農耕、採草・放牧、森林、漁ろう、水の利用、採掘・製造、流通・往来、居住）の分野の中から選ばれる。重要文化的景観に申し出るために必要な基準は、「重要文化的景観に係る選定及び届出等に関する規則」によって、1. 文化的景観保存計画を定めていること、2. 景観法、文化財保護法、都市計画法、自然公園法、都市緑地法その他の法律に基づく条例で、文化的景観の保存のための必要な規則を定めていること、3. 文化的景観の所有者または権原に基づく占有者の氏名、住所等を把握していることとされている。

現在、日本において北は北海道、南は宮崎まで全国52ヵ所64件の文化的景観が重要文化的景観に選定されている（2019年4月19日現在）。

重要文化的景観の1つに「平戸島の文化的景観」がある。これは、隠れキリシタンの伝統を引き継ぎ、さらに制約された条件下のもと、継続的に開墾及び生産活動によって形成された棚田郡など、人々の居住により構成される文化的景観である。平戸島の小河川沿いの谷部には、安満岳を中心として多くの集落や棚田が展開されている。これらの集落は、16 世紀半ばから 17 世紀初めに記されたイエズス会宣教師の書簡に確認できる。また、大型の棚田群は標高 200m の地点まで作られ、地元の礫岩を用いた石積みの中には、生月の技術者集団によって造られたものも確認されている。

2018 年には長崎と天草地方の潜伏キリシタン関連遺産が世界遺産に登録され、平戸はその一部に含まれており、今後は海外からの観光客が来ることも予想されている。

2　波佐見町の文化的景観

現在、波佐見町では中尾郷、鬼木郷とその周辺地区を重要文化的景観に選定すべく準備を進めている。事業主体者は波佐見町教育委員会で、2019（令和元）年 5 月からそれぞれの地区調査や住民への説明会、啓発事業が始められ、2022 年度には国に申出書を提出する予定である。隣接する中尾郷と鬼木郷の両地区は、中尾郷では窯業に関する施設が景観を形成し、その隣の鬼木郷では農業が営まれ田園風景が広がっているという大変珍しい景観を形成している。

本事業は、中尾地区の窯業景観、隣接する鬼木地区の農業景観を保護し、後世に伝えることを目的としている。2019 年度は、中尾地区と鬼木地区の両地区周辺における保存調査及び住民説明会や古写真展など、住民に対する普及・啓発活動を行う。対象となっている地域の現状は、波佐見町及び個人所有の畑地・宅地となっている。

重要文化的景観選定に向けたスケジュールは、2019（平成 31）年 4 月から 2020 年 3 月まで中尾地区・鬼木地区の歴史、民俗についての聞き取り調査や、石積み、建築物、道具などの文献調査を行う。2020 年中頃から約 1 年間は調査報告書の作成、2021 年中頃から末頃にかけて保存計画の策定を行う。2022 年には、申出書作成並びに提出を行う予定である。2019 年から住民への説明会と啓発事業を行っている。

中尾郷、鬼木郷の特徴は以下の通りである。

(1) 中尾郷

中尾郷は波佐見町の南東部に位置し、「中尾」の由来は、平地を意味する「ナコ」が変化したものである。『波佐見史』（波佐見町史編纂委員会編 1976）によると、山地では谷間の平地ほど大切なものはないという鏡味完二の『日本の地名』（鏡味 1964）から引用したものである。

昔から、富士山の形に似ていることから中尾富士とも呼ばれていた山で、腰弁当で山の頂上に登り、凧揚げを行ったり、レクリエーションの場となっていた。

中尾郷では、約370年間窯業が営まれてきた。中尾郷における窯業の始まりは、1716（享保元）年頃に纏められた『皿山旧記』と1862（文久2）年に大村藩が編纂した『郷村記』に1644（寛永21）年と記されている。さらに、中尾郷は古窯跡の発掘調査により、窯業の開始が1640年頃であることが明らかになっている。現時点で、この年代を遡る古窯跡は発見されておらず、広川原窯か中尾上登窯のいずれかが中尾郷における最古の窯とされている。

波佐見では、安土桃山時代から江戸時代初期にかけて稗木場郷の下稗木場窯で初めてやきものが焼かれたとされている。そのやきものは、原料が粘土である陶器で、波佐見焼は陶器の生産で始まったとされる。その後、1610（慶長15）～1630年頃に村木郷の畑ノ原窯（国史跡）において、陶器に加えて原料を陶石とする磁器の生産が開始された。磁器生産の技術は、1592（天正20）～1598年頃に日本に連れられた朝鮮人陶工によるものと考えられており、朝鮮人である李裕慶によって畑ノ原窯が開かれたと伝えられている。1630年頃になると、窯業の中心が村木郷から磁器の原料である陶石が発掘される三股郷に移り、その頃には陶器生産を終了し、本格的に磁器生産を開始していた。

1640年代の中国は、世界に向けて景徳鎮などの陶磁器を輸出していたが、内乱によりその生産は大きく減少する。そして、世界中に輸出していた中国やオランダなどの貿易商人は、有田や波佐見のやきものに目を向けることになる。その結果、波佐見にも注文が激増し、その注文に応えるために、次々に窯が築かれて、海外輸出品の生産量が増加したのである。

また、中尾郷では、広川原窯の生産が停止したものの、中尾上登窯では海外輸出品が盛んに生産された。また、1661（寛文元）年または1665年に中尾下登窯が開窯され、海外輸出の需要が増えたこの時期は、中尾上登窯と中尾下登窯が活躍した時代と言える。代表的な輸出品は、染付雲龍見込み荒磯文椀と呼ばれる大振りの椀で、この椀の模様は元々中国陶磁に見られるそれを写して生産していたと考えられており、発掘調査から中尾上登窯と中尾下登窯で大量に生産されていたことが明らかになった。

しかし、中国陶磁の海外輸出が再開されると、大量の中国陶磁が東南アジア諸国に運ばれた。波佐見の窯業は、東南アジア諸国向けの製品を中心に生産していたため、その影響は大きく、海外輸出品向けの生産は急速に減退したのである。そのため中尾上登窯では、18世紀前半のやきものがあまり見つかっておらず、輸出品生産停止による廃窯あるいは生産規模の縮小が行われたと考えられる。

その後、海外輸出品の生産を停止した波佐見では、次に国内市場向け磁器生産に目が向けられていくと巨大な窯が築かれ、安価な庶民向け磁器製品のくらわんかが大量に生産された。17世紀末の日本では、航路が次々と開かれ物資の流通が盛んになり、庶民の生活水準が向上したという背景も相まって、庶民向けの既製品が進展したと考えられる。中尾郷においても新たな大新登窯が増え、中尾上登窯と中尾下登窯の合計3窯で焼き物の生産が続いていった。

明治から昭和にかけて、江戸時代まで長く行われてきた様々な制度やシステムは大きな変革期を迎えた。まず、波佐見窯業の支援元である大村藩の皿山役所が閉鎖されて、窯の経営が個人に委ねられることとなった。そのため、巨大な登り窯の運用が困難となり、廃窯か小規模の窯に分かれることになった。前述した中尾郷の大新登窯もこの影響のためか幕末に廃窯となった。

存続の危機を迎えた波佐見窯業は、陶工らによる新しい技術開発と導入によって、この危機を乗り越えていった。江戸時代は、磁器を染色する絵の具に輸入品である天然ゴスを使用していたが、明治初期には量産が進んだコバルトが普及したことで、その結果費用が軽減された。また、中尾郷の馬場亦一によって棚板が発明され、安定した生産が可能となり、同じく中尾郷の田中宇太郎が棚板の改良や生地を透かし彫りし、そこに透明な釉薬を詰めて焼いた含珠焼の改良、さらには発電機で廻すろくろの製作などを行った。

1911（明治44）年には、陶磁器意匠伝習所が現在の中尾郷野中医院敷地内に建てられて、絵付けの指導が行われ多くの優秀な画工が育成された。

その後の波佐見窯業は、昭和初期に世界的な金融恐慌によるダメージや大戦により多くの陶工が徴兵や価格の制限など様々な影響を受けてきた。しかし、高度経済成長期による購買力の高まりに支えられ、昭和の波佐見窯業はこれまでにない発展を迎えることになった。

また、中尾山は日本遺産の１つに認定されて、現在も世界最大規模の登り窯跡やレンガ造りの煙突群など、江戸時代以降の様々な窯業関連施設が残り、日本の陶磁器の歴史を知ることが出来る魅力的な場となっている。

(2) 鬼木郷

鬼木郷は、前述した中尾郷の西に位置し、最も特徴的なことは馬蹄型の地すべり地形である。これは、虚空蔵火山の北壁が崩れ落ち、そのあとに馬蹄型の凹地が出来たと考えられている。また、鬼木郷には開田川、中ノ川内川、大鬼木川が流れており、この３河川は鬼木郷で合流し最終的に川棚川に合流して、大村湾に流れている。

鬼木郷では、鬼木棚田と呼ばれる幾重にも連なった段々畑があり、1999年に農林水産省の棚田百選に選出されている。棚田百選のHPによると、面積50ha、棚田枚数700枚で主な水源は河川及び渓流である。

鬼木郷では流れる３河川を骨格として、それぞれ斜面に棚田が広がっている。また、棚田地域に隣接して集落が形成されており、このような地形は豪雨の時期に土石流が発生する可能性が高い場所であるため、集落は高台に集合している。代表的な集落は、開田集落、中ノ川集落、大

写真１　中尾山　展望台より（2019年9月15日撮影）

鬼木集落の３集落でそれらは、展望所周辺に位置し、それぞれ開田棚田、中ノ川棚田、鬼木棚田は主要な棚田になっている。

表１は、鬼木郷の棚田景観を４分類したものである。①は、町道鬼木中央線から北部を指しており、②は鬼木棚田を象徴する広大な棚田のことである。③は集落と傾斜地に構成される複合的な棚田景観で、④は大鬼木集落の下流の勾配の緩やかな棚田と、上流の川沿いの棚田である。

この分類は、『平成28年度美しい農村再生支援事業　鬼木地区歴史的田園景観調査報告書』において、波佐見町農林課より委託を受けた長崎大学と各分野の専門家の共同研究において分類されたものである。

鬼木棚田の法面（切土や盛土によって作られる人工的な斜面）については、

表１　鬼木郷の棚田景観の分類表

①	３河川が合流する付近の緩勾配の棚田
②	開田川両岸に広がる中勾配の棚田
③	中ノ川内川両岸の少し勾配が急になる地域の棚田
④	大鬼木川周辺の急傾斜の川の両岸に形成された棚田景観

（長崎大学 2017 より作成）

圃場整備区域は土羽（土木用語で盛土などの仕上げの面）で、原則的に石積みであったことが地元住民への聞き取りにより判明している。畝町直しが行われた場合も石積みでやり直したことが窺えるが、石積みの法面の上部が土羽になっている。この石積み法面は、鬼木棚田の最も重要な景観構成要素で、展望所からは石積みの棚田景観が見渡すことができ、素晴らしい景観となっている。

また、棚田の景観を構成する重要な要素は石垣の縁取りで、石垣の用途や算出する石の種類、地方における石工の技術的伝統などによって様々である。しかし、鬼木棚田は規模が大きいために、場所を選んで3Dスキャンを用いて石垣のデータを取り込んでいる。目視や写真による石垣の図面を起こしていた以前の手法から3Dスキャンを用いることによる図面のデータ化に転換することで、調査時間などが飛躍的に改善された。

さらに調査から、石垣背後の土圧と排水によって石垣が崩れるのを防ぐため、石垣を一石築いた後に裏込め石材を入れることで強い石垣を築く通常の方法と異なり、長い年月の間発生した土石流による大量の土砂が裏込め石の代わりとなっていることが判明し、鬼木郷の基盤は崩壊を起こさない構造になっている。

通常とは異なる構造の鬼木郷における耕作地は、以前は何らかの耕作地であったが管理されずに荒れ地となった耕作放棄地のほか水田、茶畑、畑地、果樹園の5種類に分類している（表2）。2008年の時点では、鬼木郷全体で940枚の耕作地が確認され、2015年までに227枚が耕作

表2　鬼木郷種別耕作地枚数（2015年11月）

	下流域	中流域	上流域	合計
水田（枚）	83	221	88	392
茶畑（枚）	3	39	114	156
畑地（枚）	22	73	28	123
果樹園（枚）	7	21	14	42
耕作放棄地（枚）	21	70	136	227
合計（枚）	136	424	380	940

（長崎大学2017より作成）

放棄地となっている。

地滑りによって形成された鬼木郷では、規模の大きい棚田景観が広がるのが特徴的である。また、戦前に建設されたと考えられている伝統的家屋が多く現存しており、統一感のある落ち着いた景観を見せている。以前と比べて耕地も減少しているが、通常とは異なる石垣は評価に値し、その場所から掘り出した石を地元住民が自ら積み上げて管理しており今後も地元住民による協力が得られることが大いに期待できる。

3　今後の観光活用について

日本には様々な観光地があるが、博物館と観光は密接に関わっている。2021（令和3）年3月に、波佐見町に博物館が開館する予定である。中尾、鬼木両地区の重要文化的景観の選定よりも早い時期に開館するが、この博物館の活動に文化的景観を活かすことが重要なことは明確である。

まず、両地区に関する展示を常設展示として行うことにより情報発信が可能となり、文化的景観に訪れる来訪者が増えると思われる。博物

写真2　鬼木棚田　展望台より（2019年3月17日撮影）

館のチラシなど紙媒体だけではなくHPによる情報発信は必要不可欠である。

2019年9月11日、中尾郷の中尾山交流館において第1回住民説明会が行われた。波佐見町教育委員会担当者から具体的な事例やメリット、デメリットを踏まえながら文化的景観についての説明があり、今後の調査予定やヒアリング、古写真展についての説明もあった。

最後に住民からの質問では、多くの質問が投げかけられた。重要文化的景観に選定されてからの補助金の利用について、観光の視点からのアクセスについて、観光客の滞在時間を延ばす方策は何かなど、住民の積極性や本政策に対して協力的な意見が多かった。

今後も様々な取り組みが行われるが、住民説明会の様子からは自治体と住民の協力が期待できると感じている。今後も選定に向けての積極的な動きを期待したい。

参考文献

鏡味完二　1964『日本の地名』角川書店

長崎大学　2017『平成28年度美しい農村再生支部事業 鬼木地区歴史田園景観調査報告書』

波佐見　中尾山のあゆみ実行委員会　2018『波佐見　中尾山のあゆみ』

波佐見町史編纂委員会編　1976『波佐見史』上巻、波佐見町役場

第3節　日本遺産「日本磁器のふるさと 肥前」と波佐見町の取り組み

松永 朋子

1　日本遺産とは

2016（平成28）年4月25日、長崎県3市町（佐世保市、平戸市、波佐見町）と佐賀県5市町（唐津市、伊万里市、武雄市、嬉野市、有田町）の「日本磁器のふるさと肥前～百花繚乱のやきもの散歩～」が、文化庁の日本遺産に認定された。

日本遺産（Japan Heritage）とは、地域の歴史的魅力や特色を通じて我が国の文化・伝統を語るストーリーを「日本遺産（Japan Heritage）」として文化庁が認定するものである。日本遺産は世界遺産や文化財指定とは異なり、既存の文化財の価値付けや保全のための新たな規制を図るのではなく、地域に点在する遺産を「面」として活用し、発信することで、地域活性化を図ることを目的としている。また、「日本遺産」に認定されると、認定された当該地域の認知度が高まり、日本遺産を通じた様々な取組みがなされる。また、地域住民のアイデンティティの再確認や地域のブランド化等にも貢献し、地方創生に資するものとなる。

「日本遺産」のストーリーには、「①歴史的経緯や地域の風土に根ざし世代を超えて受け継がれている伝承、風習等を踏まえたものであること。②発信する明確なテーマを設定し、建造物や遺跡・名勝地、祭りなど、地域に根ざして継承・保存がなされている文化財にまつわるものが据えること。③単に地域の歴史や文化財の価値を解説するものではならない。」という申請基準があり、「日本磁器のふるさと肥前～百花繚乱のやきもの散歩～」は、複数の市町村で登録を行う「シリアル型」として認定さている。また、文化財群を地域主体で総合的に整備・活用し、世界に戦略的・効果的に発信し、地域の活性化を図ることを目的としている。

ストーリーの概要は、「陶石、燃料（山）、水（川）など窯業を営む条件が揃う自然豊かな九州北西部の地「肥前」で、陶器生産の技を活かし誕生した日本磁器。肥前の各産地では、互いに切磋琢磨しながら、個性際立つ独自の華を開かせていった。その製品は全国に流通し、我が国の暮らしの中に磁器を浸透させるとともに、海外からも賞賛された。今でも、その技術を受け継ぎ特色あるやきものが生み出される「肥前」。青空に向かってそびえる窯元の煙突やトンバイ塀は脈々と続く窯業の営みを物語る。この地は、歴史と伝統が培った技と美、景観を五感で感じることのできる磁器のふるさとである。」としている（白濱・安永 年不明）。

2　肥前窯業の歴史

肥前窯業については、日本遺産公式ガイドブック「日本磁器のふるさと肥前～百花繚乱のやきもの散歩～」、白濱昌子・安永浩の「日本磁器のふるさと肥前～百花繚乱のやきもの散歩～」に詳しい。

肥前窯業の始まりは、佐賀県唐津市北波多の地を治めていた戦国大名・波多氏が、1580年代頃に朝鮮から陶工を招いて窯を開いたことにより始まる。1592（天正20）～1598（慶長3）年の文禄・慶長の役で、朝鮮へ出兵した肥前の各大名が帰国の際に朝鮮半島から連れ帰った陶工の技術が加わり、領内に多くの窯が開かれたが、豊臣秀吉に所領没収された波多氏の下にいた岸岳の陶工たちは肥前各地（伊万里・有田・武雄・三川内・波佐見）へ散っていくことになった。

肥前のやきものは、朝鮮から伝わる技法や連房式登り窯を特徴とし、佐賀藩祖・鍋島直茂の重臣に預けられた朝鮮陶工の一人である金ケ江三兵衛（李参平）が、1616（元和2）年に有田の泉山で陶器の材料となる良質の陶石を発見したことにより、日本の陶器生産が始まったとされる。初期の日本陶磁は素地に染付というものが多く、中国式の文様を多く取り入れており、素朴であることが特徴である。

有田で始まった磁器は、当初は陶器と磁器の両方を作っていたが、佐賀藩の主導により磁器専門となり、中国から伝わった技法である乳白色の素地に余白を生かしつつ繊細な絵付けを施した「柿右衛門様式」や、金などの鮮やかな色を使った豪華絢爛な「金襴手様式」など、日本独自の色絵磁器が誕生した。磁器の白さと色彩豊かな染付は、磁器を季節や料理に合わせて使い分けることにより、四季折々の料理と器を楽しむ日本の食文化に大きな影響を与えた。

伊万里と三川内には、それぞれ佐賀藩、平戸藩が経営する御用窯が置かれ、将軍家への献上品など最高級品が生産された。伊万里の大川内山では、緻密な線描きの染付による鍋島染付（藍鍋島）や、染付の藍に赤、緑、黄の三色の色絵を原則とする色鍋島、さらには釉薬を厚く掛けた深い青緑色の色調を特徴とする鍋島青磁などの鍋島焼が生み出された。1871（明治4）年に廃藩置県が行われるまで、佐賀藩直営の藩窯にふさわしい格式のある磁器が生産された。

平戸藩の中野では17世紀初頭から磁器焼成が試行された。その後、陶工たちは同領内ですでに操業していた三川内に移され、平戸藩の御用窯体制が確立し、地元・網大の陶石と天草の陶石を使って、さらに白く美しい繊細な磁器を追求した。白磁を基本とし、光にかざすと透けて見えるほど薄い素地が卵の殻のように見えることから名付けられた「卵殻手」や、格子柄や花弁の模様を鮮やかに表現するために、繊細な彫刻で仕上げた技巧性の高い「透かし彫り」「菊花飾細工」「置き上げ」などの細工技術に加え、繊細な染付の上品さは三川内らしい魅力となり、幕末にはヨーロッパに輸出された食器類が高い評価を得た。

大村藩の波佐見では17世紀末頃からやきものの大量生産が始まった。波佐見は「くらわんか手」と呼ばれる簡素な磁器が全国に流通するなど、庶民の磁器生産の発展に大きく貢献していった。また、嬉野吉田地区で中国の模様に似せた色絵磁器である吉田焼を生産し、オリーブ色が特徴の不動山の青磁、人物や動物の染付皿を中心とした志田焼が作られた。

このような肥前磁器は、主に伊万里津から積み出しされて国内各地に流通し、磁器の特徴である色鮮やかな色彩と軽くて割れにくい特性により、わが国の暮らしの中に普及した。また、一部は長崎を経由して東南アジアやヨーロッパなど海外にも輸出され、マイセンなどの磁器生産にも大きな影響を与えた。

肥前窯業は400年に及ぶ歴史や文化の発展により、窯業産地特有の町並みが形成され、レンガや陶片を赤土に埋め込んだトンバイ塀など各窯業産地には様々なやきものが使用されている。また、毎年５月に400年にわたる朝鮮の技術を持った多くの陶工たちの歴史と偉業を讃え、さらなる発展を祈願する陶祖祭や道具供養などが行われている。

3　肥前窯業の紹介

有田の内山地区は、古い商家や洋館、多くの窯元の町屋が連なる町並みは、江戸時代後期から昭和にかけての特徴のある建物群で国の重要伝統的建造物群保存地区である。春の大型連休に行われる「有田陶器市」では、100年あまりの歴史を持ち、全国から100万人を超える観光客が押し寄せている。佐賀県有田町のストーリー構成文化財は、柿右衛門窯跡（国史跡）、有田内山伝統的建造物群保存地区（国重要伝統的建造物群保存地区）、初代金ヶ江三兵衛墓碑陶山神社鳥居陶祖李参平之碑（墓碑：有田町史跡、鳥居：国指定登録有形文化財（建造物））、有田磁器・柴田夫妻コレクション（国登録有形文化財（美術工芸品））、蒲原コレクション（未指定）、染付山水図輪花大鉢（国重要文化財（工芸品））、染付白鷺図三脚皿（国重要文化財（工芸品））、柿右衛門濁手（国重要無形文化財（工芸技術））、色鍋島（国重要無形文化財（工芸技術））、天神森窯跡（未指定）である。

伊万里大川内では、山々に囲まれた水墨画のような幽玄な景観の中に窯元が立ち並び、秘窯の里とも呼ばれ、「春の窯元市」が大型連休に合わせて開催されている。佐賀県伊万里市のストーリー構成文化財は、大川内鍋島窯跡（国史跡）、大川内山（未指定）、旧犬塚住宅伊万里津（住宅：伊万里市有形文化財）、旧戸渡嶋神社（現伊萬里神社）灯籠・手水鉢（未指定）、茅ノ谷１号窯跡（佐賀県史跡）である。佐賀県嬉野市のストーリー構成文化財は、嬉野の磁器窯跡群（一部国史跡）、志田焼の里博物館（旧志田陶磁器株式会社工場）（未指定）である。また、佐賀県武雄市のストーリー構成文化財は、飛龍窯（未指定）、肥前陶器窯跡（国史跡）である。

三川内三皿山は、代官所跡や運搬に使われていた馬車道など御用窯の栄華に思いを馳せることができる観光スポットとなっており、春の大型連休には「はまぜん祭り」、秋には「みかわち陶器市」が行われている。長崎県佐世保市のストーリー構成文化財は、三川内の磁器窯跡群（未指定）、三川内皿山（未指定）、陶祖神社・釜山神社（未指定）、三川内の磁器製作技術（一部は佐世保市無形文化財）、葭之本窯跡（長崎県史跡）である。また、長崎県平戸市のストーリー構成文化財は、中野窯跡（長崎県史跡）である。

波佐見は、世界最大の登り窯の大新登窯跡や山あいの窯元の家の町並みが残る陶郷中尾山では、春に行われる「桜陶祭」に始まり、大型連休に開催される「波佐見陶器まつり」は町内の窯元や商社など約150店が出店している。また、郷土料理として窯焚き職人が食していた「冷汁」が現在でも伝えられている。波佐見町のストーリー構成文化財は、肥前波佐見陶磁器窯跡（国史跡）、智惠治窯跡（長崎県史跡）、陶郷・中尾山（未指定）、福重住宅主屋・旧福幸製陶所（国登録有形文化財（建造物））、波佐見の生地成形技術（未指定）、冷汁（未指定）である。

また、肥前窯業各地では作陶や絵付け体験、武雄の登り窯である飛龍窯や畑ノ原窯跡の復元窯では、薪窯焚きなど伝統技術を体験することができる。

4　波佐見町の取り組み

2019（平成31）年に施行された文化財保護法の改正で、観光やまちづくりへの文化財活用を中心とした内容となり、これまでの文化財保護の概念から文化財を積極的に活用する方針に変化した。また、過疎化・少子高齢化に伴い継承が危ぶまれている文化財を観光資源として甦らせ、次世代に継承するために収益性のある活用が求められている。波佐見町では、日本遺産認定により、収益性のある活用が行われている。以下については波佐見焼の歴史や波佐見町の活動について述べたい。

波佐見焼はくらわんか碗を代表とし、一般市民向けに作られたもので、素朴で壊れにくい性質を持っている。江戸時代に、淀川の枚方宿で三十石船に食事を販売していた商人が「酒食らわんか、餅食らわんか」

と大声で売っていたくらわんか舟を由縁とする。また、コンプラ瓶はオランダ人に醤油や酒などの日用品を販売していた商人が、コンプラ商人の組合である「金富良商社」に醤油や酒を入れて運ぶ徳利型の染付白磁の瓶に「JAPANSCHZOYA」や「JAPANSCHZAKY」と絵付し、輸出したブランドの瓶で、その歴史的価値が高い。一般庶民の茶碗として大量生産された波佐見焼は、現在でも時代に適応した使いやすい日常食器として多くの人に愛用されている。特に近年では首都圏を中心とした若年層や女性に人気があり、波佐見焼を求め多くの観光客が訪れている。

波佐見町では、「ニッポンのたからものプロジェクト」や「肥前　やきものでおもてなし」などといったイベントを通じて波佐見のやきものの魅力を発信している。「ニッポンのたからものプロジェクト」では、有名人を招いて肥前やきものの歴史を「見て聴いて、歩いて食べて、遊んで学ぶ、カルチャー・エンターテインメント」をテーマとして、有田公演では有田焼の歴史を探訪する街歩きや、泉山磁石場で和太鼓や津軽三味線の野外ライブ、波佐見公演では、地域の食材が集まったマルシェやお茶菓子を楽しみながらライフスタイルに合った日常使いの器の彩り方について学ぶことができる講演会や地域芸能の皿山人形浄瑠璃会が開催された。

また、「肥前やきものでおもてなし」では、100軒ほどの窯元や陶房が点在している波佐見町で、伝統を受け継ぐ波佐見焼や現代作家によるデザイン性の高い波佐見焼を購入するだけでなく、お洒落なカフェでのランチや温泉などを目的として多くの観光客が訪れている。他にも新体験プログラムとして「大人の長旅～２泊３日のやきものづくり体験と街並散策」など、２泊３日でろくろや絵付体験、窯元工場見学、ピザづくり体験など波佐見町や地域住民との交流を楽しむことができる。この体験は、窯業の歴史や文化を学び、地域住民の交流することで波佐見の魅力を発信している。他にも、器の柄をイメージしたオリジナルアートが作られており、肥前やきものの伝統的な模様を現代風にアレンジした８種類のネイルシートを購入することができ、波佐見町のネイルアートは縁起物とされる「独楽筋」柄が用いられている。

波佐見焼は伝統文化を継承することだけでなく、現代のニーズに合わせ多様化させた柔軟性がある。現在波佐見町は、波佐見焼を使用したお洒落なカフェが立ち並ぶ西の原や現代作家による波佐見焼を求め多くの観光客が訪れている。観光に必要な要素であるショッピングや食事はとても魅力的である。

また、波佐見町は波佐見町陶芸の館（観光交流センター通称くらわん館）と波佐見町農民具資料館という2つの主な展示施設がある。くらわん館1階の観光物産館では、波佐見町内の窯元や商社の商品などの特産品やお土産などを販売しており、2階の展示室では波佐見町の窯業に関する歴史を学ぶことができる。当施設は、点在している窯元の波佐見焼を一度で見て購入することができる魅力的な施設である。2つの展示施設により、波佐見町の歴史を学ぶことができるが、学芸員が常駐していないことから効果的な学びの場としては不十分であると考えられる。現段階では波佐見焼がブームになっているが、これが一過性のものであってはならない。そのためには、地域が主体となって波佐見町の歴史や文化の情報発信を行っていくことが重要となる。

現在、既存の大型和風建築物を博物館として利用する博物館構想が進められており、2019年3月から着工予定である。博物館の創設は、観光の重要な要素である学びの場であり、現代作家による波佐見焼についても歴史的な付加価値の高いものとなる。波佐見町に点在する地域文化資源を博物館が中核施設として活用を行い、ミュージアムショップやカフェなども併設することにより、観光客の誘致に繋がることが考えられる。

2020（令和2）年に東京で開催予定のオリンピック・パラリンピックまでに訪日外国人観光客が地方にも訪れることが予測される。今後は、訪日外国人観光客に対して多言語対応や、外国語可能なスタッフの配置など様々な施設整備が必要である。

参考文献

白濱昌子、安永　浩　年不明「日本磁器のふるさと肥前～百花繚乱のやきもの散歩～」https://japan-heritage.bunka.go.jp/ja/app/upload/heritage_data_file/037-1336813525923357.pdf

中野雄二　2015「波佐見焼の歴史」(2015年長崎国際大学特別講義資料)

肥前やきもの圏　2018「肥前やきものでおもてなし」(2018年チラシ)

肥前やきもの圏　2019「ニッポンのたからものプロジェクト　日本遺産×LiveArt」(2019年有田公演・波佐見公演チラシ)

肥前やきもの圏　2019「ニッポンのたからものプロジェクト　日本遺産×LiveArt」(2019年波佐見公演チラシ)

文化庁HP「日本遺産（Japan Heritage）について」http://www.bunka.go.jp/seisaku/bunkazai/nihon_isan/

「肥前窯業圏」活性化推進協議会　年不明『日本遺産公式ガイドブック「日本磁器のふるさと肥前～百花繚乱のやきもの散歩～」』

第6章
地域創生を目的とする大学との連携事業とグローバル活動

第1節　長崎国際大学との包括協定

中島 金太郎

1　協定締結に至る経緯・経過

長崎国際大学（以下、本学）博物館学芸員課程と波佐見町教育委員会（以下、町教委）の関係は、「波佐見町歴史文化交流館（仮称）」（以下、交流館）の構想初期の2015（平成27）年、本学安德勝憲特任教授から落合知子教授に同館の建設検討委員就任の打診があったことに始まる。旧来波佐見町には、波佐見焼を展示する「波佐見町陶芸の館観光交流センター（くらわん館）」と、地域の民具資料を展示する「鬼木農民具資料館」と「橋んきわ資料館」が存在していたものの、町の歴史・文化・産業を展示する博物館は存在しなかった。既存の施設が老朽化する中で、当該地域を包括的に扱う博物館施設の設置が検討され、その検討委員として博物館学の専門家であり他県での博物館構想に参加した経験のある落合教授に打診があったのである。

その後、落合教授と波佐見町の山口浩一氏（当時、町教委）、中野雄二学芸員を中心に人的交流を行ってきた。2017年度には、同町で実施した「中尾上登窯跡」の発掘調査に本学博物館学芸員課程の大学生・大学院生が参加し、そのうち一部の学生は実測などの整理作業を行った（写真1）。また、学芸員や町職員を本学の非常勤講師やゲスト講師として招聘するなど、これまで相互に協力関係を築いてきた。

写真1　大学院生の整理作業への参加

写真2　橋んきわ資料館の資料調査

2016年9月11日（日）から17日（土）にかけて、落合教授が非常勤講師として出講していた國學院大學大学院の「博物館学専門・特殊実習」を波佐見町で実施し、同町宿郷の「橋んきわ資料館」に収蔵されている民具資料の調査を行った。同館は、地域で使用されてきた民具や歴史資料を町民が収集し、所有する建物に収蔵・展示した私設博物館である。同館は、調査を実施した時点で資料の整理や台帳作成などが行われておらず、収集したものを並べただけの状況であった。当調査では、収蔵資料のクリーニング、計測・写真撮影を実施し、資料台帳としてまとめた。資料館には農具を中心とした民具資料、近世〜現代の文書資料、同町の基幹産業である陶磁器、発動機等の機械類など多彩な資料が収蔵されていたが、台帳記載後のラベル装着の関係から民具・歴史資料等と陶磁器資料の2種に大別し、台帳化作業を行った。調査の結果、民具・歴史資料等916件、陶磁器資料239件の1,155件を台帳化した（写真2）。

國學院大學大学院の調査では、すべての資料の整理が完了しなかったため、その後本学の大学院生が中心となって補足調査を行った。結果、1,500余点の収蔵資料の写真撮影と台帳化作業を完了し、データ整理を行ったうえで2018年度に町教委に成果物を引き渡した。

このように、本学博物館学芸員課程と町教委は少しずつ交流を続けてきた。転機となったのは2018年で、本学が設定する学内公募研究費である「学長裁量経費」に「地域文化資源を活用したMLA連携による博物館展示教育の実践」（研究代表：落合知子）が採択されたことに起因する。旧来、博物館・図書館・アーカイブの連携（MLA連携）や、博物館、アーカイブ、図書館、大学、企業の連携（MALUI連携）などについては議論が重ねられ、いくつかの実践例はあるが、大学の学芸員課程（Museology）、大学図書館（Library）、行政（Administration）の連携（MLA連携）の事例はほとんどなかった。現在、多くの図書館では貴重書や文書等の展示を実践しており、各種図書を収蔵している関係から、展示している資料について知識の教授がしやすい環境にある。加えて大学図書館は、一般図書館には無い専門的な図書を多く収蔵しており、詳細で多くの情報提供が可能である。当該連携は、町教委所管の各種資料、本学の図書館が有する関連図書等を組み合わせ、展示の手法をもって情報発信を試みたものであり、大学が有する調査・研究能力を活かし、地方創生に向けた官学協働の取り組みとして計画した。本連携事業では、⑴波佐見町文化財の本学図書館での展示、⑵公開講座の開催、⑶町教委学芸員と連携した展示教育、⑷波佐見町域の文化財調査の４事業を設定し、本学博物館学芸員課程と町教委が年間を通じて共同事業を実施することとなったのである。

2018年6月19日（火）に、落合教授、中島、本学図書課久保隆司課長、福田恵美子課員が波佐見町一瀬政太町長を訪問し、MLA連携事業の実施に関する正式な了承を得た。その際、町長から本学と波佐見町の包括連携協定の締結が提案され、協定締結の動きが本格化した。その後、協定締結の諸手続きは本学地域連携室に引継ぎ、同年９月26日（水）の全学教授会にて本学と波佐見町の包括連携協定締結が承認された。そして、2018年10月26日（金）、本学中島憲一郎学長、木村勝彦副学長、池永正人人間社会学部長、落合教授、波佐見町一瀬町長、中嶋健蔵教育長、福田博治教育次長、中野学芸員の出席を得て、本学本部棟二階会議室にて「波佐見町と長崎国際大学との包括連携に関する協定

写真３　包括連携協定 締結式典

書」の取り交わしが実現した（写真3）。

MLA連携事業の開始および包括連携協定締結に基づき、人材・知識・物資など様々な面で本学と波佐見町が協働・交流できる体制を整えることができた。2018年度に締結した協定を契機として、本学・波佐見町の益々の協働が期待される。

2　包括連携協定の内容

2018（平成30）年に締結した包括連携協定は、「相互の教育資源を活用した連携を推進することで、地域の教育振興・研究機能の向上、歴史文化の振興・地域連携及び人材の育成・交流に寄与する」ことを目的とした協定である[1)]。協定書第2条に示された連携事項は以下の通りである。

⑴教育振興・研究に対する支援・協力に関すること。

⑵歴史文化行政の振興並びに地域連携の取組みに関すること。

⑶人材の受入・育成・輩出に関すること。

⑷審議会委員の派遣等、町政運営の協力に関すること。

⑸その他本協定の目的を達成するために必要な事項。

協定後に行う具体的な連携事項を記した別紙では、上記⑴～⑷に対する詳細な連携内容が定められた。そこには、お互いの保有するデータの提供や調査・アンケートへの協力、講義・講座への教員および町職員の派遣といった一般的な事項も定められたが、協定締結の経緯を鑑みて「博物館（交流館）設置事業」と「学芸員養成」に重点を置いた連携事項が定められた点が特徴的である。

前者の連携事項としては、⑵の事項として「整備計画に対する助言を行うこと」と「共同調査の実施」が、⑷の事項として「検討委員会への委員の派遣」と「交流館の運営に対する助言」がそれぞれ盛り込まれている。波佐見町との関係は、落合教授に交流館の建設検討委員就任の打診があったことに端を発し、後に筆者もアドバイザーとして交流館の事業に携わっている。つまり、連携の大前提として交流館の存在があり、本学と波佐見町の協定の核として交流館事業が位置付けられているのである。博物館の設置・整備を域学連携の核としている例は管見の限り確認できないことから、本連携独自の特色といえよう。

また後者の連携事項としては、(1)に「本学講義への町教委学芸員の派遣」が、(3)に「本学教職員と町教委学芸員の人的交流の推進」および「次世代の学芸員育成を目的とした波佐見町内の調査、展示、教育普及活動への学生の受け入れ」が盛り込まれている。本学は学内に大学博物館を持っておらず、学生が博物館の実務を学ぶ機会は個人的なアルバイト等を除くと4年次の博物館実習C（館園実習）以外に無い。昨今の学芸員採用では、「経験年数○年以上」などの実務経験を条件として課すことが多く、大学時代から実務を経験することが学芸員の採用に影響することは言うまでもない。本学は、大学博物館を持つ大学と比較して実務経験の場に乏しかったのだが、協定締結に伴って学芸員の実務を学ぶ場を得ることができたのが利点の一つである。協定の締結に前後して、町教委学芸員の直接指導による企画展を開催し、地域文化資源の悉皆調査を学生主体で実施するなど、実務を学ぶことによる実践的な学芸員養成を開始することができた。今後はより深いレベルで連携活動を行い、博物館学の理論と実践力を持った学芸員の養成につなげていきたいと考えている。

3　連携事業の実践と効果

協定締結が実現したのち、大きく5つの事業を行った。そのうち、以下の(1)～(3)は2018（平成30）年度学長裁量経費「地域文化資源を活用したMLA連携による博物館展示教育の実践」に、(4)は2019（令和元）年度学長裁量経費「産官学連携によるミュージアムグッズ製作の実践」に基づいた事業である。本項では、上記2経費に基づいて実践した連携事業の概要を示し、その効果について考察する。

(1) 本学図書館での企画展示事業

先述のごとく、本学は大学博物館を持たないことから、館園実習は学外博物館施設で行わなければならない。しかし、年々学芸員資格の取得を目指す履修学生が増加し、学外博物館の受入れが非常に困難な状況となっている。また、学芸員に必要とされる展示技術の修得は必須であるものの、学生の未熟な技術や資料保存の観点から、博物館実習での展示の実践は甚だ少ないことも現状である。

この状況を踏まえ、学内に所在する展示機材を活用した企画展示を計画した。本学は、2017年度末に3台の展示ケース（ローケース、1,750×500×600㎜）の寄贈を受け、図書館では2018年度初頭より図書の展示を実施している。この展示ケースのうち2台を活用して学生が関与する形で企画展示を開催した。上記展示は、学芸員を目指す本学学生の展示技術・能力の向上に直結すると同時に、本学学生と教職員に対してもモノを通じて博物館学の啓発が期待でき、また展示を通じて博物館学及び波佐見町をPRすることで、高校生や父兄、地域住民などにMLA連携を印象付ける効果を期待した。地域の核となる本学がMLA連携を推進することで、開館する博物館への誘因が期待でき、波佐見町の地域振興の一助となり得ると考えたものである。

本事業は、企画展示開催の際に町教委の学芸員が本学に出校し、本学学生に対して実際の資料を用いて展示法を教授した、出前展示による展示教育の実践と換言できる。当初は学生がパネル・題箋・ポスターを作成し、波佐見町が所有あるいは寄託・管理している資料を本学へ貸し出して学芸員が展示を行うとしたが、その後同町学芸員の好意によって実際の展示作業への学生の参画が実現したという経緯がある。これまで、高松市石の民俗資料館を会場とした徳島文理大学の学生主体の展覧会開催や（徳島文理大学2007）、大学博物館の学芸員と学生が連携実施した和洋女子大学のアウトリーチ活動など（駒見・梅原2011）、学生が主体となった展示・教育活動は少なからず実践されてきた。また出前展示としては、大阪国際平和センターの出前展示プログラム[2)]や、学校のホールや空き教室を使って出前展示「博物館がやってくる」を実施している鳥取県立博物館[3)]などの実践例は存在する。しかし、地方自治体から大学へ人材と資料を貸し出し、大学との連携の中で展示活動を実践する出前展示はこれまであまり実践された例はなく、本連携の独創的な事業といえるものである。

2018年度は、7月と10月に2回の企画展示を開催した。

2018 年 7 月 22 日（日）から 8 月 5 日（日）に開催した第 1 回の企画展示は、中野学芸員が主導して「江戸庶民の器 波佐見くらわんか展」のテーマで展示を行った。今回は波佐見町で生産された「くらわんか」の数々を、同町が所有する「くらわんか藤田コレクション」より公開した。展示資料数は 35 点で、会場は本学図書館 2 階のラーニングコモンズを使用した（写真 4）。

写真４　第１回企画展示の展示状況

波佐見町では、とくに江戸時代の 1700 年代初頭から 1800 年代中期にかけて、世界最大級の登り窯によって、国内庶民向けの安価な磁器製品「くらわんか」を大量に生産した。江戸時代、大坂・京都間の重要な交通手段として、淀川を行き来する三十石船が利用されていた。ちょうど、枚方宿（現、大阪府枚方市）あたりで、この船に小舟で近づき、「あん餅くらわんか、酒くらわんか」と客にかけ声をかけながら、酒や食い物を器に盛って売る商いが繁盛していた。小舟はそのかけ声から「くらわんか舟」、使われた器は「くらわんか茶碗」と呼ばれ、この器は、当時の安い焼き物が使用されていたとされる。その後、いつの頃か、江戸時代の安い日用食器を総称して「くらわんか」と呼ぶようになったとされる[4)]。

当該展示は、7 月 22 日と 8 月 5 日に実施した本学のオープンキャンパスの参加者にも PR することを目的の一つとしており、オープンキャンパスのプログラムに含まれている図書館見学の際に合わせて展示を見学してもらえるよう、展示場所や文章等を工夫した。

2018 年 10 月 20 日（土）から 11 月 4 日（日）に開催した第 2 回の企画展示は、盛山隆之学芸員主導のもと「古文書から見た境目における大村藩と平戸藩展―波佐見町所蔵・寄託史料を中心に―」の題で、同町域に所在する古文書の中から大村藩と平戸藩の「境界」をテーマに展示を実施した。波佐見町は、焼き物の産地として全国的に著名であるが、逆に焼き物以外は知られていないことが同町をPRするうえでの課題と考えられた。第2回企画展示では、波佐見町の歴史を古文書から知ることをテーマとし、同町に遺存する諸史料を展示することによって波佐見町に関する新たな知見を広めることを目的とした。展示資料数は12点で、会場は第1回企画展と同様に図書館2階ラーニングコモンズを使用した(写真5)。

今回の展示は、江戸時代の波佐見町における境界関係について取り扱った展示である。当時の同町は大村藩領波佐見村であり、波佐見村は大村藩の中でも平戸藩や佐賀藩との境目に位置していた。当該地域は藩内統治の上でも重要拠点であり、江戸時代後期には大村藩（波佐見焼）、平戸藩（三川内焼）、佐賀藩（有田焼）による焼き物の燃料獲得競争の末に境界石が設置された歴史がある。今回は、大村藩が編纂した文献史料や波佐見村居住の大村藩士の家系に伝来した古文書から関係史料を厳選して展示し、大村藩と平戸藩の関係を中心に境目でありながら関係性を持続してきた当該地域の歴史について紹介した[5)]。

これに加え、第2回企画展示では図書館所蔵の近世史、長崎県下の地域史、波佐見町関係図書を併せて展示した。これは、企画展示の開催場所が大学図書館であり、展示を観覧して興味を持った者に対して関連図書を提示することで、更なる知識の教授が可能になるとの意図に基づいている。関連図書の選定は盛山学芸員が行い、図書の展示および案内パネル等の作成は図書館員が担当した。

写真5　学芸員の指導で展示を行う学生たち（第2回企画展示）

2018年度に実施した2回の企画展示は、現役の学芸員から学生に対する展示教育を行えた点、実際の博物館でも必須となる解説パネル、題箋、ポスターのデザインおよび作成・展示を経験し、作るだけでなく実際に展覧会の形で公開した点において、実践的な教育になったと思われる。一方展覧会のテーマについては、町教委の各学芸員が専門とし、町が収蔵する資料に限定したため、近世に偏ったテーマ設定となった。これらの展覧会は、各学芸員にテーマ設定と解説文執筆を依頼し、パネル作成等実務的作業を大学側が担ったため、町側への負担が多かった。波佐見町と連携して展示を作り上げていくためには、テーマ設定の段階から相互に協力し合う必要があるが、当該年度は十分な協議ができたとはいいがたく、これについては次年度以降の課題とした。

本稿は2019年６月執筆のため、2019年度の展示は計画段階であるものの、下記(4)の事業と連動し、製作したミュージアムグッズに関係する企画展示の開催を計画している。昨年度の反省に基づき、展示の計画段階から町教委と本学とで協議を行っている。協議の中では、a. ミュージアムグッズとしてコンプラ瓶を作ることを活かして酒造・酒器に関する展示を実施、b. 悉皆調査の際に石碑を採拓した「三岳半蔵智利（智則）」に関する展示を実施、c. 柔術家であったｂの「三岳半蔵智利（智則）」に関連して柔術に関する展示を実施、の３点が提案された。協議を進める中で、「三岳半蔵智利（智則）」は酒造にも関係が深いことから、ａとｂを組み合わせたテーマで企画展を開催することとなった。これは、連携事業として実施した悉皆調査の成果の公表、および(4)のミュージアムグッズ開発事業の成果の公表を兼ねており、連携事業で得られた成果を広く地域に還元することを目的としている。また、本学と波佐見町の連携事業は今後も継続する予定であり、悉皆調査とともに展示活動にもさらに重点を置いて実施したい。

(2) 波佐見町内の地域文化資源調査

波佐見町は、大村藩・平戸藩・佐賀藩の境界を示した近世の「三方境傍示石（以下、三領石）」をはじめとする石造文化財が複数存在するほか、中世からの墓地が現存している地域である。また、県の史跡に指定された波佐見町のキリシタン墓碑群（野々川郷）が所在し、また天正遣欧使節の一人である原マルチノが同町の出身であるなど、キリシタンに関する史跡・伝承も散見される。しかし、町内の地域文化資源に関しては未だ不明瞭な部分も見られ、今後交流館の構想を進めていくにあたり町内の文化資源の再検討が必要と考えられた。以上の理由により、調査事例の少ない墓石等の石造文化財を対象とした悉皆調査を実施した。

2018年度は、2019年1月27日（日）、2月7日（木）、同24日（日）の3回調査を実施した。これまで調査したのは、同町湯無田郷に所在する陶山神社の「三岳半蔵及び門人寄進碑」と大サコ墓地の「三岳半蔵顕彰碑」および墓石群である。本調査では、①墓地景観の把握と墓石のマッピング、②墓地・墓石の写真撮影、③墓石の計測・作図、④拓本採取の4点を主に行い、中でも③の調査では被葬者の氏名（生前名）、戒名、被葬者の没年月日・没年齢、その他墓石の意匠や刻まれた文などの詳細な記録を作成した。これらの作業と並行して、「三岳半蔵及び門人寄進碑」と「三岳半蔵顕彰碑」の採拓を行った（写真6）。同石碑の採拓は、本学の大学生で幼いころから拓本の修練を積んだ王楷之が担当し、他の調査参加者が作業を補佐した。2018年度調査の結果、大サコ墓地内の三分の一程の範囲の墓石の記録・台帳化が完了したが、同墓地内にはきわめて多くの墓石が所在しており、調査方法や対象の精査が必要と考えられた。

令和元年度は大サコ墓地の墓石調査を継続しているが、対象とする年代をそれまでの「昭和20年以前（〜1945年）」から「江戸期以前（〜1868年）」に変更した。これは、交流館で扱う地域史として江戸期以前を優先する方針が町側から示されたこと、昨年度の調査状況を踏まえて作業の円滑化を図ることの2点の理由に基づいたものである。2019年度は、12月頃から順次調査を再開し、年度内中に大サコ墓地の調査を完了する計画である。また、本書刊行の段階では継続調査中であり、2023年度までに町内の江戸期以前の墓石調査の完了を目指

写真6　陶山神社での採拓風景

して調査を継続していきたい。

(3) 公開講座、特別講義

企画展示に合わせて、町教委文化財保護係の学芸員による市民を対象とした公開講座を計画した。今回の企画展示は、古文書などの文献史学と考古学の成果に裏付けられたものであり、企画展示に合致した内容の講演を行うことにより、モノを展示する以上の情報提供が可能となる。また、古文書や考古学の講座・講演会は、全国各地で一定数の受講希望者が存在しており、これらの講座・講演会は集客力のあるコンテンツであることから、波佐見町のPRを行う上で有効な方法と考えた。

具体的には、本学地域連携室が主催する2018年度秋季公開講座の一環として、盛山学芸員が「古文書を読み解く～境目における大村藩と平戸藩の歴史～」の題目で講演した。本講座は、第2回企画展に関連付けたもので、盛山学芸員が専門とする古文書の講演と古文書を解読するワークショップを実施したものである。2018年10月20日（土）の10時30分から100分の講座を行い、63名の参加者があった。本講座のコンセプトは、広く一般の人々に波佐見町と本学が所在する佐世保市を中心とする中世から近世にいたる地域史および古文書の面白さを知ってもらうことである。前半は講義とし、「日宇」「針尾」「早岐」など現在の佐世保市の地名と中世武士の関係など、身近な地域を題材とした講義を展開した。後半は古文書を読み解くワークショップとし、三領石についての記述がある古文書のコピーを参加者に配布し、盛山学芸員との掛け合いを行う形で読解を行った。

(4) ミュージアムグッズ開発事業

ミュージアムグッズとは、単なる土産物ではなく博物館展示の延長であり（青木2014）、展示品や収蔵品にかかわる複製品や標本類からインスパイアされた諸商品を利用者に販売して満足感を与え、教育効果を高めるためのものである。博物館を身近に感じて楽しんでもらい、その結果として来館者自身の学びとなることから、今日様々な博物館がグッズを開発・展開している。

2020年度末に開館予定の交流館にはミュージアムカフェの設置が

決定しており、物販機能も付加する予定であるが、2018年度末の時点で取り扱うグッズの内容検討には至っていなかった。そこで、かつてグッズの構想を行った経験がある落合、中島と町教委の連携により、交流館で実際に販売できるグッズの検討・開発を行ったのが当該事業である。

グッズは博物館学芸員課程の授業内でも構想し、それらを基に実現可能かつ効果的なグッズを検討した。上記の通り、様々な博物館がグッズを開発しており、グッズの企画能力も今日の学芸員に求められる要素となっている。在学中に企画能力を涵養することで、学芸員として採用された際にその知識を活用でき、養成学芸員の資質の向上のためにも有効と考えられる。また、企画立案能力を涵養することは、学芸員だけでなく多様な分野で知識・技能を活用できることから、学生の社会人としての能力向上にも有効である。以上の要因から、実践的な学芸員の養成を目的として、学生を関与させた開発事業を行った次第である。

加えて、グッズを構想するだけでなく、波佐見町および佐世保市の企業と連携して実際にグッズを製作した。当該事業で製作したグッズは、本学のPRや記念品として活用できるものとし、ロゴ・図柄・文字等を変更することにより交流館で販売できるものを製作した。つまり、将来交流館で販売・活用するための下地の整備を意図した事業である。波佐見町の基幹産業は窯業であり、グッズも町内で生産可能な波佐見焼を主とした。本事業で開発したグッズは以下の2種である。

A　コンプラ瓶入り焼酎

江戸時代に日本酒や醤油の輸出に用いた「コンプラ瓶」の多くを波佐見町で生産していたことから、「現代のコンプラ瓶」をコンセプトとしてグッズを製作した（写真7）。地元陶磁器メーカーの株式会社和山（波佐見町）に器を、地元酒造会社の梅ヶ枝酒造株式会社（佐世保市）に内容物の生産を依頼し、本学がロゴデザインを担当した。今日、多様な博物館がオリジナルグッズとして酒類を取り扱っているが、多くは既製品にオリジナルラベルを貼っただけであり、その意義も不明瞭である。当該事業で開発したグッズは、波佐見町で焼かれた陶器が江戸時代に対外

写真７　コンプラ瓶入り焼酎
（左：表面、右：裏面）

輸出商品として使用されたという歴史的背景に基づくものであり、また複数の企業と行政、大学が結び付いて実践する産官学連携の取り組みでもある。なお、日本酒は保存に難があるため、本グッズには地元で生産されている麦焼酎を封入している。

本グッズのロゴは、Comprador（コンプラドール）の略称である「CPD」の字を「長嵜金冨良（こんぷら）商社」とそのアルファベット表記で取り囲む一次資料のコンプラ瓶に使用されているロゴを参考に、本学大学院生の鐘ヶ江樹がデザインした。

B　阿蘭陀船マグカップ

波佐見焼の技術を使用し、安価で使用頻度が高いグッズとして、マグカップを提案・製作した。今日博物館でマグカップを販売することは普通であるが、本グッズは他との差別化のため２点の工夫を行った。まず、ユニバーサルデザインのマグカップを採用した点である。ユニバーサルデザインのマグカップは、多くの人々が使いやすい形状であり、多様な観覧者が訪れて購入が期待されるミュージアムグッズとして適していると考えられた。今回は和山が生産しているカップをベースに、表面のデザインを新たに考案した。

２点目の工夫は表面デザインである。長崎は江戸期にオランダ・中国との貿易で栄えた町であり、県下には多くの痕跡が残されている。中でもオランダとの関係は深く、様々な物資や情報がオランダ経由でもたらされたほか、オランダ船等の意匠を持つ様々な物品が製作された。今回は、江戸後期に製作された「阿蘭陀貿易船画」（本学博物館学研究室蔵）から着想を得て、航行するオランダ船を中央に据えたデザインを考案し

写真８　阿蘭陀船マグカップ

た。なお当該事業では、白地に呉須で船を描くタイプと紺地に雲母金で描くタイプの二種のマグカップをデザインした。前者は波佐見焼の伝統的なスタイルを踏襲したもので、くらわんか碗やコンプラ瓶にも用いられている配色である。一方後者は、本学のスクールカラーである紺に紺地に映える金色を組み入れたもので、現代の波佐見焼を表現する配色として採用した（写真８）。

なお当該事業では、各グッズに添付する由来書も併せて作成した。これは、グッズ製作の意図を明確化し、取材したデザインを解説することで、ミュージアムグッズが博物館展示の延長であることを示すものである。今回製作した２種のグッズには、本学学生が原案を担当して教員および町教委学芸員が監修した由来書をそれぞれ封入した。

4　今後の展望

本学と波佐見町の連携事業は、2019（令和元）年時点では交流館の設備、展示、経営計画の検討に対する本学教員の関与、交流館で活用する地域文化資源に関する調査、学芸員による本学学生への実務的な教育・指導、本学での波佐見町のPR活動などが実施されている。今後は、町事業への本学人材の派遣や相互の調査・研究活動への協力、共同研究の実施といった協定書に規定された事項を核とした幅広い事業の推進を検討している。また連携事業の幅を広げることも考えており、2019年度学長裁量経費事業で試行した地域の産業界を含めた産官学連携についても今後模索していきたい。学芸員養成の面では、交流館開館のあかつきには館園実習の受け入れをお願いしており、町教委学芸員からも内諾をいただいている。本学と波佐見町の連携は2018（平成30）年度に開始されたばかりであり、今後益々の発展が期待される。相互に密に連絡を取り、双方に利がある長く続く連携事業を模索していきたい。

註

1）「波佐見町と長崎国際大学との包括連携に関する協定書」より抜粋

2）大阪国際平和センター HP「出前展示」http://www.peace-osaka.or.jp/news-event/traveling-exhibition（2018 年 10 月 25 日閲覧）

3）鳥取県立博物館 HP「【学校向け】出前展示「博物館がやってくる」」https://www.pref.tottori.lg.jp/demaetenji/（2018 年 10 月 25 日閲覧）

4）「江戸庶民の器 波佐見くらわんか展」解説パネルより抜粋

5）「古文書から見た境目における大村藩と平戸藩展―波佐見町所蔵・寄託史料を中心に―」解説パネルより抜粋

参考文献

青木　豊　2014『集客力を高める博物館展示論』雄山閣

駒見和夫・梅原麻梨紗　2011「和洋女子大学文化資料館におけるアウトリーチの実践と検討―小学校に向けた出前講座―」『国府台 和洋女子大学文化資料館・博物館学課程報告』15、和洋女子大学文化資料館・博物館学課程

徳島文理大学文学部文化財学科　2007『主体性・協調性・責任感の涵養―学生の企画による展覧会開催の取り組み―』徳島文理大学

第2節　上海大学博物館学研修の実践

牛 夢沈

1　中国と波佐見の交流史

波佐見は、陶磁器製造の重鎮として中国と古くから交流活動を実践してきた。17世紀頃から中国人が長崎を経由して、有田と波佐見に色絵の製作技術を伝えたと推測される。また、青磁の製法を始めとし、様々な陶磁器製品において中国の影響が見られることもその理由である。つまり、中国との技術上の交流は明末清初の時代から始まっていると考えられる。もう一つの論証としては、1604年生まれの中国人鄭芝龍をはじめとする海上権力者も日中間で盛んに国際貿易を行なっていた。その中の重要な商品が、陶磁器であった。

中華人民共和国成立後も、波佐見と中国の交流は続いた。1982年の中国と日本国交正常化10周年を機に、中国江西省景徳鎮市陶磁交流団が波佐見を訪問した。5名の交流団員のうち、4人は景徳鎮市陶磁協会の要員で残りの1人は通訳であった。この交流団を招致したのが、長崎県知事久保勘一、佐世保市長栈熊獅、波佐見町長福田寛吾、波佐見陶磁工業協同組合及び三川内工業共同組合であった。景徳鎮陶磁交流団は5月13日から20日の8日間滞在し、長崎県の訪問期間中は長崎県及び市の職員や陶磁業界の代表たちが全行程に同行し、見学や会談に参加して交流を深めた。当地の新聞は交流団に関する写真や記事を掲載し、テレビも交流団の活動する映像を放送した。このような日本側の熱烈な歓迎は、中国人代表に深い印象を残し、日中両国民の親交を表したものとなった。交流団は波佐見を中心とした長崎県内の陶磁工房を見学し、原料の生産、鉱山機械、磁土の加工法などを視察したほか、窯業試験場及び伝統産業会館を訪問し、2回の会談を行った。中国国内の陶磁研究雑誌『景徳鎮陶磁』（1982年第2号）は、交流活動の内容について詳細な報告を掲載した。

景徳鎮陶磁交流団団長は陶磁研究者でもある郭邦相で、郭による交流団の活動に関する詳しい記録は前述の雑誌『景徳鎮陶磁』の1982年第4号に掲載された。交流団は波佐見の陶磁原料サンプルを中国に持ち帰り、分析研究を行った。景徳鎮の陶磁研究員及び地質研究者は長崎県陶磁工業協会が寄贈した資料を整理し、磁土サンプルを分析した。その研究成果として波佐見焼き及び三川内焼きの生産工程を詳細なステップ図に集約し、長崎県の磁土及び磁石の化学成分を分析し、景徳鎮の磁土や磁石の成分と比較研究を行なったのである。

以上のように、中国と波佐見における交流は300年以上の歴史を有し、今日も継続している。

2　長崎国際大学博物館学研修の試み

(1) 上海大学博物館と長崎国際大学の協定締結に至る経緯

上海大学と長崎国際大学における博物館学短期研修プログラムは、2015年の上海大学博物館建設意見聴取会を契機としている。当時、上海大学博物館の建設と展示設計の本格化に伴い、博物館学の先進国である日本から専門的な指導と監督を求めることが需要されていた。それゆえ、落合知子教授は特任講師として上海大学に招聘され、在学生に向けた特別講義をしたほか、上海大学博物館の概念設置及び展示デザインに関する意見聴取会に参加した。上海大学文学院の学生は、日本の博物館学に関する授業に参加することによってとても新鮮感を持ち、日本の博物館学教育に興味を持つようになった。

その後、上海大学博物館の建設における意見聴取会で、落合教授は自身の経験を活用し、博物館の建設における位置づけ、展示の内容と重点、開館後の教育と交流活動の手がかりなどの点に関して詳細な意見を提出したのである。上海大学の館長と学芸員は日本の博物館学研究の先進さに深く感銘し、日本の大学における博物館学芸員課程に関してもその重要性と合理性を理解し、上海大学大学生にも学芸員課程を体験させ、未来の博物館学人材を育てたいと要望した。当会議で、初めて上海

写真１　上海大学と長崎国際大学の協定調印式

大学と長崎国際大学の間に博物館学研修プログラムを展開する提案が挙げられ、両大学の参加者に高い興味と関心を呼んだのである。

2016 年 2 月 26 日、長崎国際大学の木村勝彦副学長、博物館学担当教員落合知子教授、趙麗事務官など一行が上海大学を訪問し、上海大学博物館館長陸銘、国際事務所副所長崔巍、留学生部主任金波、副主任汪宏斌、文学院副院長張童心、特別研究員于大方、上海大学博物館館長助理郭驥と会談し、双方が改めて交流プログラムを締結する意思を固め、「長崎国際大学人間社会学部と上海大学博物館の学術、教育交流に関する基本協定」締結の調印式が執り行われた。同年 5 月 7 日、上海大学博物館館長陸銘と館長助理郭驥が長崎国際大学を訪問し、研修プログラムに参加する学生の受け入れ環境を調査した。長崎国際大学学内の博物館実習専門教室と学生の宿舎、食堂などを見学し、完備な施設に高く評価をした。その後、両大学の代表者は長崎でも協定の締結式を執り行い、研修プログラムの開催は確実なものとなった。同年 6 月、直ちに上海大学で在学生に向けて参加者の募集を開始し、16 人の参加学生団を結成した。日中の大学における博物館学に特化した短期研修は、この協定の締結によって初めて実践され、上海大学と長崎国際大学は日中間博物館学教育交流において、前人未到の試みをしたと言えるのである。

3　上海大学と波佐見の交流活動

上海大学と長崎国際大学の交流活動は、2015年、両大学間に締結された「上海大学—長崎国際大学博物館学研修交流プログラム—」の一環として、2016年から実践している。

長崎国際大学は2016年7月に16人の上海大学学生を第1期研修生として受け入れ、博物館学及び茶道文化をはじめとする日本文化に関する授業を設けた。研修中、学生たちは現地研修として波佐見を訪問し、講義を受け、陶磁器生産の歴史的遺跡、現在稼働している陶磁器工房などの見学、陶磁器の手ごねの製作体験、様々な視点から陶磁器について学習した。

波佐見研修の具体的な内容に関しては毎年変動しており、2019年を例にすると「陶磁器講義」「波佐見焼製作」「陶磁器工房見学」「波佐見町地域文化遺産見学」の4種類が設けられた。まず「陶磁器講義」の内容は、「波佐見地域の歴史と文化」と「波佐見焼と中国陶磁器」の2つで、それぞれ1コマ1.5時間の授業時間である。これらの講義は、波佐見の歴史や波佐見焼の特徴を中国の陶磁器及び中国の歴史と深く関連づけたため、中国人研修生たちに対して充分に興味を与えることができた。「波佐見焼製作」は合計3コマ4.5時間を占め、研修生たちが自らマグカップやお皿を作ったり、破片に絵を描き、ネックレスを作成し、それらを記念品として持ち帰ることで陶磁器文化を深く体感できるなど、非常に満足できる体験であった。「陶磁器工房見学」では、波佐見の陶磁器工房を研修生たちに開放し、解説を受けながら生産の現場で陶磁器を作る各工程を間近で見学することができる。「波佐見町地域文化遺産見学」は、近年観光事業が発展している波佐見の歴史的町並みを散策し、地域の歴史的建造物を見学しながら焼き物文化と観光の連携効果を体感することができるとても貴重な研修である。陶磁器文化で独特な雰囲気を有する波佐見の町並みは研修生たちにとってとても印象的であり、地域の特徴を生かした観光事業を発展させる好事例である。その後、2016年から2018年の間に波佐見で実践した博物館学研修で、「登り窯焼き物体験」など貴重な体験プログラムに参加することができた。さらには、波佐見体験で訪れるレストラン四季舎では、旧時に陶磁器窯として作られた窯でピザを焼いて料理を提供してくれることも研修生にとっては印象に残る歴史遺産の再活用例として学びを得る場となっている。

上海から訪問した研修生にとっては陶磁器は身近な生活道具である反面、近距離で陶磁器の生産工程を見学し、さらに陶磁器製作を体験する機会は少ないため、かなり独特な体験である。このような充実した体験プロジェクトは、研修生の中でも高い評価を得ている。2016年から2019年の３年の間、研修に参加した64名の学生に満足度アンケートを実施した結果、全体の研修内容に対してその全てが「とても満足している」という高い評価を受けた。

(1) 波佐見町研修の重要性

波佐見の現地研修は、上海大学博物館学研修の中でも重要な位置に置かれている。研修全課程３週間の中、一般的な授業や実習内容はそれぞれ１コマ（1.5時間）の長さで定められているが、波佐見町やきもの研修は、理論、やきもの作り実習、工房見学や歴史的町並み散策など豊富な内容であるため、まる２日間を占めており、全行程の中で最も時間をかけた研修である。

波佐見研修は、波佐見町陶磁協会や教育委員会に支援され、町の陶磁博物館で講義とやきもの実習が行われる。教育委員会のスタッフによる講義では、波佐見町の概況や歴史の紹介、そして中国と波佐見の陶磁における歴史的関係や、現在の波佐見の陶磁産業における町おこしなどの紹介が中心である。このようなテーマに関する研修は、中国では受ける機会がないため学生たちにとってとても新鮮感に満ちた研修になる。さらに、波佐見町と中国におけるやきもの歴史的背景に関する講義は日中両国の歴史を鮮明に表しているため、陶磁器に関する授業であると同時に歴史学に通じる内容となっている。このような産業遺産に関する歴史に関心を有している学生が多いことから、その評価も高い。

波佐見町やきもの体験では、参加学生が自ら陶磁器を作ることがで

写真２　波佐見やきもの体験

き、陶磁器の生地である粘土を自分の意思で造形し、あらゆる作品を自由に創り、それを焼き上げるまでの行程に参加することにより、とても達成感を感じている。

このように工房見学や地域文化遺産の見学を通して、波佐見町が一体となって「やきもののまち波佐見」のイメージ作りを実践していることを強く感じた。歴史的建造物を雑貨ショップやカフェなどに改装したり、100年以上の歴史を有する元銀行をまちの会館として活用したり、小学校の講堂を様々なイベントに活用するなど、地元の消費者を招致するだけでなく、県外や海外の観光者に対しても波佐見の魅力を与えている。このような日本で盛んに実践されている「まちおこし」の体験は、これからの中国における地域おこしに活用されていくことも期待される。

波佐見の研修は、充実した内容と斬新な計画を提供し、参加学生の中で高い評価を得ている。本研修プログラムの終わりに、学生全体にアンケートをとるのが恒例となっており、「もっとも満足している研修内容をあげてください」という設問に対しても多くの学生が波佐見町やきもの体験を挙げていることからも素晴らしい研修であることが理解できよう。

(2) 上海大学博物館学研修の特色

上海大学博物館学研修は、日中間で今までにない試みである。国交正常化以来、日中両国間で短期研修の名目で中国から日本を訪ねる訪問団があったものの、ほとんどは博物館見学に限られ、教育施設において系統的に博物館学に関する研修を受講することはなかった。さらに学芸員養成を目的とし、日本以外の大学生・大学院生を対象に博物館学を全面的に取り入れることも初めての試みである。参加する学生は、博物館学や歴史学などに限らず理工学や経営学など、あらゆる専攻から応募できることも特徴的であり、大きな意義を有している。将来の進路がまだ明確ではない 20 歳前後の学生がこの研修に参加する意義は大きく、人生に多大な影響をもたらす可能性もある。実際にこれまで研修に参加した 64 人のうち、学部を卒業した学生は約 20 人であり、そのうちの 9 人が日本の大学院に進学したことからも、この研修が日本への留学を決定付けたことに直結したものと確信している。

そしてこの研修の特徴の一つは、参加する教職員は博物館学や日本語の専門的知識を有していることである。長崎国際大学には博物館学の専門研究者をはじめとし、歴史学、考古学、宗教学、地理学、建築学、茶道など博物館学に関連する専門教員を揃えているため、講義内容は専門性が高く、学生からも「収穫が多い」と高い評価を得ている。ほかにも、職員による日本語の通訳を全行程に同行させているため、日本語力が低い学生にとっても無理なく講義や交流活動に参加することができる。

上海大学博物館学研修は、大胆な試みでもある。博物館学に専門知識のない学生たちをも受け入れ、本格的な博物館学講義や実習を体験させることはどのような反響があるかは未知数であり、学生たちがどの程度知識を吸収できるかも未確定である。しかし、学生達は歴史や博物館学に対して高い関心を持っているため、講義内容はレベルを下げない方針に徹している。その結果、研修後のアンケートで、参加学生たちからは「授業内容が充実している」「専門性が高くとても勉強になる」などの高評を得たのである。事実、この研修に応募する理由は博物館学と無関係な専攻生でも専門性の高い講義内容であることもその一つとなっている。また、参加した学生には本来ビジネススクールに所属していた学生が、本研修を受けた後に専攻を変えて歴史学部に転入した例もある。いかに影響が大きいかが理解できるのである。

上海大学博物館学研修のもう一つの特徴は、博物館学実習や博物館のバックヤードツアーを豊富に取り入れることである。博物館学実習は学芸員資格課程の必修科目であるが、短期間の中で歴史資料を扱う経験のない学生たちに体験させることは難しい。しかし、博物館学の教員たちは研修生たち専用の中国語実習教本を作成し、中国の学生たちに特化した実習内容を取り入れている。10コマ程の実習時間では、作法、包み、四方掛けなど基本的な資料の扱いから、掛け軸、刀剣、甲冑、拓本、装潢など、博物館で実践される資料の修理修復技術が系統的に伝授される。これらの実習は一つ一つの内容が緻密であり、非常にレベルの高い技術を修得することができる。このような実習は中国の大学では体験することができないため、とても貴重な経験となっている。

(3) アンケート評価と教育的効果

研修が終了する際に、参加学生を対象とした満足度アンケートを行っている。アンケート内容は、研修全体及び一つ一つの科目に対する満足度調査の他に、研修全体に関する感想や意見を求めるものである。このアンケートを集計し、分析することで、次年度の研修をより質の高いものに計画することができるため、とても重要な試みとなっている。以下に、学生たちのコメントの一部を紹介したい。

（学生1）研修内容はとても興味深く、先生たちの教え方も良かった。実践と理論が集合しており、とても印象に残る研修になった。

（学生2）研修の設計は明確な思考回路に沿っており、内容に深さがある。学術研究の現状や研究課題に関する知識を知り、今までと違う日本に対する認識を得ることができた。

（学生3）波佐見町やきもの体験の行程は、とても達成感を感じることができ、新しい知識も勉強できた。

（学生4）今回の研修は、私を感動させ、収穫のある研修になった。先生たちはとても情熱的で、その真摯さに感謝しかありません。この研修に参加した経験は、今まで日本に対する考え方を多く変えた。初めて来た日本は、長崎でよかった。小さい町でも独特な魅力がある。必ず、また日本に来ます。

（学生５）先生たちはとても親切で、真剣である。私たちの勉強や生活に関して、いろいろ考えてくれて、日本の学生さんもとても情熱的である。彼らの真心を感じました。

（学生６）全てが最高で、とても豊富です。長崎にいる時間は、とても充実し、楽しく過ごすことができた。この研修に関わった日中双方の先生たちに感謝です。

以上のようなコメントが多数を占めており、本研修は、上海大学で実践されている数多くの研修の中でも、とても高い評価を受けている。

本研修は、充実した内容で合理的な計画を基に提供され、３週間に及ぶ長崎の生活は日本文化を体験する素晴らしい機会である。このような海外の大学で学習し、生活し、地元の人々と深く交流する経験は貴重な体験であり、今後の学業や人生の選択に影響を及ぼすことは言うまでもない。

4　ICOM UMAC AWARD 2019

(1) UMACとは

UMAC（大学博物館・コレクション国際委員会）は、ICOM（国際博物館会議）に所属する大学博物館とそのコレクションに特化した組織である。定期的に国際会議を開き、学術性を持つ博物館に関する取り組みを展開し、大学博物館間の連携に協力している。

UMACは、2000年に一つの大学博物館専門家グループによって設立され、これらの専門家たちは大学博物館は高等教育機関に所属していることから特殊な課題に臨んでおり、そのためICOMに対して新しい国際的組織を成立すべきであることを提案した。そして、2000年６月、ICOM執行委員会によりUMACが正式に設立され、第１回の年度会議が2001年にバルセローナで開催された。

UMACの使命は、世界で高水準の教育系博物館及びコレクションの設立を提唱することにある。使命を達成するための取り組みは社会に貢献することであり、全人類に積極的な影響を与えている。大学博物館や学術的コレクションの持続発展は、研究、教育の源になり、文化、歴史、自然及び科学遺産の保護にも貢献できる。

UMACは、ICOM職業倫理規定（ICOM Code of Ethics（2013））及び大学マグナ・カルタ大学大憲章（Magna Carta Univer-sitatum（Bologna, 1988））の価値観及び原則に完全服従している。

UMACは、2017年作成の附則に、目標を明記している。

1　大学博物館、美術館及びコレクションに勤務、或いは関与している博物館従業者を対象とし、健全な国際フォーラムを提供する。

2　研究を推進し、大学博物館、コレクション及び遺産に関する情報を収集、拡散する。

3　博物館組織内部、政策立案者及び一般大衆の中で、大学の博物館、コレクション及び遺産に対する認識度及び影響力を高める。

4　大学博物館の管理、保護、アクセス及び公共サービスを発展させ、専門人材の育成に協力し、連携を推進する。知識やアイデアの交換機会を提供することで、大学博物館、コレクション、遺産の管理、保存、アクセス、公共サービスを向上させる。

5　教育、研究、創造的思考、自由、寛容と責任など、大学の中核的価値観を促進し、博物館やコレクションの関与を刺激する。

6　ICOMのプログラム、活動及び戦略計画の実施に貢献し、研究テーマの近いICOM会員、特に高等教育機関の博物館やコレクション間の交流を促進する。

7　効率的な行動と戦略的計画を支援し、ICOMの価値観、倫理理念及び高等教育に関する基準を提唱する。

UMACは、理事会組織によって運営されている。理事会は、4年を期間としている。2016年から2019年までの理事会は、理事長1名、副理事長2名、秘書1名、会計1名、『UMACジャーナル』編集長1名、『ニュース通信』編集長1名及び会員4名で構成されている。

UMACは、積極的に国際交流及び連携に取り組んでいる。現在まで、多くの組織及び個人に交流を実践してきた。理事会の会員たちは、特にUMACの世界大学博物館データーベース（UMAC Worldwide Database of University Museums）に貢献し、理事会会員以外、UMACは主に以下の組織とパートナーシップを持っている。

①ヨーロッパ学術遺産ネットワーク・ユニバーセアム（Universeum, the European Academic Heritage Net-work）

②アメリカ学術博物館、美術館協会（Association of Academic Museums and Galleries（USA））

③ICOM人材育成国際委員会（ICOM's International Committee for the Training of Personnel）

④ストラスブール大学（University of Strasbourg）

⑤ベルリン・フンボルト大学（Humboldt University of Berlin）

⑥上海交通大学（Shanghai Jiao Tong University）

⑦電子科技大学（University of Electronic Science and Technology of China）

⑧上海大学（Shanghai University）

『大学博物館・コレクション・ジャーナル』（『UMACJ』、ISSN 2071-7229）は、UMACに所属している、査読によって作られているオンライン開放ジャーナルである。『UMACJ』は2008年から、年に1回刊行され、論文の言語は主に英語である。

『UMACJ』は最初、会議の進展を報告するために出版される雑誌であったが、2001年から、大学博物館・コレクションにおける研究の数量と質が顕著に増加しているため、『UMACJ』はそれに特化したジャーナルとして再編される可能性がある。研究者は、『UMACJ』に大学博物館・コレクション・遺産の相関研究論文を投稿、発表できる。

UMACデーターベース（Worldwide Database of University Museums and Collections）は、2001年にUMACによって作られた。ドイツ科学系大学コレクション総合センター（Coordination Centre for Scientific University Collections in Germany）のコーネリア・ウェバー博士（Dr. Cornelia Weber）の提唱で設立された。

UMACデーターベースの設立契機は、高等教育機関において科学的、芸術的、歴史的に高い価値を持つ博物館、コレクション及び文化遺産を保有しているものの、その多くは世間に知られていないという現状によって考案された。2016年から2017年にかけて、UMACデーターベースは顕著な発展を迎え、斬新なデザインと構成及び利便性の高いインタフェースにリニューアルされ、2017年に再開した。

UMACデーターベースは、大陸、国家で分別し、それぞれの大学博物館・コレクション情報データーを収集している。2019年1月現在、北アメリカには497件、南アメリカには290件ヨーロッパには2,119件、アジアには418件、オシアニアには347件、アフリカには18件、計3,689件の大学博物館・コレクション情報が登録されている。アジアでは、日本が110件、中国が36件の大学博物館・コレクションの情報が登録されている。

UMACデータベースに登録している大学博物館・コレクションは、各自のホームページ、テーマ、展示分野、組織の種類、住所、開館時間、連絡先、責任者、概略、周辺地図、館内写真などが掲載されている。

(2) UMAC AWARD 2019へのチャレンジ

UMAC AWARDは、2016年にUMACによって設立された賞である。3年以内で実施された全世界の大学博物館プログラムを対象に、展示、教育、交流など、あらゆる形式を通して、大学博物館の理念を実践する活動を表彰している。UMAC AWARDを設立した目的は、世界の大学博物館や大学コレクションにおける優秀な展示、創造精神、所属している大学やコミュニティへの貢献や影響力を表彰することである。UMAC AWARDは、あらゆる方面から大学博物館の活動を表彰するが、特に複数の専門性を融合し、全世界で通用できる普及性の高いプログラムを重視することが特徴である。

例年UMAC AWARDは、応募数によって1つから3つのノミネーターを選び、当年度のICOM大会で授賞式が行われる。2016年から2018年の受賞者を見ると、ロシアのペルミ大学博物館、ベルギーのブラッセル大学図書館、ポルトガルのコインブラ大学、アメリカのオク

写真 3　ICOM UMAC AWARD 2019 授賞式（ICOM 京都大会）

ラホマ大学サム・ノーブル自然史博物館、フランスのレンヌ大学、台湾の国立成功大学博物館、シンガポール国立大学博物館などである。UMAC AWARD は、ICOM を背景に国際的な視野を取り入れ、全世界で幅広い応募者を受け入れている。

上海大学博物館学研修は、2016 年から始まったプログラムであるため、2019 年でちょうど 3 年間の実施期間に達する。UMAC AWARD の評価規則では、3 年以内に実施された大学博物館やコレクションを主体としたプログラムを対象としているため、実施 3 年といった境目で UMAC AWARD に応募することに最適なチャンスであった。

2018 年 12 月、上海大学博物館の学芸員により 2019 年度の UMAC AWARD に応募する提案が挙げられた。日本の研修プログラム主催校である長崎国際大学に同意を得た上で、UMAC AWARD 委員会に応募書及びプログラム紹介など、書類一式を送付した。その後、UMAC 会長である、スウェーデンのイング・マリー・ムンケンティール教授や他の会員に相談を重ねた。2019 年 5 月、UMAC 理事会によって上海大学博物館学研修は UMAC AWARD 2019 のトップスリーにノミネートされたことが HP に掲載され、全世界に発信された。

(3) UMAC 2019 準優勝に至る経緯

2019 年度に UMAC AWARD に応募した大学博物館の数は 50 大学近くであったことが発表され、トップスリーにノミネートされる確率は約 7%しかない。ノミネートされたのは、一つはデンマーク、コーペンハーゲン大学医学博物館の「マインド・ザ・ガット」で、脳と消化系統の展示である。もう一つは、カナダのトロント大学芸術博物館の「寝ている人形と夜の思考」と題した睡眠や健康に関する展示活動である。

ICOM 大会は 2019 年９月１日から７日にかけて、京都で開催され、UMAC 年次総会は大会の一環として、９月３日に開催された。UMAC AWARD 2019 の優勝発表は、年度会議の中で行われた。UMAC AWARD 評議委員会代表であるマルタ・ルレンコ教授の挨拶に続き、トロント大学芸術博物館、コーペンハーゲン大学医学博物館、上海大学博物館の学芸員たちは、各自のプログラムを５分間紹介した。そして、ICOM 副会長及び UMAC AWARD 評議員の安来順から、UMAC AWARD 2019 の優勝はコーペンハーゲン大学医学博物館、準優勝はトロント大学芸術博物館と上海大学博物館であることが発表された。

(4) 両大学への教育的波及効果

本研修の UMAC AWARD 準優勝受賞は、両大学はもちろんのこと、両国の博物館界でも話題となった。受賞された当日から翌日にかけて、相関記事を掲載した中国のマスコミは、計７社である。中国を主体として、多くの博物館関連組織に報道された。UMAC AWARD に受賞されたことは、今後の本研修に大きな影響を及ぼすことであろう。

本研修に参加した学生たちの間でも、UMAC AWARD に受賞されたことが話題となり、SNS で受賞に関する新聞記事を転載したり、それぞれの研修に関する思い出やコメントであふれた。上海大学においても、当研修が UMAC AWARD に受賞されたことが周知され、他の学院や部署からも多くの関心が寄せられている。今後の博物館学研修の展開にとって、応募人数の増加及び潤滑な行政手続が見込まれている。長崎国際大学との連携事業は末永く継続させなければならない。波佐見町のさらなる協力を願いたい。

第7章

窯業地における
専門博物館の博物館特性

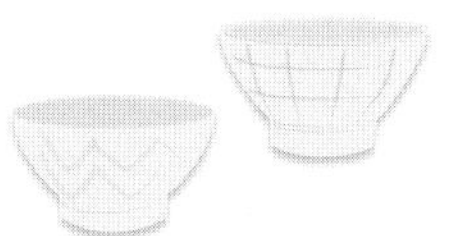

第1節　美濃焼産地における
土岐市美濃陶磁歴史館の活動

春日 美海

1　土岐市美濃陶磁歴史館の沿革と特色

岐阜県美濃地方東部（東濃地方）で生産される陶磁器のことを「美濃焼」という。東濃地方の窯業地としての歴史は古く、7世紀の須恵器に始まり、時代によって生産品種を変化させながら、現在に至るまで連綿と生産が続けられてきた。美濃焼は、その歴史の長さとともに生産地域の広さが特徴で、時期により変動はあるものの、多治見市・土岐市・瑞浪市・可児市と4市にまたがっている。そして、現在、各市には陶磁に特化した公立私立のミュージアムが複数所在する。ミュージアムの種類も歴史系、美術系のほか、タイル、子ども用食器、盃の専門館など様々で、地域のミュージアムにも多様な美濃焼の姿が映し出されている。

土岐市美濃陶磁歴史館は、美濃焼産地の中央に位置する土岐市に1979（昭和54）年に開館したミュージアムである。その運営は土岐市教育委員会直営、財団法人土岐市埋蔵文化財センター業務委託、公益財団法人土岐市文化振興事業団業務委託と変遷し、現在に至っている。

土岐市北部の泉町久尻という地区に所在する美濃陶磁歴史館は、館を起点として400〜500mの距離に国史跡「元屋敷陶器窯跡」、国史跡「乙塚古墳附段尻巻古墳」、市史跡「隠居山遺跡」（縄文時代〜近世の窯跡までの

写真１　土岐市美濃陶磁歴史館

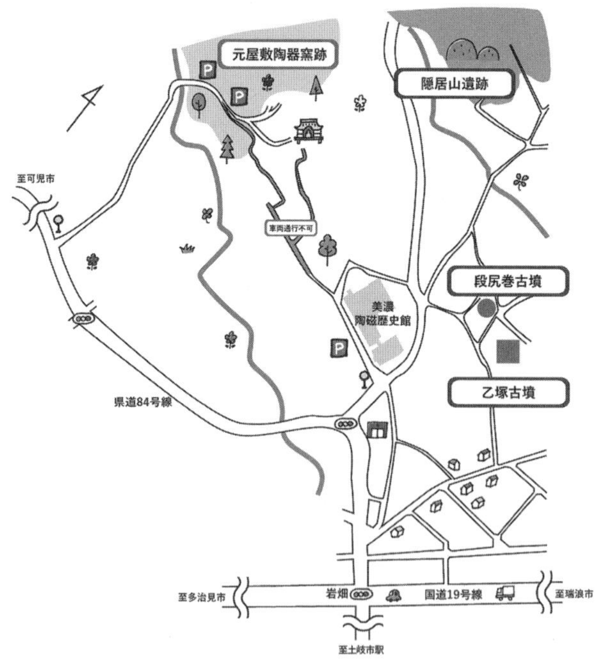

図１　土岐市美濃陶磁歴史館と近隣の遺跡マップ

複合遺跡）と、市内でもとくに重要な遺跡が集中する恵まれた立地条件にある。なかでも、国史跡元屋敷陶器窯跡は黄瀬戸、瀬戸黒、志野、織部といった茶陶、いわゆる「美濃桃山陶」生産の中心となった古窯跡群で、とりわけ美濃最古の連房式登窯跡「元屋敷窯」は織部焼発祥の窯として著名である。古窯跡は、巨大な登窯の遺構が良好に残る元屋敷窯跡に、平成時代に入ってからの発掘調査で明らかになった３基の大窯跡（元屋敷東1～3号窯跡）を加え、現在は史跡公園「織部の里公園」として整備され、一般公開されている。織部の里公園内には、ほかに作陶体験施設「創陶園」や名古屋にある松坂屋創業家の別荘「揚輝荘」から移築された茶室「暮雪庵」が併設され、茶室では定期的に茶会も催されている。こうした織部の里公園内の諸施設は、美濃陶磁歴史館と一体となり、美濃桃山陶生産の歴史を体感できる場となっている。

2　元屋敷陶器窯跡調査の歴史と出土遺物の保存活用

美濃陶磁歴史館は窯跡の出土品などを活用し美濃焼の歴史を伝える施設として40年程前に開館したが、そのとき展示の中心に位置づけられた元屋敷陶器窯跡の出土品は、地域住民が盗掘による破壊から窯跡を守り保存してきたものだった。この元屋敷陶器窯跡の調査と保存の歴史は昭和初期にまで遡る。

1930（昭和5）年、陶芸家荒川豊蔵が大萱（現可児市）の山中で筍絵の志野陶片を発見したことにより、それまで瀬戸産と考えられていた志野や織部が実は美濃焼であったことが明らかになった。このことが北大路魯山人によって公表されたことで、世間の美濃古窯への関心は一気に高まり、古窯跡発掘ブームが巻き起こる。時代は昭和恐慌の折、窯跡から掘り出した陶片が高値で売れることから、多くの人たちが山へ入り盗掘が横行したことで、窯跡の破壊が進み、掘り出された大量の陶片が地域外へ流出したという負の一面もある。

そんな中、元屋敷窯に限っては、江戸時代初頭に陶工加藤景延が唐津まで出かけて築窯方法を学び、美濃で初めて築かれた連房式登窯であるという由緒が伝え残され、昭和初期の発掘ブーム以前から地元の製陶関

写真２　織部の里公園

写真３　美濃最古の連房式登窯「元屋敷窯」の遺構

係者の間では「陶祖の窯」と認識されていた。そのため、陶祖の子孫にあたる地主が見張り小屋を建て寝ずの番をして窯跡を守ったことで、奇跡的に破壊を免れている。

1931年には、地元からの陶片流出を憂慮した多治見工業学校（現岐阜県立多治見工業高等学校）の教諭高木康一が元屋敷窯の発掘を行っている。高木は、元屋敷窯を始めとして多くの美濃古窯跡の調査を実施し、掘り出した多数の陶片を私蔵することなく、全て学校に保存した。また、1933年には、岐阜県史跡名勝天然紀念物調査委員の小川栄一が元屋敷窯跡の試掘調査を行い、連房式登窯の窯体に縦にトレンチ（試掘坑）を入れ実測図を作成している。この小川による美濃古窯初の学術的といえる調査を経た翌年、元屋敷窯は岐阜県旧史跡に指定された。

1947年に見張り小屋を建てて元屋敷窯を守っていた地主が死亡すると、再び窯跡の盗掘が横行したため、1949（昭和24）年、地元の製陶業者を中心に作られた団体「美濃陶祖奉賛会」が窯跡から陶片を掘り出し保存する決断をする。これは学術的な発掘調査ではなかったため窯跡の破壊につながった面もあるが、一方で元屋敷窯の陶片数千点が散逸せず地元に守られる結果となった。

美濃陶祖奉賛会は、1966年に財団法人美濃陶祖保存会となり、その翌年には元屋敷陶器窯跡が国史跡に指定されている。1969年に美濃陶祖保存会は、国・県・市の補助金を受けて元屋敷陶器窯跡近くに出土遺物を保存する収蔵庫を建設する。この収蔵庫は遺物を常時公開する施設ではなかったが、主要な資料は1979年に開館した美濃陶磁歴史館で展示され、1993（平成5）年の法人解散により、遺物と史跡内に有していた法人の土地が土岐市へ寄付され、以後、出土遺物は美濃陶磁歴史館の主要な収蔵品となった。

1993～2001年には史跡整備を目的として、土岐市教育委員会および土岐市埋蔵文化財センターによる元屋敷陶器窯跡の6次にわたる発掘調査が行われ、2003年に史跡公園「織部の里公園」がオープンした。そして、2013年には元屋敷陶器窯跡出土品2,431点が重要文化財に指定されている。その内訳は、土岐市所蔵分として、美濃陶祖奉賛会発掘の優

写真４　元屋敷窯跡出土品 重要文化財（土岐市美濃陶磁歴史館蔵）
上から、美濃唐津花入、黒織部茶碗、鳴海織部向付

品553点および平成の発掘調査資料1,488点、岐阜県立多治見工業高等学校所蔵分として、1931年に高木康一教諭が発掘した390点となっている。

このように、美濃陶磁歴史館の活動は、1930年からの元屋敷陶器窯跡調査と保存の歴史を経て今に至っている。

3　美濃陶磁歴史館の展示活動

前述のような経緯もあり、美濃陶磁歴史館は開館当初から元屋敷陶器窯跡出土品と美濃桃山陶が展示の中心に位置づけられてきた。年１回の特別展も桃山茶陶を中心としたテーマで開催しており、これは開館一周年記念の特別展を『美濃桃山陶展』（1980年）とし、全国の美術館等から借用した桃山陶の銘品と窯跡の出土品を一緒に展示したことに象徴されるだろう。以後、土岐市内の窯跡の発掘調査成果も織り込みつつ、同時代の他の窯業地との比較、消費地遺跡からの出土状況の検討など、桃山茶陶をテーマとした特別展を毎年開催し、全国の研究者や学芸員と連携を持ちながら、産地における桃山陶研究をけん引してきたといえる。こうして、美濃焼産地に複数あるミュージアムの中で、桃山陶といえば美濃陶磁歴史館といわれる存在となってきた。

また、1989（平成元）年には、土岐市として２月28日を「織部の日」に制定し、記念行事を開催するようになった。これは、茶会記『宗湛日記』における1599（慶長４）年２月28日の「ウス茶ノ時ハ　セト茶碗ヒヅミ候也　ヘウゲモノ也」の記述に由来し、織部焼が初めて史実に登場した日として制定されたものである。以後、美濃陶磁歴史館の特別展を２月28日に合わせて開催してきたほか、茶陶の公募展「現代茶陶展」、織部の里公園内の茶室「暮雪庵」を使用した茶会など、様々な行事が開催されてきた。ただし、この織部の日記念行事に関しては、「織部の日」制定から30年を経たこともあり、今後のあり方が課題となってきている。

桃山陶を中心とした美濃陶磁歴史館の展覧会もまた、回数を重ねてきたことで、テーマに新しい試みや広がりを打ち出しにくくなりつつ

表1　学校団体向け美濃陶磁歴史館・

推奨学年	テーマ	コース	
4年生	伝統産業「美濃焼」を学ぶ	A. 基礎コース	美濃陶磁歴史館 +（国史跡）元屋敷陶器窯跡
			ねらい：博物館の利用方法を学ぶ・約1300年の美濃焼の歴史を学ぶ
		B. 作陶体験コース	美濃陶磁歴史館 +（国史跡）元屋敷陶器窯跡 + 作陶体験
			ねらい：博物館の利用方法を学ぶ・約1300年の美濃焼の歴史を学ぶ 美濃焼に親しむ
		C. 陶片観察コース	美濃陶磁歴史館 +（国史跡）元屋敷陶器窯跡 + 陶片に触れる
			ねらい：博物館の利用方法を学ぶ・約1300年の美濃焼の歴史を学ぶ 本物の資料に触れ、美濃焼への理解を深める
6年生	土岐市の歴史を学ぶ	D. 古墳・窯跡見学コース	美濃陶磁歴史館 +（国史跡）元屋敷陶器窯跡 +（国史跡）乙塚古墳附段尻巻古墳 + 古墳の副葬品観察
			ねらい：博物館の利用方法を学ぶ・土岐市の歴史を学ぶ 約1300年の美濃焼の歴史を学ぶ
		E. 遺跡を学ぶコース（健脚コース）	（国史跡）元屋敷陶器窯跡 +（国史跡）乙塚古墳附段尻巻古墳 + 隠居山遺跡 + 化石・須恵器観察
			ねらい：土岐市の歴史を学ぶ・約1300年の美濃焼の歴史を学ぶ
		F. 古代の暮らし体験コース	（国史跡）元屋敷陶器窯跡 +（国史跡）乙塚古墳附段尻巻古墳 + 貫頭衣体験 + 出土品観察
			ねらい：土岐市の歴史を学ぶ・古代の暮らしを学ぶ 約1300年の美濃焼の歴史を学ぶ
		G. 桃山文化と美濃焼コース	美濃陶磁歴史館 +（国史跡）元屋敷陶器窯跡 + 陶片に触れる
			ねらい：博物館の利用方法を学ぶ・桃山文化と土岐市の関わりを学ぶ 本物の資料に触れ、美濃焼への理解を深める

あり、学芸員の世代交代も加わり、近年は新たなテーマの掘り起こしを行っている。特別展では、昭和初期の桃山陶復興の歴史を取り上げた「元屋敷窯発掘史ー美濃桃山陶の再発見と古窯跡発掘ブームの中でー」(2015年）や元屋敷窯を開いた陶祖の歴史をたどる「美濃陶祖伝ー信長の朱印状と桃山陶ー」(2016年）など、やや視点を変えたテーマでの開催を試みている。また、企画展も古代から近現代に至るまでの美濃焼の歴史を取り上げ、古代の須恵器生産、幕末に美濃の陶工が函館へ渡った「箱館焼」の歴史、近世に盛んに神社に奉納された陶製狛犬など、各学芸員が研究テーマを広げ、新たな来館者層の取り込みを図っている。

近年の取り組みで見えてきたことは、国内外に「織部焼」と元屋敷窯への根強いファンがおり、それを目当てに土岐市を訪れる人たちが一定数いること。その求めに応じ、元屋敷陶器窯跡出土品と美濃桃山陶を展示し、その魅力を伝えることは必要不可欠だということ。その一方で、美濃焼があまりにも日常に溢れている地域住民の興味は、残念ながら織

元屋敷陶器窯跡見学メニュー

内　容	所要時間
・桃山時代に焼かれた美濃焼を中心とした展示物の観察およびスケッチ ・美濃最古の連房式登窯跡見学	90分
・桃山時代に焼かれた美濃焼を中心とした展示物の観察およびスケッチ ・美濃最古の連房式登窯跡見学 ・ロクロによる美濃焼作陶体験　※別途、作陶代が必要	120分
・桃山時代に焼かれた美濃焼を中心とした展示物の観察およびスケッチ ・美濃最古の連房式登窯跡見学 ・陶片などの美濃焼を実際に手に取り観察	120分
・桃山時代に焼かれた美濃焼を中心とした展示物の観察およびスケッチ ・美濃最古の連房式登窯跡見学 ・美濃地域最大級の横穴式石室を有する古墳見学 ・古墳の副葬品（須恵器など）を間近で観察	120分
・美濃最古の連房式登窯跡見学 ・美濃地域最大級の横穴式石室を有する古墳見学 ・横穴墓や古代の須恵器窯跡、桃山時代の大窯・登窯跡など複数の遺跡見学 ・隠居山遺跡で発見されたパレオパラドキシアタバタイの全身骨格化石のレプリカおよび古墳出土の須恵器観察　※天候不良の場合は延期またはコース変更が必要	120分
・美濃最古の連房式登窯跡見学 ・美濃地域最大級の横穴式石室を有する古墳見学 ・古代の衣装「貫頭衣（かんとうい」の着用体験 ・須恵器などの出土品を間近で観察	120分
・桃山時代に焼かれた美濃焼を中心とした展示物の観察およびスケッチ ・美濃最古の連房式登窯跡見学 ・陶片などの美濃焼を実際に手に取り観察	120分

部ではなく、縄文時代や古墳など古い時代の遺跡、比較的に身近に感じられる近世や近代の歴史などであることから、両方の層を意識した展示を行っていく必要性を感じ、新たな展開を模索している。

4　教育普及プログラムの改革

美濃陶磁歴史館では、展示と元屋敷陶器窯跡をセットとして社会見学の学校団体の受け入れを行ってきており、主として岐阜県の伝統産業「美濃焼」を学ぶという単元の小学４年生を中心に、市内外の学校団体が毎年数校訪れていた。

学校団体の受け入れについては、2016（平成28）年度より、市内の全小学校（8校）を対象に各校１学年が美濃陶磁歴史館に来館する「ふるさと発見体験事業」が土岐市教育委員会によって開始された。これを機に、受け入れ側の美濃陶磁歴史館としても教育プログラムの大きな改革を行った。歴史館を起点に窯跡や古墳を見学するという概要に変化はないものの、解説中心だった従来の見学方法について、陶片などを活用し、観察を重視して子供たち自らの気づきを促すプログラムへ変更するという発想転換を行った。改革前後のプログラム概要は以下のとおりである。

【改革前】　滞在時間 60～90 分、１クラスごとに学芸員１名が対応
見学方法は基本的にどの学校も同じ（以下の流れ）。

①美濃陶磁歴史館展示見学（学芸員による美濃桃山陶の説明→自由見学時間）

②元屋敷陶器窯跡見学（学芸員の解説により大窯と連房式登窯を見学）

【改革後】　滞在時間 90～120 分、
１クラスごとに学芸員１名とサポートスタッフが対応
各学校が A～G（表１参照）の７つのコースから１つを選択し、学芸員との事前打ち合わせによりカスタマイズしたプログラムで実施。

改革前後での大きな変更は２点ある。１点めは、子どもたちが実際に資料に触れるハンズオンの時間を設けたこと。たとえば美濃焼の歴史を学ぶコースでいえば、元屋敷陶器窯跡の出土品を中心とした陶片観察がコースに組み込まれ、窯跡の出土品を多く所蔵する窯業地のミュージアムならではのプログラムとなった。

２点めは、従来行ってきた学芸員による説明→展示見学という流れを逆にし、まず、いっさい説明をせずに資料を観察する時間を設け、その後、子どもたちが観察して気付いたことを出し合い、その意見を取り入れながら学芸員が説明を行っていくという流れで、従来とは進行順を逆にした点である。美濃焼や窯跡という素材は同じながら、この逆転の発想により、プログラムの充実度が飛躍的に増した感がある。

たとえば、陶片観察の時間では、室町時代の山茶碗、元屋敷出土の美濃桃山陶、近代の磁器と時代の異なる複数の陶片を入れた箱をグループごとに与え、陶片を観察して自分たちが考える時代順に並べかえた後、その答えと理由を発表するという流れで行う。子どもたちが集中して取り組めるようにクイズ形式にしてはいるものの、重要なのは正解することではなく、いかに資料を観察し気づきを促すかを重視している。先入

観を持たない子どもたちは触感、色、絵付、断面の質感等を観察し、グループ内で話し合いながら答えを導き出そうとし、志野（百草土）と織部では断面の土の粗さや質感が違うことや織部茶碗が歪んでいるといったことを自ら発見する。

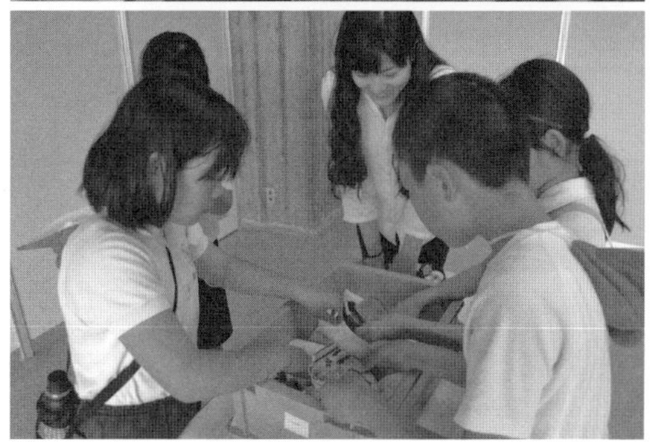

写真５　教育プログラムの様子
（上：展示室において、下：陶片観察）

そして、この逆転の発想により最も大きな変化が現れたのは、展示室内での過ごし方である。プログラム改革前は、説明後に設ける自由見学が効果的に使えず、わずか10分程度でも子どもたちが時間を持て余してしまうことが悩みだった。ところが、改革後は１つの展示室において最大で60分と長時間過ごすことも可能になったのである。

改革後の展示室での流れは、①子どもたちに対し、展示された美濃焼（桃山陶中心）をよく見て、その中から自分のお気に入りの１点を見つけスケッチするという課題を与える。この時点では展示内容や資料についての説明は行わない。観察中、学芸員やサポートスタッフが室内を回り、子どもたちと対話しながら展示品をよりよく観察するよう促していくと、子どもたちは次第にスケッチに集中し始める。②20～30分後に全員集合し、何人かに自分の選んだお気に入りの１点とその理由を発表してもらう。学芸員は、子どもたちの意見から色彩や形、用途などの特徴を拾っていき、最後に美濃焼の歴史における美濃桃山陶（茶陶）の特徴を理解させる方向へとまとめていくという流れである。子どもたちの発表では、黒織部茶碗の黒は吸い込まれそうな感じがしたとか、大きく歪んだ美濃伊賀水指は巨人の長靴みたいなど、おもしろい意見が次々と飛び出してくる。

このプログラム改訂により、先に知識を与えずに観察させることで、子どもたちはこんなにもモノをよく観察し、自由な発想を展開させるのかと、担当学芸員としても驚きの成果があった。土岐市内の小学生がこの教育プログラムを利用するのは、小学校6年間のうちの1日であり（歴史館から徒歩圏内の学校は6年間のうち数回利用する）、美濃陶磁歴史館で過ごした半日が、子どもたちの記憶と経験にどう刻まれるのかは図りきれていない。しかし、土岐市はいまだ陶磁器生産額において全国1位を誇っているとはいうものの、地区によって製陶業が多い地区もあれば、新興住宅地でほとんど製陶業に縁のない地区もあり、美濃焼に触れる機会は校区によって大きく異なっている。実際に昔の美濃焼の陶片に触れ、展示された志野や織部を観察し、巨大な登窯の遺構を目にしたという半日の経験が、地域の産業や歴史へ関心を向け、自分たちの住む地域へ愛着を深めるきっかけとなってくれることを期待している。

5　近隣のミュージアムと連携

美濃焼産地において、ミュージアム間の連携や学芸員どうしの交流は比較的活発に行われている。館どうしの連携として先駆的な活動は、1992（平成4）年度から始まった「東濃地区博物館等連絡協議会」で、2019（令和元）年現在、美濃焼産地4市に2市1町を加えた広域の東濃地方に所在する博物館等14館が加盟する協議会である。陶磁器以外を専門とする館も含まれるが、協議会として施設見学や研修会を実施してきた。ほかに陶磁系ミュージアムに限ったネットワークや岐阜県博物館協会における東濃地区の活動もあり、スタンプラリーや研修会、共同の公開講座の開催などにより連携を深めている。

また、学芸員どうしの日常的な情報交換から生まれた小さな連携もあり、最近では、2018年に当館と瑞浪市陶磁資料館とで同時開催した陶製狛犬展において、双方の展示を見てもらう仕掛けとして、１館めで渡された引換券を持って２館めに入館すると、先着順で記念品がもらえるという企画を行った。記念品は織部の里公園内の陶創園で手作りした動物形オーナメントで、記念品も人気を得て、多くの人に２館に入館してもらえる企画となった。

こうした美濃焼産地という一つの文化圏の中で人が流動するような仕掛けづくりは重要で、近年、とくに成果が大きかった事例としては、多治見市のセラミックパークにおいて３年に１回開催される公募展「国際陶磁器フェスティバル美濃」（国際陶磁器フェスティバル美濃実行委員会主催）がある。2017 年の第 11 回開催時、国際陶磁器フェスティバル主会場および東濃地方のミュージアム６館（岐阜県現代陶芸美術館、多治見市美濃焼ミュージアム、多治見市モザイクタイルミュージアム、土岐市美濃陶磁歴史館、瑞浪市陶磁資料館、可児市荒川豊蔵資料館）共通の入館パスポートが販売された。スタンプラリーが実施されたこともあり、期間中、美濃陶磁歴史館にも例年の 4〜5 倍という入館者があり、国際陶磁器フェスティバル会場内にとどまっていた集客が、美濃焼産地内へ拡散するという成果を生んだ事例である。

6　学芸員の研究成果の地域への還元

近年、地域博物館は街づくりの核となることが求められるようになってきているが、その傾向は当地でも同様で、なんといっても窯業地においては、地場産業の振興や観光、教育など様々な場面で陶磁を専門とする学芸員の知識や研究成果の活用が求められる機会は増加している。

ミュージアムとして、あるいは学芸員としての街づくりへの関わり方は様々だが、一つには美濃焼の生産販売に直接従事する産業界との連携が挙げられる。美濃に限ったことではないだろうが、陶磁器産業が厳しい状況に直面している昨今、関係者自身が先人たちの足跡を学ぶことから業界の未来を考えようとする動きが感じられ、地域に残る歴史資料を地道に掘り起こした学芸員の研究に目が向けられることが多くなっている。

たとえば、古老からの聞き取りや地域資料の収集により近代に鉄道を利用して美濃焼の販路を拡張した「多治見の陶器商」の歴史を掘り起こした学芸員の個人研究は、当事者である陶器商から少なからず反響があり、多治見陶磁器卸商業協同組合（多陶商）の組合誌における『多治見商人物語』シリーズへとつながり、地域の学芸員や研究者が交替で近代の美濃窯業史と商人の歴史を連載することになった。この企画は、連載終了後も多陶商において独自の展開をみせ、行事や展示などへの活用が行われている。ほかに、近代の高田徳利の生産販売についての研究は、高田陶磁器工業協同組合が高田開窯400年の記念に刊行した小冊子『高田焼四百年のあゆみ』に生かされ、高田焼のPRに役立てられ、土岐市美濃陶磁歴史館特別展「美濃陶祖伝」（2016年）をきっかけとして、土岐市内の工業組合から陶祖の歴史についての講演を依頼された例もある。このように、学芸員の研究成果を地域へ還元していくことも、ミュージアムと学芸員の果たすべき重要な役割といえるだろう。

7　課題と展望

ここまで見てきたように、美濃桃山陶の展示と調査研究に始まった美濃陶磁歴史館は今、教育プログラムの改革や展示テーマの掘り起こしなど、美濃焼を主題にしながらも新たな方向性への模索が始まっている段階といえる。加えて、開館から40年を経て施設の老朽化が進んでいることから、今後の館の在り方が課題となっている。美濃焼産地における地域博物館としてのビジョンは、今まさに議論が始まったところで、市民の声にも耳を傾けながら今後の方向性を探っていくことになるだろう。

冒頭で述べたように、国内の他の窯業地と比べて美濃焼産地は際立って広く、行政区域は4市にまたがり、地区ごとに工業組合が置かれ、生産者も大規模工場から家内工業まで、陶芸作家も伝統、クラフト、現代陶芸など様々で、美濃焼には「多様性」というキーワードがしっくりくる。それは、よそから入ってくる人も文化も柔軟に受け入れ発展してきたという面があるが、裏を返せば、産地が大きすぎて一つにまとまることが難しいという面も持ち合わせている。しかし、今の時代、市域を越えて美濃焼の広い産地がまとまり、内外に美濃焼の魅力を伝えると同時に、産地としての未来を考えていくことは必要不可欠となっている。そのためにミュージアムの果たす役割は重要で、歴史・文化に関する資源を蓄えた複数のミュージアムと専門職員である学芸員がそれぞれの得意分野を生かして連携することは、地域を支える大きな力になるはずである。土岐市美濃陶磁歴史館も美濃焼産地の一角を担うミュージアムとして何をすべきかという視点を忘れずに、現場の学芸員がさらなる研鑽を積みつつ、今後の方向性を考えていかなければならないだろう。

最後に、近年、行政の人員削減や指定管理者制度の導入により、正規の専門職員の数は減少の一途をたどっており、当地方のミュージアムにおいても、未来に向けた人材確保および知識と経験を継承するスムーズな世代交代が差し迫った課題としてあることを付け加えておきたい。

参考文献

土岐市教育委員会　2003『国指定史跡元屋敷陶器窯跡保存整備報告書』

土岐市美濃陶磁歴史館　2015『元屋敷窯発掘史―美濃桃山陶の再発見と古窯跡発掘ブームの中で―』

土岐市美濃陶磁歴史館　2016『美濃陶祖伝―信長の朱印状と桃山陶―』

第2節　伊万里市 国史跡大川内鍋島窯跡の特性を生かした史跡整備について

―フィールドミュージアムの将来活用―

船井 向洋

1　伊万里市の概要

(1) 伊万里市の展示施設とフィールドミュージアムの可能性

伊万里市は佐賀県の西北部に位置する。西北方向からは伊万里湾が深く入り込んでおり、江戸時代には肥前地域で生産された陶磁器の積出港として栄え、明治時代になって鉄道が開設するまで、その役割を担っていた。

また、佐賀藩の御用窯が大川内山に置かれ、廃藩置県まで将軍家への献上を主目的とした最高品質の鍋島焼が生産されていた。2014（令和元）年10月時点での総人口は54,672人である。

現在、社会教育施設の内、展示施設のあるものは伊万里市歴史民俗資料館、伊万里市陶器商家資料館、伊万里・鍋島ギャラリーの3館である。

地域全体が博物館であるというフィールドミュージアムの観点から、伊万里市で活用が想定される歴史的な素材としては、積出港として栄えた伊万里津と鍋島焼を生み出した大川内山があり、どちらもフィールドミュージアムとしての大きな潜在能力がある。本稿では国指定史跡大川内鍋島窯跡を含む窯業地である大川内山について詳述したい。

2　大川内山の概要

(1) 地形

大川内山は、中心市街地から南東方向約4.5㎞の位置にあり、青螺山（標高613.8m）と牧ノ山（標高552.6m）から派生した急峻な山稜に囲まれ袋状の地形になった谷間に所在する集落である。集落内には権現川と伊万里川の2本の川が流れている。山峡や谷間のことを「川内（河内）」といい、大川内山もその名が示すように大きな谷の中に所在している。

（2）歴史

鍋島焼は販売を目的とするものではなく、佐賀藩が将軍家への献上や幕府の要人、諸大名、公家への贈答用として、さらには藩主の城中用として作り出した磁器製品である。その製作のため佐賀藩は御道具山（鍋島焼を製作する組織）に役人を配置し、藩主自らが各種の指示を出し、採算を度外視して製作した特別あつらえの焼き物である。

関ヶ原の戦いで西軍として敗れた鍋島家（佐賀藩）は、将軍である徳川家との関係修復を進めるため、中国磁器（唐物）を入手し将軍家や幕閣に贈呈していた。しかし1644（正保元）年の明、清王朝交代による混乱によって中国磁器の輸出量が減り、唐物の献上が難しくなったため肥前磁器製品による献上を考え、その結果、鍋島焼が誕生した。

鍋島焼は1650年代に有田の岩谷川内で作られ始めた。1659（万治2）年にオランダ東インド会社による肥前磁器の本格的な海外輸出が始まり、佐賀藩は、この本格的な海外輸出を契機に、有田にある民窯の再編や赤絵町の形成など生産流通体制を強化した。

このような状況の中で、献上品を製作し、民窯とは別格である御道具山を有田から切り離し、製作技術や図案の漏洩を防ぎ、また、製作する陶工達を管理するため1660年代に御道具山を大川内山へ移転したと考えられる。

大川内山が移転先に選ばれた理由の一つとしては、大川内山が谷地形であり、集落に入るための入口が一か所に絞られ、人やものの管理が容易にできる地形となっていたことが上げられる。

大川内山では御道具山の移転した時期（1660年代）の窯跡として、日峯社下窯跡、御経石窯跡、清源下窯跡の3か所が確認されており、いずれも磁器焼成の窯跡である。

この内、日峯社下窯跡の物原（焼成時の失敗製品の廃棄場所）から初期の鍋島焼（初期鍋島）の破片が出土していることから、移転後、鍋島焼を焼成していた窯であると考えられる。3か所の窯は操業時期がほぼ同時であるが、1670年代にこの3か所の窯を統合するような形で全長約137mの巨大な御用窯跡に受け継がれたと考えられる。

1693（元禄6）年には、2代藩主光茂から皿山代官に鍋島焼に関する手頭（指令書）が出されている。手頭には新たな意匠文様の導入や優秀陶工の採用が指示され、また、陶工の出入制限や失敗品の廃棄方法の指示などがあり、鍋島焼の独創性の確立が窺える。この手頭以降、鍋島焼は質的な最盛期を迎える。

しかし、1716（享保元）年には将軍吉宗が財政の立て直しのため、倹約を命じ、鍋島焼も色絵製品が制限され、染付と青磁が中心となり、盛期時のような豪華なものは作られなくなった。

このように鍋島焼自身の変化は政治の変化も表している。初期から盛期へ、さらに時代の変遷をたどりながら廃藩置県となる1871（明治4）年まで、鍋島焼の生産が続けられた。

鍋島焼の特異性は、献上品であることから藩が鍋島焼を作り出すための組織を作って管理運営を行い、藩直営の職制のもとで高品質な磁器生産を約210年以上もの間、生産し続けたことにある。その製品が献上品であるため、美術的にも技術的にも他の磁器製品とは次元の違う製品であり、鍋島焼自身の変化は政治、経済の変化と強く関係している。

廃藩置県とともに藩窯の歴史は終わり、藩窯から民窯への急激な変化に見舞われ、陶工達の生活は困窮し、一部の陶工達は大川内山を離れたが、一部の陶工により精巧社が設立された。しかし経営不振のため解散したと言われている。

1908年に大川内山までの里道を改修したことで、交通の利便性が向上し、これにより生産が急増し再び盛期を迎えた。

御道具山が大川内山に移転したのは、管理が容易である袋状の地形であったことがあげられるが、現在では、この山水画を思わせる風景は、レンガ煙突の立ち並ぶ町並みとあわせて、秘窯の里としての大川内山を象徴する景観としてとらえられるものとなっている。

(3) 大川内山の現状

鍋島焼の高度な技法を受け継いだり、新たな技術を取り入れたりした

写真１　大川内山の全景

写真２　大川内山の町並み

窯元が、現在も30軒ほど軒を連ねている。また、鍋島藩窯公園や伊万里・有田焼伝統産業会館など多くの公共施設の整備が行われ、年間の来訪者は約20万人となっている。

自家用車での来訪者が多く、滞在時間は２時間以内が約８割を占めている。また、県外来訪者の約半数が２回以上来訪しており、再訪する魅力を持ったまちであると推察される。

その一方で、数件の空き家が見受けられ、今後、高齢化や後継者不足により、空き家の増加に拍車がかかるおそれがある。

3　国史跡の概要

(1) 名称　史跡「大川内鍋島窯跡（おおかわちなべしまかまあと）」

(2) 位置　佐賀県伊万里市大川内町字二本柳（にほんやなぎ）

(3) 面積　83,872.09㎡

(4) 指定年月日　2003（平成15）年２月16日

(5) 指定理由

佐賀藩初代藩主鍋島勝茂が、幕府や諸大名への献上・寄贈あるいは城内調度に用いる磁器を製作するために開いた藩直轄経営の窯跡。史料にみえる遺構及び地形をよく残しており、窯跡・細工場跡・藩役宅跡などが広範囲に残されている。

(6) 国史跡指定後の動き

2004～2008年度　保存管理計画策定　策定委員会延６回開催

2011～2013年度　大川内山活用計画策定　策定委員会延５回開催

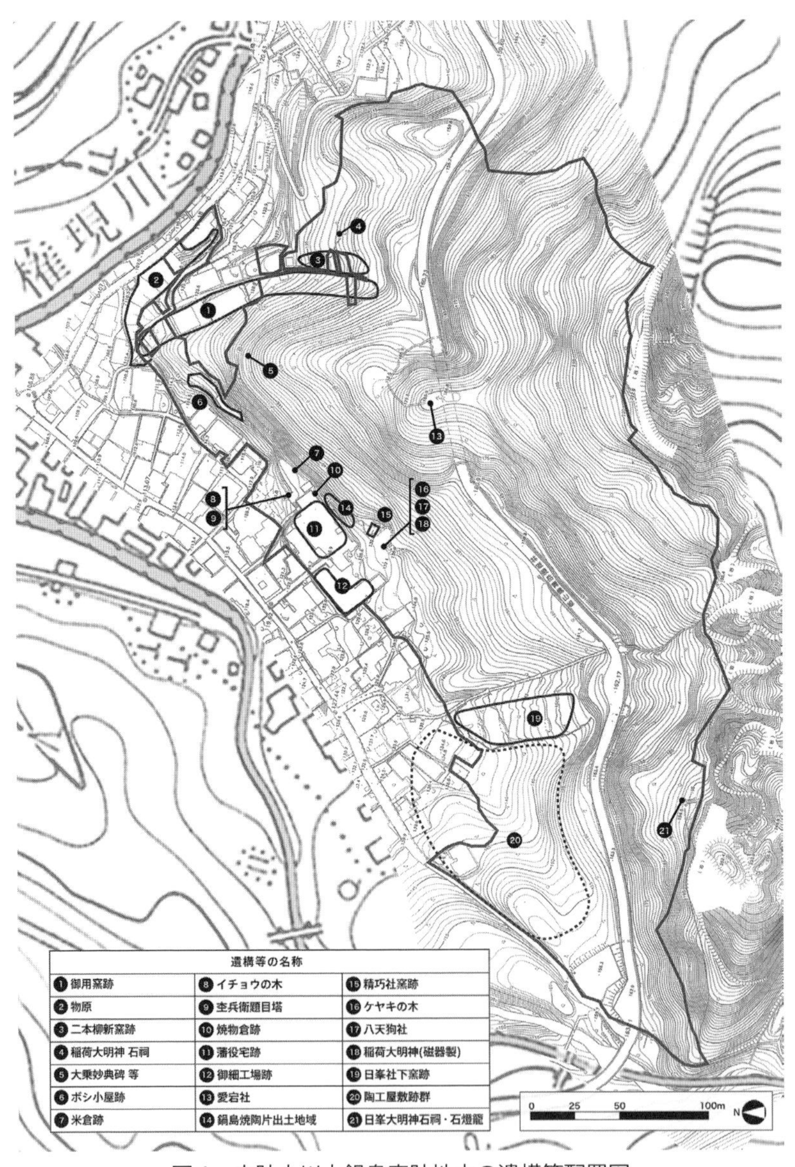

図１　史跡大川内鍋島窯跡地内の遺構等配置図

2014年度～　　　史跡地内の発掘調査を実施（継続中）

4　大川内山と国史跡に関わる計画

現在までに策定された計画は、「史跡大川内鍋島窯跡保存管理計画」と「大川内山活用計画」である。

(1) 史跡大川内鍋島窯跡保存管理計画（以下、保存管理計画と表記）

本計画は史跡の本質的価値（史跡の根本的な価値）を明らかにし、その価値を損なうことなく、適切な保存管理を行い、さらに、多くの市民の理解と協力を得ながら、後世へと確実に継承していくための方向性を提示することを目的に策定した。内容としては、史跡を構成する諸要素を整理し、さらに保存のための取扱基準を定めている。

(2) 大川内山活用計画

大川内山をかたちづくる「歴史遺産」・「景観」・「町並み」の資源を計画的に管理、誘導し、良好なかたちで将来に残し、これらの資源を活用した「まちづくり」を進めるための計画である。この全体計画の中に史跡大川内鍋島窯跡整備計画が含まれている。

一般的な史跡整備計画は史跡範囲内の整備を計画するものであるが、大川内山は、現在も窯業地であり江戸時代からの窯業の歴史が途切れることなく現在まで続いている特徴がある。

このため、史跡指定範囲だけではなく、史跡地周辺の景観・町並みも管理することによって、史跡自身の価値をより高めることができる。また、史跡整備は整備だけが目的ではなく、整備後の活用によって史跡の価値を正しく伝え、さらに、まちづくりや観光面に寄与していく必要がある。このような視点から、大川内山全体の活用計画を策定した。

現在、史跡地内では、整備を進めるための発掘調査を実施している段階であり、具体的な整備工事等はおこなっていない。このため、本稿では保存管理計画、大川内山活用計画における方針や考え方を中心に記述する。

5　国史跡に関わる計画の内容

(1) 保存管理計画における史跡の価値（本質的価値）について

史跡の本質的価値を端的に表現している指定理由から、本質的価値を整理した。

①肥前磁器文化の中での鍋島焼の価値

【鍋島焼は、肥前地域に蓄積された技術・文化の集大成である。】

鍋島焼は有田の磁器製作技術に改良を加え、高品質の製品を作り上げ、文様要素や表現手法を芸術的に高めたものであり、その根源は肥前磁器の流れからの分化である。

②藩窯としての価値と特徴的な二重構造の生産

【御道具山では、他にみられない厳格な管理体制がなされていた。また、御用窯では「鍋島焼」と民窯の「肥前磁器」の焼成が同時に行なわれており、この藩窯製品と民窯製品を同じ登窯内で焼くという二重構造は廃藩置県までの約 210 年間続いた。】

佐賀藩は、鍋島焼を作るための組織を作り、管理運営し、生産を続けた。将軍への献上を主目的とした鍋島焼は、将軍や幕府の動きに呼応しており、鍋島焼の様式変化は政治の変化をも表している。

鍋島焼は巨大な御用窯で焼成されたが、火の具合が良いとされる中央部で鍋島焼を焼成し、他の焼成室は民窯製品を焼成していたと考えられ、鍋島焼を焼成した藩窯と民窯製品を焼成した民窯が同時に存在する二重構造となっていた。

③鍋島焼の美術的価値

【将軍家への献上品という特殊条件の中で培われた、高い技術と美的表現がみられる。】

将軍への献上を主目的とし、他の磁器製品と全く異なる次元で製作された鍋島焼の意匠は、日本的美意識の集結であり、磁器製品の最高峰であるといえる。また、政治的な背景による鍋島焼の変遷は、その価値をさらに高めるものである。

④信仰・生活・風習としての価値

【藩窯期の生活や風習を物語る遺構等が残っており、その由来は現代にも語り継がれ、また、浮立（ふりゅう）などの民俗芸能、年中行事も受け継がれている。】

史跡地内には当時の陶工達の暮らしや風習を今に伝える石祠や石碑等が残っており、古地図によって小道や畑地の存在等も確認できる。また、大川内山には、浮立が伝承されており、周辺の４つの集落が交代で岳神社の秋祭りで奉納し、他の神事などへの参加も受け継がれている。

⑤継承された技術の価値

【藩窯から民窯へと変化した大川内山では、技術の保持・継承がなされ、今なお多くの窯元が大川内山を支えている。】

廃藩置県とともに藩窯の歴史は終わり民窯へと急激に変化したが、数々の困難を乗り越え、今でも、30 軒の窯元が軒を連ねている。現代の陶工達は先祖の高い技術を受け継ぐ意識をもって、日々、技術の研鑽に努めている。

⑥史跡をとりまく景観の価値

【御道具山が移転した理由の一つである特異な谷地形は、現代において風光明媚な景観として親しまれている。】

大川内山の背景を構成する山々や岩壁は、御道具山移転に関わる歴史的な要素であり、また、個性的な景観の基盤となる要素でもある。

(2) 大川内山活用計画における史跡整備の方針

①史跡整備の主題

史跡の指定理由や本質的価値などから史跡整備の主題（史跡整備事業が目指すべき姿）を以下のように提示した。

幕府や諸大名への献上・寄贈あるいは城内調度に用いる磁器を製作するために開いた藩直轄経営の窯跡を確実に保存し、活用する。また、その活用には大川内山全体の歴史、風景、町並みなど多方面の資源を含めるものとし、住民との協働による活用とする。

②基本方針の設定

史跡整備の主題から基本方針（a)～(e）を設定した。

(a) 本質的価値を支える諸要素を確実に保存し次世代に継承していく。

本質的価値を支える諸要素は史跡の本質的価値を支えるものであり、これらが破損したり、消滅したりすることは史跡自身の価値を失うものである。整備や活用において、これらの保存を最優先し、将来に向かって確実に継承しなければならない。また、将来的に除却等が望ましい諸要素については、調整を図りながら、除却を進める。

(b) 貴重な藩窯史跡であり、美術品としての鍋島焼や陶工達の生活を表す遺構などの多種多様な価値と歴史的重層性を学び理解する。

鍋島焼は将軍家への献上を主目的として製作されたが、この献上制度は、参勤交代制度とともに、日本史上において幕藩体制の確立を示す重要なものである。大川内鍋島窯跡は、廃藩置県まで献上品を製作した貴重な藩窯の遺跡であり、藩窯廃止後は民窯として、現在まで窯業生産活動が続いてきた特徴がある。藩窯の生産体制、藩窯と民窯の二重構造、高い技術力と優れた美的表現、藩窯期の陶工達の生活をうかがい知る遺構など、大川内鍋島窯跡の多様な価値を理解し、さらに、藩窯から現代まで続く歴史的な重層性を理解する場とするため、藩窯時代だけでなく、その後の変化も積極的に表現する。

現在はこの基本方針 (b) 沿って整備事業に必要となる発掘調査を行なっている。

(c) 歴史的な特性を含む風景を保全していく。

大川内山の周囲の急峻な山々は、歴史的な要素を含み、また、個性的な風景の基盤となる要素を含んでいることから、大川内山の周囲の山々や岩壁など、大川内山の特性を含む風景を保全する。

(d) 大川内山の地域文化の理解や地域住民との交流を継続的に行える文化的観光資源として活用していく。

大川内山には、年間約20万人もの観光客が訪れている。しかし、大川内山の歴史や鍋島焼の知識が十分に伝わっていない現状がある。史跡整備により貴重な史跡であること理解し、さらに史跡の持つ多様な価値や歴史的重層性を住民自らが伝えることで、継続的な交流を深められるような、文化的観光資源として活用する。

(e) 地域における共通の文化的象徴としてまちづくりや地域活動に活用して

いく。

大川内山の現在の窯業生産の根底をなすものは、藩窯としての歴史的部分であり、また、地元で受け継がれている浮立などの民俗芸能や年中行事などは地域における共通の文化的な象徴である。

これらは、大川内山の特質でもあり、住民が主体となった史跡の保護や管理活動、民俗芸能の伝承活動、風景の保全活動など、史跡に関わる活動を通して、まちづくりや地域活動に活用する。

6　史跡整備上の課題

(1) 史跡整備の考え方

①史跡整備の理念

文化庁監修による『史跡等整備のてびき』では、整備の理念として「地域の住民が日常生活の中で憩いつつ歴史及び文化に親しみ、学校教育及び生涯学習活動を通じて学ぶことが可能となる。そして、史跡等は地域の住民によって文化的活動の場として活用され、まちづくり及び地域づくり、ゆとりある生活空間づくりの中核となるばかりでなく、地域に固有の文化的な観光資源として地域の活性化にも寄与することとなる。」（文化庁文化財部記念物課監修 2005、p.68）と表記されている。

これらのうち、史跡の公開活用で一番に求められるのは、史跡の本質的価値を学び理解する場の提供、史跡に直接関連する郷土の歴史学習の場としての活用であろう。

②建物の復元について

『史跡等整備のてびき』では、「建造物又は構造物等を復元展示する場合には、（中略）復元展示することの必要性及び妥当性、その効果等に関して基本的な考え方を整理するとともに、（中略）復元展示の精度の向上に努める必要がある。」（文化庁文化財部記念物課監修 2005、p.87）としており、高い真実性（オーセンティシティ）が求められている。

実際に「史跡等の中心的建物については、細部の意匠や構造、様式等の特定が困難である場合が多いため、中心的建物の復元については極力差し控えることとされてきた。しかし復元された建造物及び構造物等には史跡等の往時の姿を偲ぶ１つの手がかりとして重要な効果が期待できることから、多くは中心的建物でない建造物又は構造物等を対象として復元の審査が行われてきている」（文化庁文化財部記念物課監修 2005、p.33 一部抜粋）とされている。

③快適な環境づくりの推進

計画・設計の原則と方向性について、活用面に関わる事項として快適な環境づくりの推進が掲げられており、「地域の住民が史跡等を快適に利活用できるように、広場及び便益施設、（中略）を適切に定めるとともに、修景植栽によって緑陰を確保するなど、快適で質の高い公共空間の創造を目指すことが重要である。」（文化庁文化財部記念物課監修 2005、p.90）とされている。

(2) 整備後の違和感〔リアリティ（迫真感）について〕

下の事務所の風景写真を比べると、図２では生活感や日常感があまり感じられず、図３の方は生活感、日常感をリアルに感じると思われる。

その違いは図３の方には、「もの」の状態や、「きず」や「よごれ」などの使用痕跡など、歴史的経過の状況を、受け手側が感じ取っているため「リアリティ（迫真感）」を感じていると考えられる。

特に図２の作業机は、当初のきれいなままであり、過去が見えない、あるいは見えづらい状況となっている。

各地の整備が完了された史跡を見学すると、何らかの違和感を覚えることが多々ある。特に「歴史が経過したことの迫真感（リアリティ）」に関して強い場合がある。単純に復元建物が新しいから感じている場合も

図２　事務所風景①

図３　事務所風景②

あるが、整備後、年数が経過した後でも同様な感覚を持つことが多い。

この理由としては、本来ならば、史跡なので長い時間経過があり、例えば縄文時代の史跡であれば3,000年以上前の遺跡として、その時間の積み重ねを無意識のうちに感じとって「古いもの」「歴史的なもの」という意識で見るのであろうが、復元建物や整備された広場は現代のものであり「歴史が経過したことの迫真感」が感じられないため、頭で理解していることと、視覚で判断していることのズレが違和感になっていると思われる。

この感覚のズレを生じさせている原因としては、①復元[1)]された建物の経年変化はあるが、生活や社会の場として使用されないため使用痕跡がなく、建物が作られた竣工時点で止まった状態となっており、その後の生活感が感じられない。②史跡等を快適に利活用するため広場や通路などの便益施設、植栽などが整えられ、当時の生活や社会の場（生活空間・社会空間）としての状況ではなく、現代の公園としての空間となっている。などの理由が考えられる。史跡の活用法としては、市民の憩いの場やまちづくり、地域づくり、文化的観光資源としての役割を持っているが、活用で一番にすべきことは、史跡の本質的価値を学び理解する場の提供であり、郷土の歴史学習の場としての活用であると思われる。

史跡の場所に立った時、郷土の悠久の歴史を感じ、自分がそこで育ったことの誇りを感じさせることができる史跡整備を進めることが望ましいのではないかと考えている。

(3) 国史跡内の迫真感について

大川内山には、遺跡・遺構が埋まっている部分と石垣など表出している部分がある。例えば史跡地内の日峯社下窯跡では、窯体がすべて埋蔵されており地表面からは確認することはできないが、表土全面に陶片が散布している状況である。陶工屋敷跡群では、谷部の中央に里道があり、その里道の両側に雛壇状の平坦面が造成され、法面は石垣となっている。林の中に苔むした石垣が広がり、また里道にはすり減った石段などが見られ、歴史が経過したことの迫真感を感じ取ることができる。

また、別の視点としては、日峯社下窯跡では、発掘調査の成果を現地説明会として行っているが、地面の下から遺構が検出されている状況は、歴史の迫真感を直接に感じさせるものである。

(4) 課題解決についての考察

窯としての操業期間を含め、廃窯以降の時間経過（重層性）が歴史を感じさせる要素であるならば、この状況を維持したままでの展示方法として、タブレット端末等の電子機器を使って、画面上で遺構や復元建物を表現する仮想復元展示が考えられる[2)]。

この仮想復元展示では、タブレット端末に位置情報を合わせ、調査時の遺構検出状況や、さらに発掘調査や歴史的根拠に基づいた建物を復元し、画面上で現在の風景に復元建物が重ね合わさった状態を見ることができるようにする。

仮想復元展示の特徴としては、遺構を確実に保存することができ、また、新たな調査成果により復元建物の形状等が明らかになった場合には修正が可能なことである。また、現状の風景を変えることがないため、歴史の重層性を視覚で感じることができる。

将来的に、このような展示方法を進める可能性が考えられることから、大川内山の発掘調査では遺構のオルソ画像の記録を進めている。

7　大川内山に関わる計画の内容

国史跡整備を含めた大川内山全体の活用計画の基本理念の策定では、固有の地域資源である「大川内山らしさ」に配慮しつつ、町並みや周辺環境を含めた全体の景観保全策を導き、これをきっかけとして住民自身による組織づくりや運営を含めたまちづくりへと展開していくという考え方を打ち出した。

本稿では大川内山全体の活用計画のうちフィールドミュージアムに関係する景観と町並みの現状と課題について詳述する。

(1) 公共空間における景観形成の課題

大川内山の河川は過去の水害により親水性護岸や遊歩道整備が進められ、水辺を身近に感じることのできるような整備が図られてきた。しかし、こうした整備された水辺景観は、かつての風景とは異なるものになっているという見方もできる。今後、このような公共空間の整備のあり方として、本来の町並みや風景等に配慮した整備を検討していく必要がある。また、電柱などの工作物の適切な誘導を図っていくことも求められる。

さらに、集落内道路の改修等を含めた公共整備全般においては、デザインの方向性の統一を図り、大川内山の公共空間における景観形成について方向を示すことが必要である。

(2) 民間の建築物等における景観形成の課題

集落部において、今後、現在の風景に不調和をきたすようなデザインの建物が建てられたり、無秩序な屋外広告物が乱立したりといった事態が起こる可能性がある。良好な景観の保全を図っていくためには、民間建設等に対する景観に関わる法規制として、景観計画の策定や、建築協定、景観協定の制定等を検討するなど、良好な景観を確実に守る方策が求められる。

8　まとめ

計画の中でフィールドミュージアムに関係するものとして、保存管理計画ではエコ・ミュージアム構想への展開について、また活用計画の中ではエコ・ミュージアム構想やグリーン・ツーリズムと連携した焼き物製作の体験事業、地域の文化や伝統などを求める文化的な観光であるカルチュラル・ツーリズムとしての活用を明記している。これらの活用方法は今後の史跡整備の実施計画等の中で議論され、より明確になる予定である。

現時点での大川内山全体をフィールドミュージアムとして生かすための視点としては①景観、②歴史の重層性の表現、③歴史経過の迫真性、④まちなかの回遊、などが考えられる。

史跡地に隣接する窯元の立ち並ぶ街並みの外見は、昭和時代の建物であり史跡的な価値は低いが、町並みとしては落ち着いた街並みである。しかしこの町並みの風景が無秩序な建築等によって崩れると、隣接する史跡地自体の景観価値も下がってしまう。史跡地の整備だけでなく周辺景観の保全は史跡整備において重要なポイントである。

一般的な原始古代の史跡地では、遺跡が土中に埋もれ、現代の発掘調査等によって、遺跡として確認されるまでは、歴史のつながりとしては断絶した状態であったといえる。大川内山では江戸時代からの窯業地としての歴史が連続し重層しており、また里道の石垣や石段、水路など江戸時代を彷彿とさせる箇所も多く残され、現在も使われている。このような他の史跡では見られない現代まで続く歴史の重層性を表現できるような整備が必要である。

苔むした石垣や陶磁器片や廃棄された窯道具などが表面に散らばっている狭小な里道、水路など、リアルな歴史経過を感じさせるものは歴史を理解する上で非常に重要であるが、注意しなければならないのは、これら歴史を感じる場所は地元住民の自宅周辺などのプライベートな空間であることが多い。今後このようなプライベート空間を開放するに当たっては、そのルール作りを先行させることが必要である。

国史跡大川内鍋島窯跡の整備については、実際の整備工事着手までには、さらに時間がかかると想定される。今後は、発掘調査を進めながら実施計画策定や文化的観光資源、まちづくりを進めたい。

註

1)　失われて存在していなかった建造物又は構造物等を新たに復した場合。

2)　史跡大川内鍋島窯跡整備計画においても仮想復元展示としてその考え方を示している（伊万里市教育委員会 2014b）。

参考文献

伊万里市教育委員会　2007『史跡大川内鍋島窯跡保存管理計画書』

伊万里市教育委員会　2014a『史跡大川内鍋島窯跡整備計画書』

伊万里市教育委員会　2014b「史跡大川内鍋島窯跡整備計画」『大川内山活用計画書』、p.100

加藤耕一　2017『時がつくる建築　リノベーションの西洋建築史』東京大学出版会

文化庁文化財部記念物課監修　2005『史跡等整備のてびき―保存と活用のために―』Ⅰ（総説編・資料編）、同成社

第3節　石川県九谷焼美術館における九谷焼研究推進体制の現在

中越 康介

はじめに

図1　石川県九谷焼美術館の外観

石川県九谷焼美術館（図1）は、日本で唯一の九谷焼の専門美術館である。九谷焼は古九谷に端を発し、その後、再興九谷、現代九谷と発展してきた。当館では、古九谷（図2）、再興九谷（図3）といった、特に藩政期の九谷焼を中心に展示し、普及啓発はもちろんのこと、地元加賀に山のように伝世している古九谷をはじめとした九谷焼の「実物資料」に対する調査・研究に、

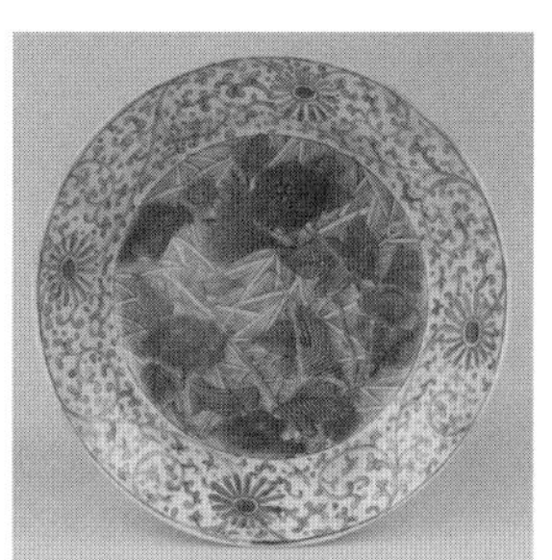
図2　古九谷

図3　再興九谷

特に力点を置いている。

本稿では、石川県九谷焼美術館における九谷焼研究推進体制の現在を、館の概要及び、近年ではどのような展覧会が開催され、どのような刊行物が発行されたのかを中心に報告する。

１　日本で唯一の九谷焼の専門美術館

石川県九谷焼美術館の設置目的は、「九谷焼に関する資料を収集、保存及び展示をし、その知識の普及及び藝術文化活動の振興発展に寄与すること」である。

石川県加賀市は大聖寺藩の領域に該当し、江戸時代をとおして前田家が治めていた。大聖寺藩領内には九谷村（現在は九谷町）があり、この九谷村において、やきものの原料となる陶石と、やきものを焼くために必要な燃料が採れ、さらにやきものを作る技術がもたらされたことによって、やきものが作られた。そしてそのやきものは、九谷焼、大聖寺焼等と呼ばれた。つまり、加賀市は九谷焼の発祥の地である。

大聖寺藩は、母体となる加賀藩から1639（寛永16）年に７万石で分藩された。本年、2019（令和元）年は大聖寺藩創設380年の記念すべき節目の年にあたる。大聖寺藩は1821（文政4）年、石高直しを申し渡され、10万石となった。すなわち大聖寺藩は、経費もかかり、特殊な技能をもつ技術者の配置等、大事業である窯業というものを推進する力がもとより備わっており、この前提に、前田家による芸術文化の創造・発展を推進しようとする強い思いが加わったことにより、九谷焼の完成に結実したのである。

大聖寺藩の中心は、かつて大聖寺藩邸が置かれていた現在の加賀市大聖寺地区である。往時の大聖寺藩の城下町に九谷焼の専門美術館を設置することは、地域の住民の長い間の願いであった。昭和の時代から議論がはじまり、ついに2002（平成14）年、「石川県九谷焼美術館」が開館した。開館早々、博物館法にもとづく登録博物館となり、当館は日本で唯一、古九谷から現代九谷までを扱う九谷焼の専門美術館となった。

2　石川県九谷焼美術館の施設概要

所在地は、石川県加賀市大聖寺地方町1-10-13（図4）である。2019（令和元）年４月、館に隣接する形で専用駐車場が完成したが、その理由は、開館当初は当館前に広がる古九谷の杜公園の一角に駐車し、自然遊歩道を通って来館するといった構想であったためであったが、一方で利便性に欠ける点もあり、現在の形に落ち着いた。敷地面積は4,368.93㎡、２階建てで、延床面積は2,165.30㎡、建築面積は1,518.22㎡である。１階の平面図は図５で、２階の平面図は図６である。建設費は、本体工事が９億6,000万円（石川県負担）、展示内装外構工事は２億8,000万円（加賀市負担）で、合計12億4,000万円である。

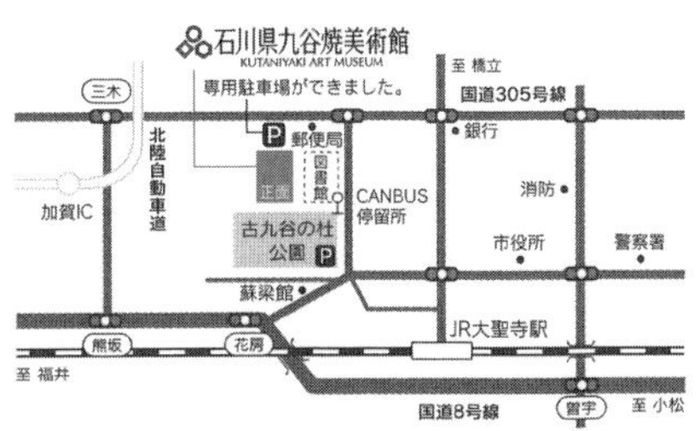

図４　石川県九谷焼美術館の所在地

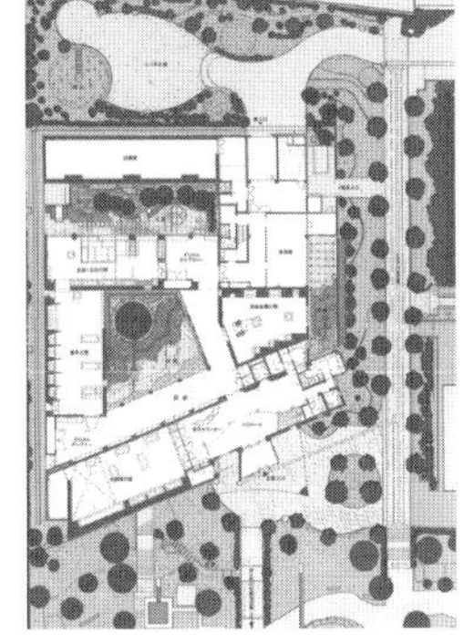

図５　石川県九谷焼美術館の平面図（１階）

主なる施設機能と建物の特徴として、次が挙げられる。

（1）企画展示室：テーマ性の高い様々な企画展を年間を通じて５回～７回程度、実施する。

（2）常設展示室：青手の間、色絵・五彩の間、赤絵・金襴の間の３室があり、九谷焼を様式別に鑑賞する。中庭を中心に回廊形式でひと回りしながら鑑賞する。北庭、東庭とともに、各展示室には専用の庭が設置されており、風と光を感じることので

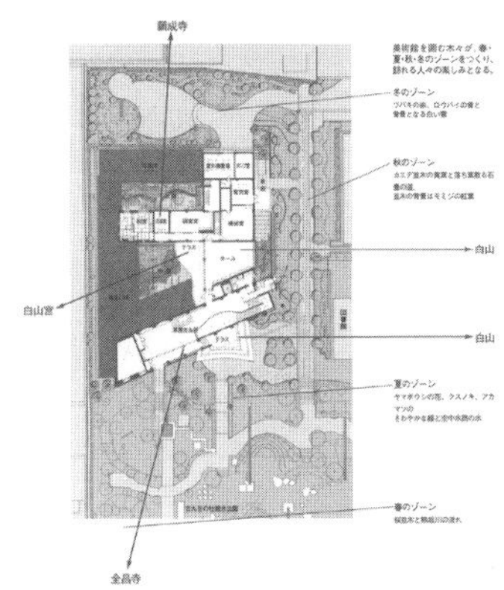

図６　石川県九谷焼美術館の平面図（２階）

きるミュージアムとなっている。展示物が「やきもの」であるという堅牢性を活かし、出来る限り自然の状態で作品が見られるように工夫されている。

(3) デジタルギャラリー：最新鋭のディスプレイで館内ガイドや九谷焼の歴史を見る。

(4) デジタルライブラリー：全国の古九谷の名品を高精彩の画像で見たり、諸窯探訪、名工列伝、バーチャル絵付け体験等を楽しめる。

(5) ホール：各種講座・講演会、会議、コンサートなどに利用できる。

(6) 喫茶・ミュージアムショップ：喫茶コーナーでは、コーヒー、棒茶、中国茶、茶菓子等が用意される。ミュージアムショップコーナーでは、現代作家の作品の展示即売をはじめ、絵葉書、一筆箋、各種図録等が販売される。

(7) 調査室：他施設の学芸員や、大学等の教員が調査研究する用に設けられた。当館の学芸員が集中的に業務を行うときにも使用される。

(8) 茶室：やきものを直接手に触れたりする鑑賞会や、お茶会等、各種行事に利用できる。

3　当館の設計者と歴代館長

当館を設計した富田玲子（とみたれいこ）氏を以下、簡単に紹介する。

㈱象設計集団代表。1938（昭和13）年東京都生まれ。東京大学工学部建築学科卒業後、同大学院修士課程終了。丹下健三研究室にて代々木オリンピック屋内競技場の設計に参加。1971年、㈱象設計集団を設立。ペンシルベニア大学、マサチューセッツ工科大学、シドニー大学、東京大学、早稲田大学などで設計演習の講師を歴任。労働省余暇活動研究委員、世田谷百景選定委員、横浜市都市美対策審議委員などを歴任。設計活動としてはパリのジャルダンカーン日本庭園、台湾省宣蘭県県庁舎、由布院美術館、北海道立釧路芸術館など多数。

当館の初代館長は高田宏（たかだひろし）、現在は2代館長武腰潤（たけごしじゅん）である。以下、簡単に紹介する。

高田宏は1932年、京都に生まれ、加賀市大聖寺で育つ。石川県立大聖寺高等学校、京都大学文学部を卒業し、文筆業の世界へ入る。『言葉の海へ』で大仏次郎賞、亀井勝一郎賞を、『木に会う』で読売文学大賞を受賞。この他、雪や森、山などの自然をテーマとした、単行本にして100冊余りの文学作品を発表。日本海文学大賞審査委員長、ゆきのまち幻想文学賞等、数々の選考委員、日本ペンクラブ理事、京都平安女学院大学学長、深田久弥山の文化館館長をつとめた。2015（平成27）年没。

武腰潤は1948年、石川県に生まれ、石川県立小松高等学校、金沢美術工芸大学を卒業し、九谷焼作家の北出不二雄に師事した。現在、泰山窯4代目窯元、日本工芸会正会員、石川県指定無形文化財保持団体「九谷焼技術保存会」会長、日本陶磁協会九谷後援会会長、石川県陶芸協会常任理事。

4　収蔵する九谷焼の件点数

2019（令和元）年6月時点において、館蔵品では779件、2,837点、寄託品では567件、2,609点を数える。つまり、収蔵庫に収蔵する九谷焼の合計は1,346件、5,446点となるが、近年、収蔵庫の許容量が満たされつつあり、第二収蔵庫の検討をはじめなければならない時期にきている。

収蔵品の種類では、もちろん九谷焼が大多数を占めるが、その他わずかながら、中国の焼物、日本の他産地の焼物、漆器類、下絵類、各種古文書、日本画等を収蔵する。

5　石川県九谷焼美術館でこれまでに実施された企画展覧会

当館は、3つの常設展示室と、1つの企画展示室の、合計4つの展示室からなる。常設展示室は常設とはいいながらも、多い時は一年に3回の展示替えをおこなう。

企画展示室はその年によっても異なるが一年に数回の展示替えをおこなう。2002（平成14）年に当館が開館し現在まで実施された企画展覧会は少ない年で一年に4回、多い年で一年に7回開催してきた。2002年に開館してから2019（令和元）年度末までの合計は96回を数える。

(1) 2018 年度の特筆すべき企画展

図７「東北・北海道に渡った九谷焼展」のチラシ、ポスター

2018（平成 30）年度に開催された企画展のなかで、「北前船日本遺産認定記念第１弾　東北・北海道に渡った九谷焼展」と「北前船日本遺産認定記念第２弾　ナゾの陶磁器　箱館焼と蝦夷試制」の２本を紹介する。これらの企画展は約半年に及ぶ（過ぎない）調査の成果を報告したものである。北前船風に言えば、行きの船で九谷焼を調査し、帰りの船で北海道の焼物を招来した、ということになる。

まず一本目、「北前船日本遺産認定記念第１弾　東北・北海道に渡った九谷焼展」のチラシ、ポスターは図７のとおりである。本展の概要は次のとおりである。

> 石川県加賀市には、北前船主たちが多く居住した加賀橋立地区（国の重要伝統的建造物群保存地区［船主集落］）や瀬越地区、塩屋地区などがあり、北前船に関する歴史遺産が数多く残っている。平成 29 年には加賀市を含む全国 11 市町によるストーリー―、「荒波を越えた男たちの夢が紡いだ異空間－北前船寄港地・船主集落」が日本遺産に認定された（※平成 30 年に 27 市町が追加され、計 38 市町）。日本遺産認定を記念し石川県九谷焼美術館では、海路を遠く東北や北海道にまで運ばれた九谷焼及び関係資料を展示する。展覧会の開催にあたり調査の対象としたのは北前船の寄港地のほか、北海道のニシン漁業で栄えた地域などであるが、本展覧会、本図録図版、原稿で報告した九谷焼伝世地の有効調査地は総じて 30 箇所に及び、調査の結果では 1,425 点の九谷焼が確認された。本展覧会ではその中から 72 件（組物でも１件と数える）を厳選して展示した。展示作品のうち、博物館施設等の所蔵品は館外では初の展示であり、その他個人の所蔵品はいずれも初公開となった。

本展の展示及びギャラリートークの風景は図８のとおりである。

本展に関連する記念講演会及び当該年度に当館で開催された講演会は

図８「東北・北海道に渡った九谷焼展」の展示、ギャラリートークの風景

次の３本である。以下、本稿での個人名の敬称は略する。

その１　2018年10月14日「加賀藩・大聖寺藩出土の古九谷」堀内秀樹（東京大学埋蔵文化財調査室准教授）

その２　2018年10月21日「北海道ニシン場で使われた九谷焼とその背景」浅野敏昭（余市水産博物館館長）

その３　2018年11月18日「北前船で運ばれた色絵の器　北海道・東北地方出土の色絵磁器」関根達人（弘前大学人文社会科学部教授）

本展では展観図録を発行した。掲載図版は345件、掲載原稿題目と執筆者は図９のとおりである。

次に２本目、「北前船日本遺産認定記念第２弾　ナゾの陶磁器　箱館焼と蝦夷試制」のチラシ、ポスターは図10のとおりである。本展の概要は次のとおりである。

本特別展は、北前船が日本遺産に認定されたことを記念する第二

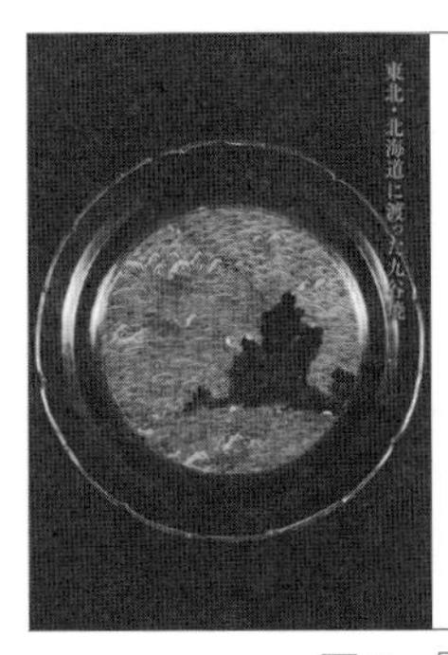

《内容》

九谷焼を探して北へ
………………神尾千絵（石川県九谷焼美術館主査・学芸員）

北海道のニシン場で使われた九谷焼とその背景
……………………………浅野敏昭（余市水産博物館館長）

北前船で運ばれた色絵の器　北海道・東北地方出土の色絵磁器…………関根達人（弘前大学人文社会科学部教授）・佐藤雄生（松前町教育委員会主査・学芸員）

東北・北海道に伝世した九谷焼
………………中越康介（石川県九谷焼美術館主査・学芸員）

図９『東北・北海道に渡った九谷焼展　図録』

図 10 「ナゾの陶磁器　箱根焼と蝦夷試制」のチラシ、ポスター

弾であり、かつて北海道に存在したナゾの多いやきものに迫るものである。北海道ではこれまで、70 種類を超えるやきものが作られてきた。本展で中心に取り上げるのは、「箱館焼」と「蝦夷試制」である。箱館焼は北海道はじめての本格的なやきものであり、蝦夷試制は九谷焼との関連性が想定されるやきものである。これらは聞き慣れない、ナゾ多きやきものであり、それぞれ 100 点も伝世していないといわれてきた。本特別展では、箱館焼 44 点、蝦夷試制 53 点、その他関係資料 50 点の合計 147 点が一堂に集められた。本書の図版ではこのほか、箱館焼 2 点、蝦夷試制 3 点、関係資料 1 点を追加で収録した。

本展の展示及びギャラリートークの風景は図 11 のとおりである。

本展に関連して開催された記念講演会は次の 3 本である。

その 1　2019 年 2 月 23 日「北海道の陶磁器」江上壽幸（北海道陶磁器研究家・陶磁器蒐集家）

その 2　2019 年 3 月 10 日「描かれたアイヌ」奥野進（市立函館博物館主査・学芸員）

その 3　2019 年 3 月 21 日「箱館焼の流通」佐藤雄生（松前町教育委員会主査・学芸員）

本展では展観図録を発行した。掲載図版は 99 件（組物でも 1 件と数え

図 11 「ナゾの陶磁器　箱根焼と蝦夷試制」の展示、ギャラリートークの風景

《内容》

特別展に寄せて
……………江上壽幸（北海道陶磁器研究家・陶磁器蒐集家）

加賀市所蔵の「函館真景」と箱館焼について
………………神尾千絵（石川県九谷焼美術館主査・学芸員）

箱館焼の流通実態
…………………佐藤雄生（松前町教育委員会主査・学芸員）

箱館焼と蝦夷試制の「やきもの像」
………………中越康介（石川県九谷焼美術館主査・学芸員）

図12『ナゾの陶磁器　箱根焼と蝦夷試制　図録』

る）、掲載原稿題目と執筆者は図12のとおりである。

（2）2019年度の特筆すべき企画展

2019（平成31／令和元）年度に開催された企画展のなかで、「大聖寺藩創設380年記念　後藤才次郎磁佛と古九谷」を紹介する。

「大聖寺藩創設380年記念　後藤才次郎磁佛と古九谷」のチラシ、ポスターは図13のとおりである。本展の概要は次のとおりである。

本年、令和元（2019）年は、大聖寺藩が寛永16（1639）年に創設されてから380年の節目を迎える年である。

本特別展ではこれを記念し、かつての石川縣江沼郡役所や北前船主の西出孫左衛門らが秘蔵していた後藤才次郎作「九谷焼磁佛」を初めて公開する。本佛像は昭和25（1950）年前後を境に所蔵者の情報が途絶えるもので、その54年後の平成16（2004）年に発見された以降も、本年まで15年間、秘蔵されてきたものである。本佛像が一般公開された最後は、昭和7（1932）年の「十萬石文化展覧會陳列」であると考えられるため、今回、87年ぶりに日の目を見ることになる。さらに、九谷焼の発祥の地である加賀を中心にこれまで重宝されてきた古九谷の逸品を展示することで、「昔から、ど

図13「後藤才次郎磁佛と古九谷」のチラシ、ポスター

図 14　「後藤才次郎磁佛と古九谷」の展示、ギャラリートークの風景

のようなものを古九谷と呼んできたのか」を今一度考える機会とし、大聖寺藩による九谷焼生産の偉業を讃える特別展とする。

本展の展示風景及びギャラリートークの風景は図 14 のとおりである。

本展に関連する記念講演会及び当該年度に当館で開催された講演会は次の４本である。

その１　2019 年９月７日「古九谷と淺野屋次郎兵衛」孫崎紀子（元上智大学講師）

その２　2019 年９月 14 日「古九谷　大聖寺藩に開花したバロック芸術」村瀬博春（石川県立美術館学芸第一担当課長）

その３　2019 年９月 28 日「古九谷と大聖寺藩前田家」北春千代（石川県立歴史博物館学芸主幹）

その４　2019 年 10 月５日「加賀藩と野々村仁清」岡佳子（大手前大学総合文化学部教授）

《内容》

広義のバロック芸術としての古九谷
………………村瀬博春（石川県立美術館学芸第一担当課長）

古九谷と淺野屋次郎兵衛『臘月庵日記』
……………………………… 孫崎紀子（元上智大学講師）

古九谷と大聖寺藩
………………… 北春千代（石川県立歴史博物館学芸主幹）

後藤才次郎作「九谷焼佛像」と古九谷再考
………………中越康介（石川県九谷焼美術館主査・学芸員）

図 15　『後藤才次郎磁佛と古九谷　図録』

本展では展観図録を発行した。掲載図版は62件（組物でも１件と数える）、掲載原稿題目と執筆者は図15のとおりである。

6　紀要の発行

当館では、2002（平成14）年に開館はしたものの、長らく研究紀要が発行されず、研究機関として機能不足であることがしばしば市民や有識者から指摘されていた。2016年、開館以来14年間の沈黙を破り、「石川県九谷焼美術館運営委員会」が発足したが、これも「石川県九谷焼美術館をなんとかしなければならない」と考えていた多くの人々の声が体現化された動きであった。そして、当運営委員の強い働きかけがあり、2017年、開館15年の時を経て、ついに長年の課題であった『石川県九谷焼美術館紀要』（第１号）が作成、発行された。2018年には第２号も発行され、2019年度も第３号の発行を予定している。以下、第１号と第２号の内容について紹介する。

第１号の14件の掲載原稿題目と執筆者は図16のとおりである。

石川県九谷焼美術館 紀要
九谷を拓く　第１号
石川県九谷焼美術館

《内容》

紀要　発刊に際して……………………………… 武腰　潤
九谷焼の源流を探る……………………………… 藤田邦雄
再興九谷吉田屋窯が存在する意味と古九谷研究における問題諸点…………………………………………… 中越康介
古九谷の源流を探る旅
　―石川県埋蔵文化財センターと有田を訪ねて―　… 山本長左
「初代・柿右衛門」と「古九谷」の謎（前編）……… 平井義一
古九谷誕生の「文化的磁場」に関する考察
　―加賀におけるキリスト教信仰の観点から　……… 村瀬博春
古九谷伊万里説論争を憂いて……………………… 河島　洋
古九谷雑考………………………………………… 北春千代
裏文が語る真実…………………………………… 吉岡康暢
利常の洗礼盤……………………………………… 孫崎紀子
発見も、また創造である………………………… 森　孝一
イズニクタイルと九谷焼………………………… 堀江祐夫子
新しい九谷のメッカ……………………………… 山下一三
石川県九谷焼美術館誕生までのあゆみ…………… 下口　進

図16 『石川県九谷焼美術館紀要』第１号

石川県九谷焼美術館 紀要
九谷を拓く　第２号
石川県九谷焼美術館

《内容》

ごあいさつ	武腰　潤
数寄者陶工納賀花山と鶯谷窯 ―昭和前期の九谷焼商納賀花山堂―	山崎達文
広義のバロック芸術としての古九谷 ―対抗宗教改革思潮の観点から	村瀬博春
焼き物探求	河島　洋
「初代・柿右衛門」と「古九谷」の謎（後編）	平井義一
『バタヴィア城日誌』とＴ. フォルカーの書いた 1640年のこと	孫崎紀子
マッカーサー元帥と青手古九谷	髙楽達夫
「糠塚氏」銘のある九谷焼徳利について	浅野敏昭
私にとっての古九谷	浜谷信彦
「吉田屋古文書」より	小矢田進
古九谷雑考（2）	北春千代
古九谷の「配色パターン」と「裏銘」の分析	中越康介

図17　『石川県九谷焼美術館紀要』第２号

第２号の12件の掲載原稿題目と執筆者は図17のとおりである。

7　2020年度以降の計画

2020（令和２）年度も石川県九谷焼美術館では年間６本の企画展を開催し、その内３本では図録を作成、発行する予定である。紀要も１年に１冊を作成、発行し続ける予定である。筆者の個人的見解では、企画展をする際の図録作成は必要不可欠である。図録を作らない（作れない）のであれば、企画展をしない方が良い、と言いたいくらいである。その理由は、「企画展を一本するのに多くの人にお世話や迷惑をかけた」「文化財展示へのリスクがあった」「大なり小なりの予算をかけた」「学芸員としての仕事の成果」等々が言えるからである。企画展が開催されていたことなど、いつかは必ず人々から忘れ去られてしまう。図録は企画展の唯一の記録であり、記録に無いものは、歴史上無かったと言われても仕方がない。

また、2～3年後には、全国巡回展、さらには海外展まで見据えた大がかりな企画展の開催を予定している。現職学芸員の現場レベルでは、向こう5年間の企画展の素案が組み立てられており、堰を切ったように動き出した石川県九谷焼美術館の今後に注目される。

8　石川県九谷焼美術館のスペック及びパフォーマンス

2019（令和元）年現在の石川県九谷焼美術館の学芸員は2名で、管理職である副館長1名の合計3名の正規職員が在籍しており、さらに非常勤館長、臨時職員、シルバー人材センター派遣職員、NPO法人さろんど九谷職員によって館が運営されている。学芸員は、学芸業務はもちろんのこと、庶務、各種イベント、施設管理、窓口対応等のすべてに従事している。学芸員は、館に関するすべてのことが頭に入っていなければならず、それはそれで越したことはないが、物事には優先順位もあり、人に与えられた時間はすべて平等で限られているため、現在の業務内容を推進する職員体制ではマンパワー的に限界を感じる瞬間がしばしばある。現在は、各職員の「熱意」により様々な局面を乗り切っている感覚が極めて強いが、このような実情は全国どこの館も同じであると考える。

昨年、2018（平成30）年度の当館の開館日数は322日で、利用者全数は39,012人であった。企画展を行うための経費についてだけで述べれば、当館と石川県内の同規模の美術館との比較では、当館は、石川県七尾美術館の18.4％、石川県立能登島ガラス美術館の32.4％の予算で運営しており、費用対効果はかなり高いと言えるところである。

9　入館者数が一人歩きをする懸念

ここでひとつ、我々が博物館活動を推進していく上での現実的な懸念事項を述べておく。それは入館者数の一人歩きである。これは、どの館の学芸員も悩みの種であろうかと想像する。

一般的には、入館者数は、それぞれの館や企画展の評価として捉えられる傾向があると言える。だが、現場の学芸員目線で言うならば、入館者数がどうであったかの議論は重要な指標ではありながらも一方で、実に残念である。なぜ館や企画展の評価に入館者数ばかりが取り上げられるかといえば、それは博物館活動における評価というものを試みる際、入館者数くらいしか定量化する材料がないことが原因である。公の博物館の場合、監査や次年度の予算計上のヒアリングの際、監査委員、直属の上司、財政当局等に目立って指摘されるのは、前年度の入館者数の入り込み数である。前年度の入りが芳しくなければ、次年度は増額どころか同額予算すら厳しいものとなる。企画展をする際の図録の予算計上の必要性についても、これまでに何部売れているのか、だけが判断基準となり、企画展同様、内容などあまり関係ない。企画展にしても、図録にしても、専門的な内容で、未来に向けて貢献する目的をもつ内容のものは、逆に言えば一般受けする可能性は低い。

博物館における入館者数の例のように、世の中のすべての事象は一つのものさしで測れるものばかりではなく、逆に無理やり測ってしまうことで真実が湾曲されてしまうこともある。結論的にいえば、博物館活動をとおして文化の継承、文化財の保護、教育的普及、歴史研究等々を実施していく上で、目に見えない、現在ではなく未来に向けた取り組みのそれぞれの活動評価を「数値化すること自体」がナンセンスであると言える。

筆者の一意見としては、誰かがどうしても入館者数で博物館を評価をしたい場合、その入館者数を導くまでの「条件」を併せて公表しなければならないシステム作りが必要であると言いたい。

条件を羅列するならば、「博物館の立地（駅からの距離、周辺の政令指定都市や中核都市からの距離、地域人口、観光客数）」「博物館の大きさや展示室の数」「博物館の駐車場の数」「学芸員の数」「学芸員以外の職員の数」「学芸員等活動に関わる職員の給与」「館の職場環境（仕事が前向きにしやすいかどうか、運営母体が館の運営に理解があるかどうか）」「年間の企画展の本数、企画展の内容（これまでの地道な調査で蓄積した成果を発表したのか、単に他から作品を借りてきて展示しただけなのか。）」「企画展の入館料」「企画展の開催期間」「企画展一本の予算額（特に広告宣伝費にいくら使ったか）」「無料入館券（割引券）を何枚配ったか」「有料入館者数、無料入館者数」「施設管理理費」等々である。

現実的には複雑で、条件公表の実現可能性は低いが、これらの条件を明示しなければ入館者数の実態はみえない。費用対効果を意識する視点も重要である。

以上のように、どの館にも、企画展一本を開催するのに費やした経費というものが必ずあるのであり、これらを計算に入れずに入館者数だけが一人歩きすれば、筆者が所属する館のような地方の弱小館は、数字だけをみれば圧倒的に不利である。

入館者数、施設利用者数といった区別にも注意が必要である。ちなみに入館者数といっても結局は各館の自己申告であるという点も問題点ではある。いずれにしても、入館者数の議論については、クリアしなければならない課題が明確にあることは間違いなく、入館者数だけではなく、何をもって良い企画展だったのか、を説明できる仕組み作りが必要である。

10　博物館教育に関する種々の取り組みや、学校教育・社会教育との連携

学校教育としては、当館では「ふるさと学習」と称し、地域の小学校の生徒が地域の文化財の鑑賞をとおして、歴史文化を学ぶ機会が設けられている。具体的には毎年、加賀市内の小学校4年生のほぼ全員が授業の一環として当館に訪れる。内容は年度や学校によっても異なるが、滞在時間は1～2時間で、行程としては、学芸員の説明を聞く、文化財を自分の目で鑑賞する、ワークショップ（クイズラリー、作品を触ってみる）、質疑応答等である。一例として過去の事業風景を紹介する（図18）。

図18　「ふるさと学習」の風景

社会教育としては、「企画展のたびに学芸員による列品解説（ギャラリートーク）の開催」「来館者で希望者には学芸員もしくはボランティアガイドによる館内ガイドツアーの申し込みができる」「年に４本程度の専門家（有識者）による講演会の開催」等が挙げられる。いずれも聴講や参加は無料であるが、企画展示室への入場には入館料が必要となる。

おわりに

石川県九谷焼美術館は、「九谷焼のみを扱う」という明確な主旨をもつ専門美術館であり、地域の特性を十分に活かした博物館活動が行われている。石川県は古九谷、再興九谷をはじめとする九谷焼が日本一伝世している地域である。モノ資料が無ければ研究は出来ないため、逆に言えば、石川県以外では九谷焼美術館は存在し得ない。九谷焼を発信する場所は、石川県の中でも九谷焼の発祥の地である加賀市が最適地であり、現在の位置付けが最も理にかなうものである。

「なぜ研究をするのか」といえば、それは解決していない諸問題が存在するからである。研究成果を発表する場が、博物館でいえば展示室や展観図録、講演会等である。明らかでないことの一端を明らかにし、その一つひとつを蓄積し、問題提起をし続けることによって歴史研究は発展していく。専門領域と社会とをつなぐ役割を我々学芸員は背負っており、常に行ったり来たり、どちらのゾーンにも立脚していなければならないことを全国の現職の学芸員に意識させ、実践させることが、これからの博物館のあり方改革として必要不可欠であると考える。

第4節　「岸岳古窯跡群」の整備計画
―佐賀県唐津市の取組―

陣内 康光

はじめに

佐賀県の西北部に位置する唐津市は、玄界灘を挟んで朝鮮半島に面し、その北端から壱岐までは約28km、壱岐と対馬の間は73km、さらに対馬島と韓国釜山の間は約93kmを測る。唐津市は古くから大陸への門戸として栄え、様々な文物や集団が渡来した地域であるが、一方、豊臣政権により、朝鮮半島への侵攻基地である名護屋城が築かれた地域でもある。この文禄・慶長の役（1592年～93・1597年～98）で日本に連れてこられた陶工たちによって、窯業不毛の地である九州が、一大窯業圏となったことは広く知られている。

肥前国内における近世の陶器窯は、現在確認されているだけで200に近い数となる。地域別では、9割弱が佐賀県に分布しており、残りの20基程度が長崎県に位置する。この内、1940（昭和15）年2月に武雄市の小峠窯跡、大谷窯跡、錆谷窯跡と土師場物原山が国の指定を受け、2005（平成17）年7月には新たに、唐津市内の6基（御茶盌（わん）窯跡、皿屋上窯跡、皿屋窯跡、帆柱窯跡、飯洞甕上窯跡、飯洞甕下窯跡）と多久市の唐人古場窯跡とが追加された。御茶盌窯跡は、1734（享保19）年、藩命により唐津城外の唐人町（現在の町田）に築かれた窯で、1871（明治4）年の廃藩により、御用窯としての役割は停止するが、その後も大正期まで使用されていた。現在も天井部を含めて窯体全体が良く残り、かつて御用焼物師を務めていた中里氏が経営する工房内で、保存・公開されている。

これに対し、「岸岳古窯跡群」と総称される、皿屋上窯跡、皿屋窯跡、帆柱窯跡、飯洞甕上窯跡、飯洞甕下窯跡の5基は、唐津市南西部に位置する北波多地域、岸岳の東麓に約1.5kmの範囲に分布している。いずれも近世初頭、唐津焼草創期の窯跡であるが、400有余年を経て、天井などの上部構造はほぼ失われている。一部露出展示を行っている飯洞甕下窯跡の他は、全て埋戻し保存の処置が取られているが、これら窯跡については、劣化防止のための保存処理や、盗掘防止についての対策が必要な段階に来ていた。

肥前陶器誕生という、我が国窯業史上重要な位置を占める窯跡群であるが、岸岳古窯跡の構造については、飯洞甕下窯と帆柱窯の一部を除いて不明であったため、旧北波多村教育委員会ではその実態を把握すべく、1997年度より国庫補助を申請し、岸岳古窯跡の確認調査に着手することとなった。

2005年4月1日に、1市（唐津市）7町村（浜玉町・相知町・北波多村・厳木町・鎮西町・肥前町・呼子町）が合併したことにより、新唐津市がこれら「岸岳古窯跡群」の調査を引き継ぎ、現在までに合計4冊の報告書を刊行している。また2005年7月の史跡指定を受けたことに合わせて史跡整備事業に着手することとなるが、2008年度の『肥前陶器窯跡保管理計画書』以降、同『保存整備基本計画書』（2014年度）、『保存整備基本設計報告書』（2016年度）を上梓している。

1　唐津焼の誕生と展開

唐津焼とは、肥前国で近世以降製作された陶器の総称であり、諸説有るものの、近世初頭16世紀末に、松浦党の後裔である波多氏が、朝鮮半島より陶工を呼び寄せて開窯したのがその始まりと言われている。

肥前陶器は、慶長年間（1596～1615年）頃には急速に商圏を広げ、伝統的な窯業地である瀬戸・美濃製品と、国内市場をほぼ2分するまでに成長する。「瀬戸・美濃焼」が従来の国産技術により製作されたのに対し、「唐津焼」はその当初から、朝鮮半島の先進的な技術体系を、丸ごと移植した形で生産を開始しており、特に「登窯」と呼ばれる大型の窯は、一度に大量の製品を低コストで焼くことが可能で、国産高級陶器と同等品を、より低価格で供給できるようになった。なおこの技術体系は、肥前では陶器のみならず磁器生産においても根幹的技術として共有され、さらに「登窯」の構造は、肥前国内だけではなく瀬戸・美濃など全国の窯業地に伝わっていく。

波多氏の改易後、寺沢氏の時代に入っても、岸岳諸窯の一部は、短期間操業していたと考えられるが、その多くは岸岳山麓を離れ、新たに窯を開いたと考えられる。さらに文禄・慶長の役により、多くの陶工が朝鮮半島より渡来し、ここ肥前の地では、伊万里・武雄・多久・有田など、各地で陶器生産が開始される。全国から出土する大量の唐津焼や、佐賀県下の窯跡の多さから、慶長・元和期（1596～1624年）の時代に肥前陶器の量産体制が確立され、唐津焼の全盛期を迎えたことがわかる。「絵唐津」と呼ばれる鉄絵装飾が盛行し、茶の湯で使用する茶碗・皿・向付（むこうづけ）、叩きの水指や花入などが数多く焼かれ、肥前の陶器生産は急成長を遂げることとなる。

しかし1610年代には、肥前における窯業体制は大きな転換期を迎える。国産磁器の誕生である。最高級の食器として磁器が位置づけられる

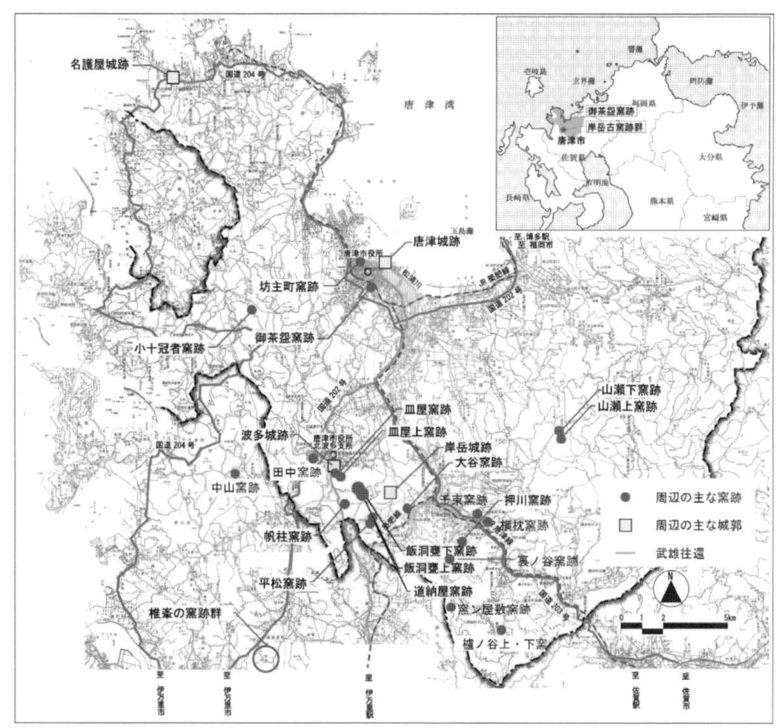

図１　唐津市周辺の窯跡

と、絵唐津は急速に衰え、肥前窯業における主役の座を下りることになる。一方有田地域周辺では廉価な無文の碗・皿が量産され、武雄地域では、鉄絵に代わり白化粧や象嵌手法を用いた、三島手や二彩手と呼ばれる装飾が主流となる。さらにその後は、京焼風陶器の製作や、甕・壺類に特化した窯などを含め、肥前における陶器生産は複雑な様相を示すようになる。

2　岸岳古窯跡群の概要

(1)　窯の構造と特徴

岸岳古窯跡群は、朝鮮半島からの技術体系を直接導入し、日本の嗜好に合った製品の生産を模索した、近世窯業揺籃期の窯跡群である。そしてその故郷である朝鮮半島と同様、ロクロ成形で碗・皿類を製作した集団（皿屋窯跡）と、叩き成形で甕・壺類を製作した集団（皿屋上窯跡）が別々の場所に窯を築いている。佐賀県内外を問わず、その他の窯業地では両者が融合し、同じ窯で操業していることが多いが、これ等の窯のように、同一地域で朝鮮半島における陶器生産の２つの型が、そのままの形で見られるのは非常に稀である。

岸岳古窯跡群は、おおむね以下の３つのグループに分類できる。その第１は皿屋上窯跡で、窯の構造は無段単室、製品は甕・壺などの貯蔵器のみを焼成している。第２は皿屋窯跡および帆柱窯跡で、窯の構造は割竹式登窯である。主に藁灰釉の碗皿類を焼成し、窯の勾配も 20 度以上と急傾斜に築かれている。第３の飯洞甕上窯跡・同下窯跡も割竹式登窯で、主に灰釉の碗皿類と貯蔵器を焼成し、窯の勾配は 16 度前後と比較的緩やかである。なお窯詰については、いずれの窯でもサヤは使用せず、トチンまたはハマのみで重ね焼きをしている。

皿屋上窯跡は、床面が直線的で、焼成室を仕切る壁も無い無段単室の窯で、肥前古窯の構造と大きく異なっている。このような窯は朝鮮半島に普遍的に存在するが、その一例として韓国慶尚道蓴池里で発掘された甕器窯に酷似する。この窯は焚口が削平されているためその詳細は不明であるが、同じく無段の単室窯であり、製品も甕・甕の蓋・瓶といった

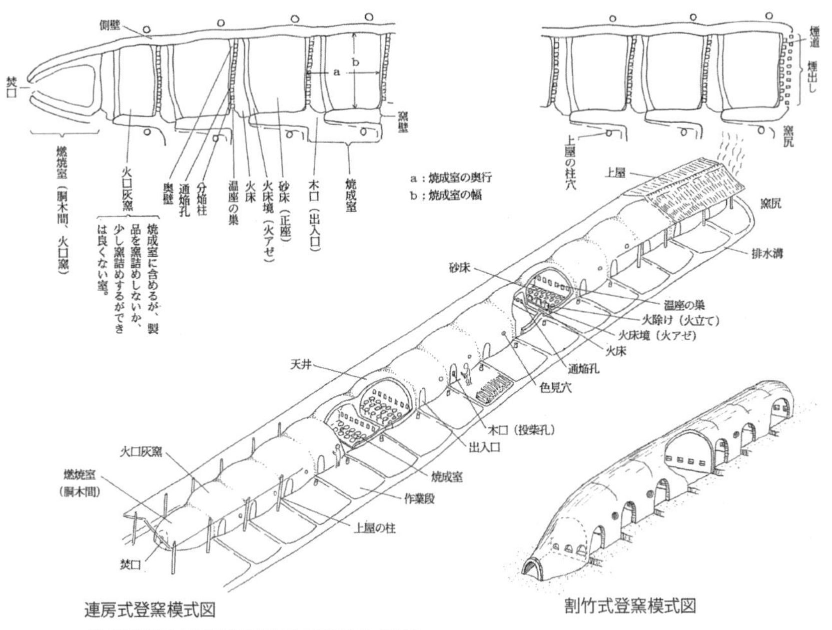

（佐賀県肥前古陶磁窯跡保存対策連絡会 1999）

図２　窯の構造及び部分名称

表１　岸丘古窯跡群寸法一覧表

	皿屋上窯		飯洞甕上窯			飯洞甕下窯			帆柱窯			皿屋窯		
	幅	奥行き	幅	奥行き	面積	幅	奥行き	面積	幅	奥行き	面積	幅	奥行き	面積
第1室			2.25	2.20	4.95	2.10	2.50	5.25	2.24	2.21	4.95	2.56	2.44	6.25
第2室			2.24	2.31	5.17	2.00	2.20	4.40	2.00	2.12	4.24	2.60	2.16	5.62
第3室			2.24	2.24	5.02	2.30	2.20	5.06	2.36	2.06	4.86	2.76	2.08	5.74
第4室	1.00		2.24	2.30	5.15	2.20	2.30	5.06	2.30	2.06	4.74	2.75	2.05	5.64
第5室			2.24	2.30	5.15	2.20	2.30	5.06	2.20	1.90	4.18	2.75	2.00	5.50
第6室						2.40	2.30	5.52	2.15	1.90	4.09	2.75	1.75	4.81
第7室	～	14.40				2.20	2.10	4.62	2.10	2.15	4.52	2.75	1.72	4.73
第8室									2.10	2.00	4.20	2.75	1.72	4.73
第9室									2.10	2.00	4.20	2.80	1.72	4.82
第10室	1.50								2.10	2.00	4.20	2.76	1.76	4.86
第11室									2.10	2.00	4.20			
第12室									2.10	2.00	4.20			
第13室									2.10	2.00	4.20			
小　計		14.4		11.35	25.45		15.90	**34.97**		26.40	**56.77**		19.40	**52.69**
面積の平均					**5.09**			**5.00**			**4.37**			**5.27**
火口灰窯									2.00	1.4	2.80	2.40	1.60	3.84
胴木間		1.50					**2.90**			2.5			2.50	
合　計		**15.90**		11.35	25.45		**18.80**	34.97		**30.30**	59.57		**23.50**	56.53
窯勾配角	22.0度		16.0度			15.5度			21.0度			26.0度		

※単位はメートル
※焼成室は窯尻からのカウント
※明朝体は推定値　幅は上下の焼成室から推定。奥行きは上下の焼成室間距離を推定室数で割り戻し。

陶器製の貯蔵器を中心に焼成している。

飯洞甕上窯跡と同下窯跡は同一グループに属し、焼成室の平均面積はそれぞれ5.09㎡と5.00㎡であり、構造・形態・寸法など多くの要素で類似するが、縦断面を観察すると、飯洞甕上窯跡は下窯跡に比べ焼成室間の段差が小さく、火床の凹を除くと、全焼成室の床面がほぼ一直線となっている。肥前古窯の変遷において、焼成室間の段差が小→大という流れが指摘されているが、この点を考慮すると、飯洞甕上窯跡→同下窯跡という時間的前後関係を指摘しうる。

帆柱窯跡と皿屋窯跡は、藁灰釉碗・皿類の集中的焼成という点では共通するが、窯構造ではいくつかの相違点が見られる。その最も大きな違いは、焼成室の数とその床面積である。帆柱窯跡が推定焼成室数13であるのに対し皿屋窯跡は10室であり、その平均床面積も前者が4.37㎡であるのに対し後者は5.27㎡である。焼成室規模の拡大傾向という肥前古窯の変遷に照らし合わせると、両者の編年は帆柱窯跡→皿屋窯跡となろう。

(2)　出土した陶器の特徴

岸岳古窯跡群は、①甕類を集中的に焼成した皿屋窯上窯跡、②土灰釉と長石釉製品を中心とする飯洞甕上窯跡と同下窯跡、③主に藁灰釉製品を焼成した、帆柱窯跡・皿屋窯跡の３グループに分かれる。

土灰釉系列では、皿屋上窯跡→飯洞甕上窯跡→飯洞甕下窯跡、藁灰釉系列では、帆柱窯跡→皿屋窯跡の順序で諸要素の変遷が認められる。ただしこれら要素の変遷が、時間的前後関係を反映しているかは、さらに消費地における出土状況、国内外の窯業技術の分析を通して総合的に判断することが必要であろう。

土灰釉系列と藁灰釉系列は、多くの要素で明確に区分できるが、飯洞甕下窯跡と帆柱窯跡において同じ口縁形態が共有されており、少なくとも両窯間には、時間的または技術的接点が存在する。

皿屋上窯跡は、韓国蕁池里甕器窯など半島の窯構造に酷似し、その製品もまた形態・器種構成・マーブル状に煉り込んだ胎土など、あらゆる点で朝鮮半島産と区別がつかないほど似ている。さらに、蕁池里甕器窯で見られた複合口縁形態が、甕・鉢類の製作において、全ての窯に採用されていることからも、皿屋上窯跡だけではなく、岸岳古窯跡群全体の甕・鉢類の製作技法が、半島のオンギ（甕器）製作の系譜上に位置することは明らかである。

これら甕・鉢類に対し、茶陶をはじめ食器類の多くは、朝鮮半島と異なる器形の製品により構成されている。最も普遍的に出土している丸皿の器形は、朝鮮半島の粉青沙器系の窯で焼かれた皿にも類似するが、小坏や向付、装飾を施す碗などは、当時の国内嗜好、流通していた器の形を基に製作された器種と考えられるのである。これらの日本的器種を、肥前地域が独自で開発した可能性もあるが、皿屋窯跡や飯洞甕上窯跡と同下窯跡間のトレンチから、瀬戸美濃大窯第4段階末の志野向付と天目碗がそれぞれ出土しており、このことは、近世的器種・器形の成立において、肥前及び美濃地方が密接に連携し、重要な役割を果たしたことを示唆している。

以上甕・鉢類の製作技術が、朝鮮半島の系譜に連なることを確認した

写真1　飯洞甕上窯跡

写真2　出土した陶器

が、碗・皿類においてはその器形・器種と同様、製作技法も国内に求められるのであろうか。ここで注目すべきは窯道具である。

トチンとハマを多用する窯積め方法は、当時の国内では見られない特徴であり、その祖源は半島に求められる。また底部調整（削り）におけるロクロは左回転で、国内伝統的窯業地とのそれとは逆であり、半島の回転と同一である。

これらの事実により、碗・皿類の製作技法もまた朝鮮半島に系譜が求められ、ここ肥前の地においては、朝鮮半島的技法を用い、当時国内で嗜好されていた器形と器種の製作が開始されたと考えることが出来る。

3　岸岳古窯跡群の整備計画

(1)　古窯の森公園と史跡整備

徳須恵盆地南東の稗田集落から、渓流に添いつつ岸岳に向かって2㎞ほど進むと、杉木立に囲まれた「古窯の森公園」に至る。飯洞甕窯跡はこの公園の最奥部に位置し、約50ｍ隔てて２基の窯跡（上窯・下窯）が存在する。公園とその周辺は、初夏のアジサイ・スイレン、秋の紅葉、さらに蛍鑑賞、野鳥観察など、唐津市民にとって憩いの場となっており、自然・歴史に親しむ環境が整えられている。小川と溜池の親水スペース、自然散策路と東屋、飯洞甕下窯の露出展示（覆屋）から構成され、その中心部には駐車場とトイレが設けられ、今後は多目的広場の整備と、史跡ゾーンへ渡る人道橋の設置が計画されている。

公園のシンボルでもある「飯洞甕下窯跡」は、岸岳古窯跡群の中で最も遺りの良い窯跡であり、現在覆屋を設置し露出展示を行っている。飯洞甕下窯跡には、地域住民・唐津焼愛好家・観光客等様々な人々が訪れるが、そこでは「400年前の本物を、眼の前で見られて感動した。」「遺跡を残し伝えるということの大切さを実感した。」などの声を聞くことができる。

史跡から受ける視覚情報、感動などから、来訪者は先人達の営みに思いをはせることとなるが、残念ながら現在の展示は、「窯の完全な形は？」「どのように作業したの？」「なぜここに窯が築かれたのか、歴史的背景は？」等々の、知的好奇心に応えることができていない。

岸岳古窯跡群の整備計画では、これらの知的要求に応えるため、歴史的背景、技術の系譜、その後の日本窯業史に果たした役割等を解説するガイダンスを設けるとともに、飯洞甕下窯跡の復元窯を製作し、体験学習施設として活用することとした。また史跡を構成する各遺構については、その保存上の課題を調査検討し、窯場の全体構造を理解する上で最もふさわしい展示手法を選択することとする。

(2)　史跡の整備計画

①段階的な整備の実施

現在唐津市内で肥前陶器窯跡として国の史跡に指定されているのは、御茶盌窯跡と岸岳山麓５基の計６基である。個々の窯跡は分散して存在し、土地の所有形態、遺存状況、自然環境も様々である。このことから、保護の緊急性・整備効果を勘案し、優先順位を定め、段階的な整備を実施していくこととする。

第Ⅰ期事業では、飯洞甕窯跡およびその周辺について重点的に整備を行うものとし、その他の窯跡については、保護対策上必要な措置を講じることとする。また、飯洞甕上・下窯跡以外の窯跡（皿屋窯跡・皿屋上窯跡・帆柱窯跡・御茶盌窯跡）の本格的整備については、中・長期の第Ⅱ期・第Ⅲ計画において改めて策定するが、当面の対応として各窯跡への見学ルートや案内看板や地図を設置するとともに、草刈・簡易階段の設置などアクセス路を確保し、見学者が迷わないように配慮する。

第Ⅰ期整備計画では、飯洞甕上・下窯跡を中心に、園路、ベンチ等の休憩施設を設置し一体的整備を行う。指定地内樹木については、まず展示施設の周辺についてのみ当初に伐採し、その他については、樹木密度を減らす樹林整理を行い、将来的に広葉樹林に変える計画とする。

②飯洞甕下窯跡の整備

飯洞甕下窯跡の整備については、老朽化した現構造物を撤去し、新たに展示のための施設を設ける。展示方法は発掘直後の姿をそのまま見せる露出展示とし、露出部と外周通路との間仕切りは、遺構内への害獣や人間の侵入を防ぎつつ見学しやすいものとして、原則として強化したガラスを使用する。ただし、内部にコケ、黴、菌類などが発生しにくくするために上部は開放した構造とする。また唯一残る隔壁を間近で見学できるように、第４焼成室上部に横断通路を設置する。

側壁・隔壁等の上部遺構には、欠損部の充填等保存処理を施すとともに、必要に応じ工学的補強を行う。また露出展示部分以外は、遺構に損傷を与えないように十分注意し、遺構の保護・保存のための養生盛土を行う。

防犯等の設備については、史跡ゾーン内に２基の録画通報機能付の防犯カメラを設置するが、露出展示部にも、音声により進入禁止の注意喚起を行うセンサー装置を設置する。また覆屋内照度は低いため、見学者用にセンサー式照明を設置する。ただし、露出遺構に影響を与えないように紫外線を発しないタイプの照明を採用する。

展示のメインはあくまでも露出している本物の遺構であるが、来訪者の遺跡・遺構に対する理解を深めるため、解説パネル・ミニチュア模型、デジタル AR コンテンツ・3D データを活用した映像コンテンツ等で補助的展示を検討する。

③飯洞甕上窯跡の整備

飯洞甕上窯跡は、焼成室が削平され、隔壁などの上部構造も残っていないことから、養生盛土を行った上で、窯跡の規模や形態が視覚的に理解できるように床面や隔壁を模式的に表現した展示を行う。道路による削平を受け、断面が露出している部分については、補強処置を施し、擁壁により保護する。

④体験ゾーンの整備

多目的広場と史跡ゾーンを結ぶルート上に体験ゾーンを設け、復元窯と作業棟を配置する。復元窯は、窯全体の構造やどのように陶器が焼かれたのかというイメージ化を助けるため、飯洞甕下窯跡の構造を参考に復元窯を製作する。作業棟は、パネル解説の他、蹴ロクロなどの道具を備え付け、当時の製作工程が分かるような展示を行う。また同時に体験学習施設として機能するように、電気窯や電動ロクロ等を設置する。

４　活動の展開─「エコミュージアム」を目指して─

(1) 古窯の森公園とエコミュージアム

実効性の有る保存・活用活動を持続するためには、予算・人員の継続的確保が必要である。しかし現実問題として、複数の職員（学芸員等）が常駐する施設の建設は、現在の唐津市の財政状況から判断すると難しいと言わざるを得ない。

まずは現地説明会・講演会・ワークショップ等、史跡に親しむ機会や集会の場を設けることによって、地域住民と史跡との接点を確保し、ボランティア活動のみならず、NPO その他の団体が史跡の管理・運営及び公開・活用に参加しやすい環境を整備していく（行政主導の市民参加型）。その後、より積極的な地域住民の協力による運営（協働）へと発展させ、最終的には地域住民が主体となって運営する（自治）につなげていきたい。

このように行政と住民が協働して運営するオープン・ミュージアムの一つとして、エコミュージアムという概念があり、その三大機能についてアンリ・リビエル氏（エコミュージアム提唱者・フランス人）は次のように述べている。

エコミュージアムは、

①地域の発展に貢献する実践者を育てる学校である。

②自然遺産・文化遺産を護り育てる保護・育成センターである。

③地域特性と開発の道を探る研究所である。

そして各所に点在する、自然風景・工場・史跡・農場はそのままで、非常に貴重で価値のある展示センターであり、体験できる博物館である。またエコミュージアムの施設・組織は、

①コア・ミュージアム（核になる本部的博物館）

②複数のサテライト（衛星的小博物館）

③ディスカバリー・トレイル（発見の小道）

という３本の柱を基本として成り立つが、これらが同時に完成する必要はなく、建設の順番も規模もその設立母体である地域の実情により異

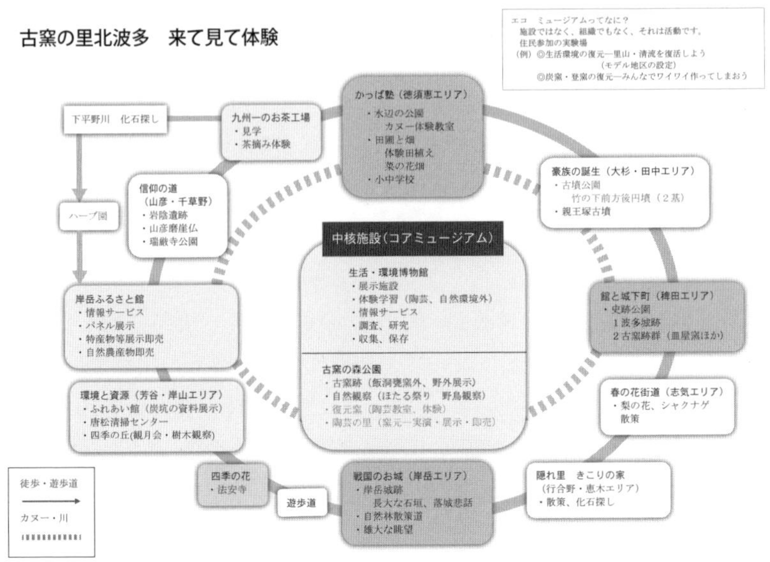

図３　北波多地域におけるエコミュージアムのイメージ

なることが当然と考えられている。

すなわち、唐津市全体から見た場合、「古窯の森公園」はサテライトとして機能し、北波多地域においては、コア・ミュージアムとしての位置付けが可能なのである。

(2)　みんなの楽園づくり

古窯の森公園は交通機関のアクセスが決して良いとは言えないため、観光客など見学者の急激な増加は望めず、利用度を高めるためには、唐津焼愛好家だけではなく、様々な人が集まる仕掛け作りが必要である。

それでは、いかにして人を集めるか？

古窯の森公園の持つ特性、つまりその第１は本物の遺跡＝唐津焼最古級の登窯が存在すること、第２は公園とその周辺が自然環境の良い里山であること、この２つの特性を生かした活動を展開し続けることが重要である。

「(仮称) 古窯の村」の目標は、里山と物作りの村づくりとし、行政や偶(たま)さか訪れる観光客ではなく、地域住民を含む村人（参加者）が主役と

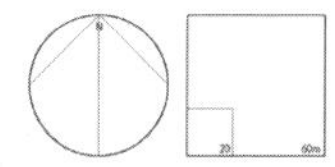

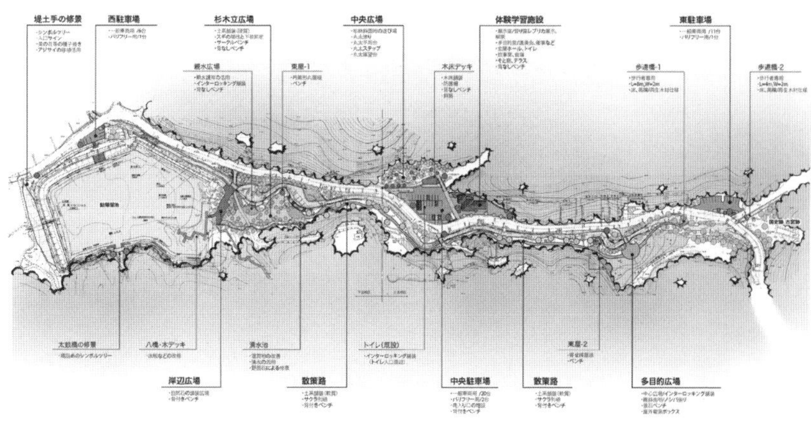

図４　古窯の森公園ゾーニング計画図

図５　史跡ゾーン完成予想図

なる。里山の復元を目指し、新しい村を一つずつ自分たちの手で作り上げる、いわば村づくりの実験場であり、参加する楽しみを提供する実体験形のプチ・アミューズメントパークでもある。史跡ゾーンの窯場展示施設が、観光・学習を主な機能として期待されるのに対し、体験ゾーン

図６　飯洞甕下窯跡展示施設完成予想図

図７　体験窯・作業棟完成予想図

は学習・活用のみならず、市民参加の仕掛け作りにおいても非常に有効と考えている。具体的には、復元窯の窯築作業補助の一般公募（「手伝い隊」）、完成後は学童やアマチュア陶芸家による窯詰め・焼成体験、さらにはレンタル窯としての利用など、様々な活用方が想定され、地域住民・団体などからの要望に柔軟に対応することにより、より活発な活用が可能である。そして最終的には地域住民（NPO）や窯元有志等によって自ら運営できるような体制を整備していきたい。

参考文献

朝日町エコミュージアム研究会　1992『国際エコミュージアムシンポジウム報告書　エコミュージアム』

大橋康二　2008「土の美　古唐津―肥前陶器のすべて―」『土の美　古唐津―肥前陶器のすべて―』佐賀県立九州陶磁文化館

片山まび　2005「朝鮮時代の陶器について」『十六・十七世紀における九州陶磁をめぐる技術交流』九州近世陶磁学会

唐津市教育委員会　2015『肥前陶器窯跡保存整備基本計画書』

唐津市教育委員会　2017『肥前陶器窯跡保存整備基本設計報告書』

唐津市教育委員会　2018『岸岳古窯跡群Ⅳ』唐津市文化財調査報告書 178

佐賀県肥前古陶磁窯跡保存対策連絡会　1999『肥前古陶磁窯跡』

徳永貞紹　2010「生産地周辺の消費地からみた肥前陶器（唐津焼）の出現」『関西近世考古学研究 18―消費地からみた国産陶磁器の出現と展開』関西近世考古学研究会

村上伸之　2005「肥前磁器の技術」『十六・十七世紀における九州陶磁をめぐる技術交流』九州近世陶磁学会

第5節　益子町の窯業と博物館

坂倉 永悟

はじめに

益子町は東京から北へ約100㎞、宇都宮市から南東に約20㎞に位置する栃木県の南東部の町である。人口約2万3,000人のこの町は東日本を代表する焼き物「益子焼」の産地であり、昔からの窯元や移住した個人作家など約400名の陶芸家が日々制作に勤しんでいる。

本節では、まず益子の地理的条件や窯業史、町内の博物館（美術館）について紹介し、窯業地としての文化財的要素の保存と活用とそれに伴う博物館の現状を紹介したうえで、町の政策や地域とのかかわり、それらに付随する課題と益子町の実践例を踏まえた博物館、博物館事業について論ずるものである。

1　益子の地理的環境

益子町は、町の東部から南東部、南部を沿うように茨城県と福島県の県境の山である八溝山の山系の山々や鶏足山地が連なっている。町内には、長く暮らしの中で息づいてきた里山（二次林）が残されている。益子の里山はコナラやアカマツを主体としており、燃料である薪や炭、肥料となる落葉の供給地であった。特にアカマツは発熱量が大きく焼き物の焼成に適しているため、益子焼の焼成燃料として利用された。

写真1　益子焼（山水土瓶）

また地質に目を向けると、益子の大地を形成する地層の中で、北部地域は、基盤岩の中・

古生層と新第三紀層及びこれらを被覆する第四紀堆積層から構成される（小村・村沢ほか 1989）。この新第三紀層からは通称「芦沼石」と呼ばれる凝灰岩が産出し、建材や釉薬「柿釉」として使われてきた歴史を持つ。町の中部にある北郷谷地区やそこから北東部に位置する新福寺地区では、第四紀層のうち中位部層の粘土・シルト互層（粘土質堆積物）が益子焼の原料粘土として採掘されている。

2　益子焼の概要と歴史

(1) 益子焼の概要

現代に続く益子焼の歴史は、幕末からと比較的浅い。そして新興の窯業地ゆえに、時代とともに焼き物の特徴が変化していることが益子焼の最大の特徴といえる。

一般的にいわれる伝統工芸品の益子焼は、信楽焼の流れくむ焼き物であり、先述の地域等から採取した砂目の多い陶土を用い、灰釉・糠白釉・柿釉・並白釉・糠青磁釉・黒釉・飴釉などの釉薬を用いて仕上げる。益子の釉薬は、一般家庭にある木灰や農家で作られる籾灰など、身近な素材で作られる。また柿釉の原料である芦沼石は単独で釉薬を作れ、柿釉に木灰を混ぜると黒釉も作れるため、益子焼には欠かせない釉薬の原料となっている。完成した焼き物は、重厚な色合いとぽってりとした手触りに仕上がる。時代に合わせて変化している焼き物ではあるものの、台所用品など日用品を作り続けていることがその特徴といえる。

写真２　初期益子焼（汽車土瓶）

老舗の窯元では分業制を敷いているところも残り、連房式の登り窯を現役で使っているところも少なくない。一方、現在では個人作家も多く存在し、彼らの作品は伝統的な材料や技法にとらわれない現代のライフスタイルに合わせたものが多く、益子焼の多様性を生み出す一因となっている。

(2) 益子焼成立以前

益子町内の山麓には、須恵器や瓦を焼いたいくつもの古代窯跡が発見されている。代表的な古代窯跡として、町東部の上大羽地区には栗生窯跡群、南東部の山本地区には原窯跡群、南部の田野地区には西山・本沼窯跡群が発見されている。いずれも9世紀から10世紀頃の遺跡であり、特に西山遺跡からは下野国府に供給された瓦が発見されるなど、古代下野国にとって一大窯業生産地のひとつであったことが知られている。

(3) 幕末〜明治期

益子焼は、幕末の1852（嘉永5）年、現在の茨城県笠間市で焼き物を学んだ大塚啓三郎が窯を築いたことに始まるとされる。当時、益子の中部から東部にかけては下之庄と呼ばれ黒羽藩の飛び地領であった。安政期（1854〜60）の藩主大関増徳は、藩の国産政策として瀬戸焼（益子焼）の専売制を実施した。1855（安政2）年の大地震による材木統制をきっかけに、黒羽藩は材木、煙草、紙、漆などを専売の対象とし、瀬戸焼もその一つとなったのである。黒羽藩は上記品目を取立て、それらを大都市江戸へ売りさばいた。このことが、瀬戸焼（益子焼）が江戸への販路を開くきっかけとなったのである（益子町1991）。

益子では、土瓶・すり鉢・つぼ等の日用品が中心作られた。そして、鬼怒川を使った船運や近代以降真岡線が敷かれたのちは鉄道を利用し、近隣の町だけでなく東京へも運ばれていった。益子焼は家庭生活に広く普及し、「益子焼」の存在を知らない家庭でも何らかの益子焼製品が家庭にあったといわれている。それほどまでに人々の生活を陰ながら支えていたのであった。

また益子では、陶器伝習所を設立して大々的に職人の養成を行った。1903（明治36）年に開設された陶器伝習所では、職人の卵たちが日夜焼き物の勉強に励み、互いに切磋琢磨しあった。結果、多くの人が益子焼づくりを学び、そして益子で窯を築いたことが現在の益子焼隆盛の基礎となっている。

(4) 濱田庄司と民藝運動

写真3　濱田庄司作品

益子焼の名が全国に知られるようになったのは、1930（昭和5）年に民藝運動の中心人物であり陶芸家の濱田庄司が移り住み、作陶を開始してからである。濱田は、名も無き職人の手が生み出す日常の生活道具である民藝品に美しさを見いだし、自身の作品にこの民藝の要素を取り入れたいと感じていた。純粋な田舎での健康的な生活の中でこそ作品が生み出せると考えていた濱田にとって、益子は理想郷であり、まさに引き寄せられるように移り住み、益子の風土も濱田を温かく迎えたのである。濱田の影響により、民藝調の陶器（民藝陶器）を作る人々が出現し、また英国の工芸村をヒントとして、工芸職人のためのまちづくりが構想された。これには窯業にとどまらず、染織・木工・金工等の職人たちも賛同し、伝統に裏打ちされた確かな技術から生み出される、時代に合わせた新たな作品が誕生したのである。

(5) つかもと製陶所の研修生制度

益子町の窯業史上、濱田庄司の活動と並ぶ重要なエポックとして、つかもと製陶所の研修生制度がある。昭和30年代、益子焼業界は不況のどん底にあった。窯元は40軒程度であったが、半農半陶が多く、不況のあおりを受けて廃業に追い込まれた窯元も少なくなかった。したがって窯元が新たな人材を雇うことはほとんど困難であった。かかる状況の中で、つかもと製陶所は1956年に研修生制度を始めた。同社は、今なお多くの従業員を抱える益子最大の窯元であり、群馬県横川駅の名物「峠の釜めし」に使用される釜めし容器の生産で隆盛した企業である。同社の研修生制度において、研修生は日中製陶所の作業に従事し、夜間は自由に研究や制作に没頭できる環境が整えられていた。つまり、実践的な技能を習得するだけでなく、作陶環境が整ったなかで様々な試行錯誤ができる制度であったのである。当該制度は、当時全国的に実践例は少なく、芸術路線の強い陶芸家の加守田章二をはじめとして、ここで作陶を学んだ多くの陶芸家が活躍した。

3　益子町内の博物館・美術館

益子町には、公私立の博物館・美術館が３館所在している。本節では、町内の３施設の概要と特徴的な活動について例示するものである。

(1) 益子陶芸美術館／陶芸メッセ・益子

益子陶芸美術館／陶芸メッセ・益子（以下、陶芸メッセ）は、1993（平成5）年６月に開館した町立の施設で、メイン施設の益子陶芸美術館、講演会や海外作家が宿泊できる益子国際工芸交流館、町指定文化財の旧濱田庄司の母屋、益子出身の版画家笹島喜平の作品を展示している笹島喜平館、御城山城跡を整備した遺跡広場等で構成されている。ここでは、核となる博物館施設の益子陶芸美術館と、陶芸メッセの代表的な事業である国際工芸交流事業について紹介する。

①益子陶芸美術館

益子陶芸美術館は、濱田庄司や島岡達三といった益子を代表する陶芸家、および濱田庄司にゆかりのある陶芸家の作品を収集・展示する町立美術館である。また、濱田庄司と交流のあったイギリス人陶芸家バーナード・リーチをはじめ、リーチ工房初期の陶芸家の作品や欧米の現代陶芸作品も収集・展示している。近年では、国内外の現代陶芸を中心に、年３〜４回の企画展を開催している[1)]。

写真４　益子陶芸美術館

②国際工芸交流事業

陶芸メッセでは、2014年５月より「益子国際工芸交流事業」を開始した。本事業は、国内外で活躍するアーティストを益子に滞在してもらい、そこで制作を行ってもらういわゆる「アーティスト・イン・レジデンス」事業である。本事業では、陶芸メッセが招聘したアーティストに益子で滞在制作してもらう招聘プログラムと、応募・選考のプロセスを経てアーティストに益子で滞在制作してもらう公募プログラム（2017年開始）の2つを実施している。滞在期間中、アーティストは作品制作とともに、記念講演会、ワークショップ、公開制作などの交流プログラムを合わせて行っている。

写真5　アーティスト・イン・レジデンス（公開制作）

本事業の目的は、事業を通じて国内外のアーティストと益子や周辺地域で活動する人々との交流が深まり、益子における陶芸（工芸）の伝統が広く国内外に共有されるとともに、この事業がまた新たな創造の起点となることを目指すというものである。本事業の拠点となるのが「益子国際工芸交流館」であり、来町したアーティストは当該施設に滞在・生活して活動を行っている[2)]。

(2)　公益財団法人濱田庄司記念益子参考館

濱田庄司記念益子参考館は、益子町に民藝をもたらした濱田庄司自身が長い時間をかけて蒐集した陶磁器、漆器、木工、金工、家具、染織、その他の工芸品を展示・公開するために、自邸の一部を活用するかたちで1977（昭和53）年4月に開館した民芸館である。濱田の蒐集は、日本国内にとどまらず中国、朝鮮、台湾、太平洋諸島、中近東、ヨーロッパ、南米など、また時代も古代から近現代まで多岐にわたる。その蒐集品は、自分の作品が負けたと感じたときの記念として、濱田が購入し蒐集した諸品であった。これらは、濱田の眼を楽しませ、刺激し、制作の糧となったもので、身辺に置いて親しんだものであった。益子参考館は、濱田がそれらの品々から享受した喜びと思慮を、広く工芸家およ

写真６　益子参考館

び一般の愛好者と共にしたい、また自身が参考としたものを一般の人々にも「参考」にしてほしい、との願いをもって設立された[3)]。年間数回の企画展をはじめ、企画展に即した講座などを実施している。また、東日本大震災で被災した登り窯（町指定）を復活させるプロジェクト「濱田庄司の登り窯復活プロジェクト」を実施し、濱田も使用した登り窯で、町内の作家が焼き物の焼成を行うという事業を通して、民間主導で町内の陶芸家のつながりを深めている。

(3) つかもと美術記念館

つかもと美術記念館は、益子焼最大の窯元である株式会社つかもとが運営する美術館で、同社にゆかりのある作家の芸術作品が展示されている。同館は、1887（明治20）年頃に建築された豪壮な庄屋造りの建物で、かつて塚本家の母屋として使われていた。館内には、塚本家において制作した棟方志功の迫力ある作品をはじめ、濱田庄司・河井寛次郎・芹沢銈介・加守田章二らの、「つかもと」とゆかりの深い巨匠たちの作品を展示している。また、同社の歴史資料やノスタルジックな生活用品も併せて観ることができる[4)]。また同社では、美術館以外にもロクロ・手びねり・絵付け体験ができる陶芸体験や、SPACE 石の蔵（貸しスペース）での展示等活動、作家館での展示、自社製品の器や釜での食事などが楽しめるレストランな

写真７　つかもと美術記念館

ど、様々な活動ができるような環境を整備している。

4　益子町の文化財の保存と活用、博物館との関わり

益子の指定文化財は、2019（令和元）年現在で107件存在する。そのうち益子焼に関する文化財は、濱田庄司作品、島岡達三作品、益子参考館登り窯、岩下製陶登り窯、益子参考館細工場（以上町指定）の５件である。少し幅を広げて、濱田庄司関連まで含めると益子参考館上台（県指定）、濱田庄司の母屋（町指定）の２件が追加され、さらに窯業といった括りであれば９世紀頃の古代窯跡と本沼窯業群跡（以上町指定）の２件が

表１　工芸・芸術の里ましこの取り組みの方向性
（益子町教育委員会2017を一部加筆）

基本目標	方向性	関連性が想定できる施策・取り組み
引き出す	・益子焼の歴史や、手仕事村の遺産等、益子工芸の歴史と遺産に関する総合的な調査を行う。	・土祭
まもる	・藍染めや竹細工等の伝統的な工芸技術の継承について取り組んでいく。 ・伝統的な工芸技術を映像等により記録保存していく。 ・江戸時代以来の紺屋の様子を伝える日下田邸（染色工房併用）の保存に取り組んでいく。	・ものづくり人材育成や研究開発などの支援
広める	・益子工芸の歴史と資産に関する調査成果を、現在に生かせるように、書籍やホームページを通じて情報提供する。 ・益子出身や益子ゆかりの作家や作品についての冊子や映像を作成し、道の駅等で紹介する他、ホームページを制作する等、積極的にPRしていく。	・手仕事人材バンクを設置し、作家や工芸品の情報を一元化し、町内外に情報提供する ・各種観光パンフレット等を統合したわかりやすい情報誌の作成
活かす	・益子の工芸、芸術文化資産を観光やタウンプロモーションの素材として積極的に活用していく。	・ラーニングバケーションの充実 ・町のブランドイメージ確立のための資産を活用した展覧会等の各種イベント ・町のブランドイメージ確立のための国内外プロモーション

写真８　益子参考館登り窯

含まれて全９件となる。この中で益子町が所有しているものは濱田庄司の母屋のみであり、残りは個人所有となる。このように、町の基幹産業である益子焼関連の文化財は個人の管理にゆだねられている現状にある。これに対し益子町では、2017年（平成29年）に策定された『益子町歴史文化基本構想』の中で、「工芸・芸術の里ましこ」として表１のような方針を定めている。

また現在の益子町では、景観条例等の景観維持に関する条例がなく、窯業地ならではの風景を残すための規制ができない状況でもある。景観維持については、益子町の総合計画である「新ましこ未来計画」に基づいてランドスケープデザインに取り組んでいるため、その成果を基に景観条例に結びつくことを期待したい。一方、規制がないことにより、陶芸作家が自由な環境で、のびのびと作陶できている証拠でもあるともいえるため、規制する際はその加減に注意が必要である。

さらに、益子町の現状として、町内に所在する博物館施設が美術館のみであり、歴史系博物館が存在しない点が挙げられる。このため、益子焼の歴史的な研究が不十分であり、また民藝については民間の益子参考館が主体となっているため、町としても民藝についてきちんと研究する場を設ける必要がある。

写真９　世間遺産の旧益子陶器伝習所

身近な歴史や文化の魅力を再発見する制度として、「ましこ世間遺産制度」がある。これは、町民の目線で益子の魅力を町内外に発信することを目的に2017年に制定された制度で、町民の申請によって様々な地域文化資源を登録できるようになっている[5)]。当制度には「益子陶器傳習所」など窯業関係の申請もあり、当制度を活用することで、これまで知られてこなかった地域文化資源を発掘し、文化財の補完につなげることも有効であると筆者は考える。

5　観光への活用

益子町は1960年代〜70年代の民藝ブーム以降、益子焼を観光業の中心に据えてきた。現在では、春秋の陶器市を中心に主に首都圏から年間約60万人の観光客が益子を訪れている。益子が実践してきた観光は、いわゆるモノ消費を意図としたもので、最終的には益子焼を買ってもらうことを目的にしてきたのである。しかし、近年の観光はコト消費を重視する傾向にあり、観光地でいかにその土地ならではの体験ができるかが重要になってきている。現在の益子町では、従来からある陶芸体験に加え、里山などの自然と調和したカフェなどの飲食店が、益子の陶芸作家の作品をうつわに使ったり、作家自身が飲食店を経営するなど、窯業と食を起点とした活用が増加傾向にある。美味しい食事だけでなく作家物のうつわを併せて堪能し、気に入ったうつわはその場で購入できるといったスタイルの店も増えている。

また、益子町は近年、益子を訪れる方々に益子の雰囲気（空気感）を味わってもらえるような取り組みを次々と打ち出している。窯業に限らず広く益子の日常を知り、体感してもらう取り組みを増やし、その中で窯業地としての要素も盛り込む方針への転換が志向されている。

写真10　土祭ワークショップで作られた光る泥団子

例えば、３年に１度開催される土祭（ひじさい）では、土に感謝することをコンセプトに、街中でのアート作品の展示や、住民・観光客が一体となって作り上げる土に関連するワークショップなど、様々な取り組みが見られる。また「土祭 2015」では、益子の土地の成り立ちや風土を見直す取り組みが行われた。同年は、風土風景を読み解く集いを実施し、町内を 13 地区に分割し、それぞれの地域の自然環境からそこで生活する人々の暮らし方等について調査して、住民と情報共有を図った。その後、それらの基礎調査から「風土風景遠足」というイベントが誕生し、益子ならではの里山を学びながら歩く取り組みへと発展した。当事業は、町の観光商工課によって始められたが、生涯学習課の歴史講座の一環として実施されたり、企画課の移住定住事業の一環として実施されるなど、課の枠組みを超えて一定の成果をあげている。

また、2016 年に設置された道の駅ましこでは、レンタサイクルやポタリングなど、自転車を利用したツーリズムを実施しており、従来の観光では訪れないような場所（景色の良い場所など）を案内する等ディープな益子を知ることができるとして人気を博している。また、「ましこの休日」では、食と作り手そして文化がコラボした企画を展開し、益子の食材を作る農家、その食材から料理を生み出す町内の料理人などと連携しながら「農」の視点から益子の魅力に迫る取り組みを行っている。

こうした益子の日常を味わってもらうことを観光戦略として打ち出している中で、窯業も従来の観光（消費型観光）から体験型観光への転換が求められている。陶芸体験として、ろくろ体験・手びねり体験・絵付け体験はすでにあるが、その他にも、陶芸家の日常が伝わるツアーの商品化や、益子の売りである民藝との関わりにスポットを当てた体験等が必要になると考えられる。

写真 11　風土風景遠足（芦沼石をたどる）

益子町では、行政が主導するイベントもあるが、民間が主体となったイベントも数多く存在し、陶芸家同士など、それぞれのつながりの中で事業を展開している傾向にある。これらのイベントや観光コンテンツを複合し、より魅力的な益子観光を創出していくことが、現在の課題である。

6　窯業地に必要な博物館、博物館事業

益子町では、先に述べた通り、モノ消費からコト消費への観光形態のへの移行、益子陶芸美術館における調査研究および資料収集の充実（歴史を含む）などが課題として存在する。益子町の現状における博物館（美術館）の役割や立場を考えると、情報発信センター機能、つまり益子の情報をつなぐ役割が求められていると考えられる。益子は現在、「窯業の町」から「窯業もある町」への転換を目指している。既存の博物館施設は、博物館が町の核となって上記目標を牽引するのではなく、人材バンクおよび店舗案内等の基礎情報の紹介機能の強化が必要である。つまり、当該施設で益子焼および益子町について十分な情報発信を行い、当該施設に来れば益子町について何でも答えられる体制の整備が必要と考える。2020（令和2）年は、民藝運動の主導者であった陶芸家の濱田庄司が英国にわたってちょうど100年の節目の年に当たる。2019年9月現在、益子陶芸美術館では、若手作家を派遣して陶芸を学んでもらう機会をつくり、逆に英国からも益子にゆかりの深い人物を招くなど、交流の準備を進めている。

また、益子には7件の国指定文化財を中心に特徴的な歴史的環境があるにもかかわらず、それらは調査・研究が進んでおらず、それが原因もあり観光に生かせていない状況にある。したがって、調査研究の充実をはかることが、今後の益子町に求められるであろう。

おわりに

これまで、益子町および益子焼の歴史と博物館に関する現状を述べたが、町並み保存・文化財保護・観光活用を推進するためには、既存の博物館施設の機能強化が今後求められる。益子と似たスタイルの窯業地に茨城県笠間市の笠間焼があるが、そちらは茨城県立の陶芸美術館と陶芸

大学校があり、美術的な研究や技術研究はもちろん、歴史的な研究についても怠っていない。益子町に歴史博物館が存在しない以上は、益子町の文化財保護担当と益子陶芸美術館にその役割が大きな意味を持ってくる。つまり、既存の活動に留まらず、歴史研究や民芸研究を推進し、益子のブランドイメージを支える役割を果たさなければならない。

また、文化財は有名無名にかかわらず整備が必要であると筆者は考える。これは、訪日外国人を中心として、文化財の説明やガイドなどが整備されている場所にこそ人々は観光に訪れることに起因する。また、整備を進めると同時に、文化財の活用にも充分に取り組む必要がある。「田舎にある無名の文化財だから人が来ない」「実績がないところにお金は使えない」のではなく、きちんと整備され受け入れ態勢が整っているところに観光客は訪れるはずである。きちんと整備されていればリピーターの獲得にもつながり、現在益子町が目指している体験型観光にもつながるのである。

註

1）　益子陶芸美術館／陶芸メッセ・益子 HP「益子陶芸美術館」http://www.mashiko-museum.jp/museum/index.html

2）　益子陶芸美術館／陶芸メッセ・益子 HP「益子国際工芸交流館」http://www.mashiko-museum.jp/residence/index.html

3）　公益財団法人濱田庄司記念益子参考館 HP「公益財団法人 濱田庄司記念益子参考館と濱田庄司」http://www.mashiko-sankokan.net/shoji.html

4）株式会社つかもと HP「つかもと美術記念館」http://tsukamoto.net/tsukamoto/museum/

5）　益子町 HP「ましこ世間遺産一覧」http://www.town.mashiko.tochigi.jp/page/page001973.html

参考文献

小村良二・村沢　清・田中　正　1989「栃木県益子地域の陶器粘土資源」『地質調査所月報』40－3

益子町　1991『益子町史』6・通史編

益子町教育委員会　2017『益子町歴史文化基本構想』

第6節　韓国の窯業地における専門博物館

—とくに京畿陶磁博物館を中心に—

田代 裕一朗

はじめに

2000年代に入って韓国各地で美術館・博物館が次々と建設されている。この趨勢は、窯業地においても例外ではなく、高麗青磁、粉青沙器、朝鮮白磁の主要な窯跡が残る窯業地でも専門博物館が開館している。本稿ではこれら各地の専門博物館についてその事例を紹介したうえで、とりわけ成功的な事例と筆者が考える京畿（キョンギ）陶磁博物館について詳細を紹介し、とくにその発掘調査とそれを支えるシステムについて述べる。

1　専門博物館の各種事例

まず窯業地における専門博物館の代表的な例について開館順に紹介する（図1）。

(1) 高麗青磁博物館／所在地：全羅南道康津郡大口面青磁村ギル33

全羅南道康津（カンジン）郡沙堂里（サダンリ）の高麗青磁窯跡に所在する専門博物館である。1986年に開所した「高麗青磁事業所」をルーツとし、1997年に「康津青磁資料展示館」として新築開館したのち、2007年に「康津青磁博物館」と名称変更し、2015年に現在の「高麗青磁博物館」という名称に至っている。なおこの際に「高麗青磁博物館」とは別途に最新のデジタルメディアを通した体験学習に主眼を置いた「高麗青磁デジタル博物館」を隣接する敷地に新たに開館している。現在、両博物館は、窯元の販売施設なども含む公園（青磁村）のなかに造成されており、秋には「康津青磁祭り」（강진청자축제、2019年度は10月3～9日実施）の主要会場となる。この行事に合わせて、高麗青磁博物館では特別展と学術シンポジウムが開催され、また公園内では薪窯体験やステージ公演などが行われる。高麗青磁博物館は、1階に特別展示室、企画展示室を有し、2階の常設展示室では、まず製作工程および運搬船の模型を通して高麗青磁の

生産・消費・流通の過程を紹介し、そのうえで高麗青磁の実物および窯跡出土の陶片を展示している。また博物館外の野外展示として、沙堂里41号窯跡（原位置）、龍雲里（ヨンウンリ）10-4号窯跡（移設）の露出展示を行う覆屋がある。

（2）楊口白磁博物館／所在地：江原道楊口郡方山面平和路 5182

朝鮮時代に磁石の主要産地であり、同時に優れた地方白磁を生産した江原道楊口（ヤング）郡の窯跡に所在する専門博物館である。2006年6月に開館している。前述の高麗青磁博物館が窯跡の分布域に所在するのに対して、楊口白磁博物館は窯跡からやや距離を置いた位置にある。博物館の施設は展示室、体験室、ミュージアムショップ、映像室から構成される。なお楊口は、韓国近代洋画を代表する画家・朴寿根（パクスグン）（1914〜65）の故郷でもあり、これを記念する博物館とともに楊口を代表する観光名所となっている。

（3）扶安青磁博物館／所在地：全羅北道扶安郡保安面青磁路 1493

康津と並んで高麗青磁の一大生産地であった扶安（プアン）の窯跡に所在する博物館である。2011年4月に開館しており、窯跡の分布域に隣接するようにして博物館が設けられている。ユニークな碗形の展示施設の1階は青磁製作室、青磁体験室、特殊映像室、2階は青磁名品室、青磁歴史室で構成されており、同じ青磁をテーマとする高麗青磁博物館（康津）と比較して、体験面にやや重点を置いた内容となっている。康津同様、野外展示として柳川里（ユチョルリ）7区域1・5号窯跡の露出展示を行う覆屋がある。

（4）高興粉青文化博物館／所在地：全羅南道高興郡豆原面粉青文化博物館ギル 99

粉粧粉青沙器を朝鮮時代初期に生産した高興（コフン）の窯跡に隣接する博物館である。日本において「粉引（こひき）」として珍重されている高麗茶碗の一部はここで生産されたものと考えられている。2017年10月に開館しており、最も新しく開館した専門博物館である。展示施設は他の専門博物館と異なり、陶磁器以外についても扱っており、1階は歴史文化室、粉青沙器室、豆原隕石室、韓国の粉青沙器室、説話文学室があり、2階は企画展示室、特別展示室、体験学習室、講堂で構成されている。したがって粉

表１　国立地方博物館の館別テーマ

区分	テーマ	区分	テーマ
慶州	新羅文化	大邱	服飾文化
光州	アジア陶磁 シルクロードの拠点	金海	加耶文化
全州	朝鮮ソンビ文化	済州	大洋と島の文化
扶餘	泗沘百済文化	春川	韓国の理想郷 （金剛山と関東八景）
公州	熊津百済文化	羅州	栄山江流域の甕棺文化
晋州	壬辰倭乱と日韓交流	益山	弥勒寺跡と古代仏教寺院
清州	金属工芸美術		

図１　主要専門博物館の位置（筆者作成）

写真１　高麗青磁博物館
（2013 年 7 月 21 日筆者撮影）

写真２　扶安青磁博物館
（2016 年 10 月 21 日筆者撮影）

青沙器のみならず、先史時代より朝鮮時代に至るまで高興郡に関する歴史を学ぶことができる内容となっている。

以上、代表的な事例として４館を紹介したが、このほか窯跡と関連する資料館として、「熊川窯跡資料館」（慶尚南道昌原市）、「無等山粉青沙器展示室」（光州広域市北区）、「仁川西区緑青磁博物館」（仁川広域市西区）などがある。また、地方にある国立博物館がブランド化事業の一環として館ごとにテーマを打ち出すなかで（表１）、国立光州博物館が「アジア陶磁シルクロードの拠点」を目指した博物館運営に取り組んでおり、展覧会開催のみならず姉妹館協定の締結や学術誌（『アジア陶芸文化』）の刊行に取り組んでいる。これは全羅南道一帯に高麗青磁・粉青沙器の窯跡が多数分布している点、そして新安海底遺物などを踏まえたテーマと推測されるが、専門博物館を目指しているのではなく、また上記４館のように特定の地域に密着する方針ではない。

2　京畿陶磁博物館の事例について

ここまでに４つの美術館博物館を紹介したが、筆者が窯業地における専門博物館として筆者が最も注目するのは、韓国陶磁財団、とくにその傘下にある京畿陶磁博物館（～2008年：「朝鮮官窯博物館」）である。

韓国陶磁財団は、京畿道利川市に本部を置く財団で、1999年３月に「世界陶磁器エキスポ2001」の組織委員会として設立され、現在に至っている。このエキスポを契機として翌年３つの美術館博物館が開館するが、これは京畿道内３都市（利川（イチョン）、驪州（ヨジュ）、広州（グァンジュ））に分散している（表２）。第１に現代に入って陶芸家達が移住して一大窯業地となった利川[1)]の「利川世界陶磁センター」（利川セラピア）、第２に植民地期に窯業試験所が設置され、戦後多数の陶磁器工場が開業した驪州[2)]の「驪州世界生活陶磁館」（驪州陶磁世上）、第３に朝鮮時代に官窯（司饔院分院）が設置され各所に窯跡が点在する広州の「京畿陶磁博物館」である。これら３館は、それぞれの地域の歴史を背景に「現代陶磁文化」「工場製品」「歴史性」をテーマとして運営をおこなっている。

このように３館を傘下におく韓国陶磁財団では同時に「京畿陶磁フェ

表２　韓国陶磁財団傘下の３館

名　称	所在地
利川世界陶磁センター	京畿道利川市京忠大路 2697 番ギル 263
驪州世界生活陶磁館	京畿道驪州市神勒寺ギル７
京畿陶磁博物館	京畿道広州市昆池岩邑京忠大路 727

ア」「京畿世界陶磁ビエンナーレ」を企画運営している。まず前者のフェアは2016年に始まったイベントで、ソウルを会場として開催している。ここでは全国の陶芸家たちが製作した器を展示即売するだけでなく、有名シェフによる文化体験なども企画し、陶磁器をキーワードとした新たな食生活文化のトレンドを提示しようとしている。また後者のビエンナーレは、財団設立の契機ともなったイベントで2001年以降奇数年に開催されている。ここでは先述の３館（利川、驪州、広州）が会場となり、世界各地の陶芸家たちが製作した作品の展示やワークショップなどの行事を行っている。このように韓国陶磁財団の取り組みは、地域の歴史という過去を踏まえた３館の運営に留まらず、現代陶芸文化の新たな求心力となることにも向けられている点において注目される。

さて韓国陶磁財団傘下の３館のうち、京畿陶磁博物館に注目する理由として発掘調査とそれを支えるシステムを挙げることができる。

やや意外なことかもしれないが、窯業地における専門博物館のうち、その地域に所在する窯跡の発掘調査を行っているのは京畿陶磁博物館のみである。上述の康津、楊口、扶安、高興において窯跡の発掘調査にあたっているのは、外部機関であり、専門博物館は基本的に出土品や遺構を展示するのみである。とくにこの外部機関をめぐって韓国の場合は、民間の機関が発掘に携わる事例も多く、日本とは様相が異なる。なぜ、京畿陶磁博物館だけ発掘調査に携われるのかという点については、まず文化財庁の文化財発掘調査専門機関に指定されているという点を挙げることができる。この指定を受けるためには一定の基準を満たす必要があるが、陸上発掘の場合、調査団長１名、責任調査員１名、調査員２名、準調査員２名、補助員２名、保存科学研究員１名が条件となっている

写真３　京畿陶磁博物館
（2017 年 3 月 12 日筆者撮影）

写真４　京畿陶磁博物館の陶片展示
（2019 年 9 月 19 日筆者撮影）

表３　機関指定の条件

区分	人員の基準	施設の基準
陸上発掘調査機関	• 調査団長　１名	• 恒温恒湿収蔵施設：100㎡以上
	• 責任調査員　１名	• 保存処理施設：33㎡以上
	• 調査員　２名	• 研究施設：33㎡以上
	• 準調査員　２名	• 整理施設：33㎡以上
	• 補助員　２名	• 機材
	• 保存科学研究員　１名	一実測・測量・撮影機材
		一発掘に必要な機材
		一保存処理機材
		• 盗難予防および防災に必要な施設
陸上地表調査機関	調査団長　１名	• 恒温恒湿収蔵施設：100㎡以上
	責任調査員　１名	• 保存処理施設：33㎡以上
	調査員　１名	• 研究施設：33㎡以上
	準調査員　１名	• 整理施設：33㎡以上
		• 機材
		一実測・測量・撮影機材
		一保存処理機材
		• 盗難予防および防災に必要な施設

「埋蔵文化財保護および調査に関する法律の施行規則」（文化体育観光部令第 217 号　2015 年 8 月 26 日施行）を筆者翻訳

表４　調査者の資格付与条件（陸上発掘調査の場合）

区分	資格基準
調査団長	• 該当発掘調査機関の長であること • 「高等教育法」第２条にもとづく学校または第29条にもとづく大学院で文化財関連学科の准教授以上の者 • 国家または地方自治体の機関の場合は、５年以上の埋蔵文化財関連実務経歴をもつ学芸研究官であること • 責任調査員として５年以上の埋蔵文化財関連実務経歴をもつ者
責任調査員	• 国家または地方自治体の機関の場合、２年以上の発掘調査経歴をもつ者で埋蔵文化財専攻の学芸研究官であること • 国家または地方自治体の機関の場合は、５年以上の発掘調査経歴をもつ者で埋蔵文化財専攻の学芸研究士であること • 埋蔵文化財専攻の修士学位以上取得者で、６年以上の発掘調査経歴をもつ者 • 文化財関連学科の学士学位取得者で９年以上の発掘調査経歴をもつ者
調査員	• 国家または地方自治体の機関の場合は、２年以上の発掘調査経歴をもつ者で埋蔵文化財専攻の学芸研究士であること • 文化財関連学科の学士学位以上取得者で、６年以上の発掘調査経歴をもつ者 • 準調査員として３年以上の発掘調査経歴をもつ者
準調査員	• 国家または地方自治体の機関の場合は、埋蔵文化財専攻の学芸研究士であること • 文化財関連学科の学士学位以上取得者で、３年以上の埋蔵文化財関連実務経歴をもつ者 • 補助員として３年以上の埋蔵文化財関連実務経歴をもつ者
補助員	• 文化財関連学科の学士、修士または博士学位を取得した者であること • 専門学士（※注釈：短期大学学士）以上の１年以上の埋蔵文化財関連実務経歴をもつ者 • 高等学校卒業後、３年以上の埋蔵文化財関連実務経歴をもつ者
保存科学研究員	• 保存関連学科の学士、修士または博士学位を取得した者であること • 高等学校卒業後、３年以上の保存処理実務経歴をもつ者 • 文化財修理技能者（保存処理工）以上の資格証を所持する者

「埋蔵文化財保護および調査に関する法律の施行規則」（文化体育観光部令第217号　2015年8月26日施行）を筆者翻訳

(表3)。各資格には、実務経歴年数などの条件が課せられており（表4)、このような人的条件が揃う美術館博物館は、非常に限定される。しかし京畿陶磁博物館の場合、韓国陶磁財団の傘下にあるため、日本の地方自治体のように学校教育機関、あるいは自治体内の他の美術館博物館に異動することが無い。したがって京畿陶磁博物館の常勤学芸員（学芸士)[3]は、広州に根ざしてキャリアを積むことができ、また館としても文化財発掘調査専門機関の指定を受けるだけの人材を揃えることができるのである。

京畿道広州市一帯では、1985年11月5日に78ヶ所の窯跡が史跡第314号「広州朝鮮白磁窯跡」に指定されている。しかしこの指定時における史跡地の範囲設定が地表調査を元にしたものであったため、実際の窯跡分布と異なる事例が多々あり、開発行為をめぐる葛藤が生まれた。そこで文化財庁と広州市は、2009年10月に「史跡第314号広州朝鮮白磁窯跡の合理的な保存管理のための史跡地保存範囲および窯跡現況方案」を協議し、2010年8月に「史跡第314号広州朝鮮白磁窯跡整備計画」を樹立した。このような経緯のもと2010年10月から現在に至るまで、史跡地全体における窯跡の正確な実態把握を目的とした試掘・発掘調査が進められている（京畿陶磁博物館2019、p.19)。現在に至るまで、7次にわたる調査が進められているが、2次調査を民間の韓国文化遺産研究院、5次調査を同じく民間の漢江文化財研究院が請け負ったほか、いずれも京畿陶磁博物館が発掘調査を請け負っている。韓国の場合、特定地域の窯跡を一つの機関が、連続的に調査を行う事例はあまりない。例えば康津に関しても、国立中央博物館、国立光州博物館、海剛陶磁美術館（民間)、湖南文化財研究院（民間)、民族文化遺産研究院（民間）など様々な機関が調査を行っている。そのため同一地域内でも機関毎に報告書の体裁や観点が異なる状況となっている。しかし京畿陶磁博物館の場合、整備計画が始まった2010年以前から広州の窯跡調査に携わっており[4]、一定の基準のもとで安定して研究情報が蓄積されている。

また注目すべきは、このような一連の発掘調査事業において所轄官庁である文化財庁と発掘機関である京畿陶磁博物館がダイレクトに連

表5　広州における朝鮮白磁窯跡の調査状況

次数	実施年	実施機関	報告書
1次	2010～11年	京畿陶磁博物館	既刊
2次	2011年	韓国文化遺産研究院	既刊
3次	2014～15年	京畿陶磁博物館	既刊
4次	2015～16年	京畿陶磁博物館	既刊
5次	2016～17年	漢江文化財研究院	既刊
6次	2017～18年	京畿陶磁博物館	
7次	2018～19年	京畿陶磁博物館	

絡するのではなく、広州市の「学芸士」（日本式に換言するならば、学芸員）が間に介在している点である。つまり行政手続を取り次ぐ学芸員（広州市）と実際に発掘調査と研究を行う学芸員（京畿陶磁博物館）の二重構造になっていると言える。美術館博物館ではなく、地方自治体に勤務する学芸士は、文化政策の樹立、文化学術関連の予算確保、文化関連事業の実行支援などを職務としており、近年韓国の地方自治体で少しずつ普及しつつある制度である。これにより京畿陶磁博物館としては、事務的負担が軽減されることとなり、より調査に専念しやすい環境となっているのである。

おわりに

韓国において発掘調査は年々増加傾向にある。1991年から2018年までに発掘調査の許可件数を整理してみると、1年あたりの件数は30年間で約10倍増加している。2018年の許可件数は、1643件であるが、その多くは開発工事に伴って行われたいわゆる「救済発掘」である。開発とともに増加する発掘調査に対応すべく民間を中心とする発掘機関も増加傾向にあり、文化庁が認定した機関の数を見ても2014年は148機関であったのが、2018年には178年に増加している（うち非営利法人113機関、大学機関35機関、国公立機関30機関）（文化財庁2019、p.73）。

しかしその反面、短期間かつ低コストで済ませる利益重視の発掘調査

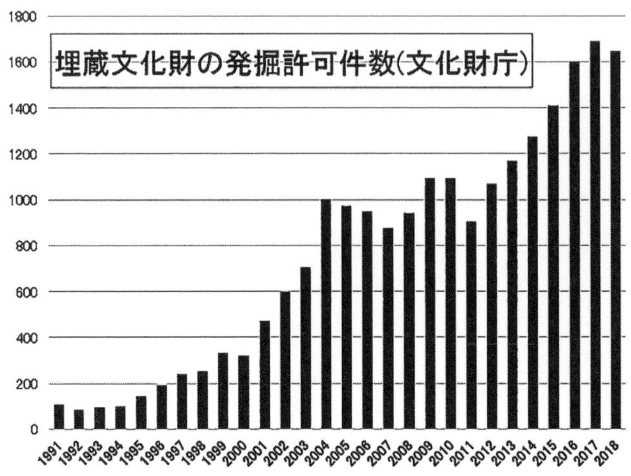

図 2　韓国における埋蔵文化財の発掘許可件数（文化財庁）
（鄭 2017、文化財庁 2018 をもとに筆者作成）

も増加している。そのような状況の中で、京畿陶磁博物館は、①窯業地における専門博物館としては異例の文化財発掘調査専門機関に指定されている点、②財団傘下にあることで人事異動なく専門性の高い人材が定着している点、②また韓国においては珍しく特定地域の窯跡調査を連続的におこない研究情報を蓄積している点、③そして地域自治体所属「学芸士」との連携という点で韓国の窯業地における専門博物館のなかでも理想的な形で陶磁史を紡いでいると考える。

本稿は発掘調査とそれを支えるシステムという「過去」への取り組みに着目したが、京畿陶磁博物館の運営母体である韓国陶磁財団にまで目を広げた際、現代陶芸文化の新たな求心力を目指すという「未来」を視野に入れた取り組みがなされている点でも、今後一層注目される。

謝辞　本稿の執筆にあたり、片山まび先生、張起熏先生、姜明虎先生、金京中先生、金美笑先生をはじめ、関係機関担当者の方々からご教示とご協力を賜りました。この場を借りて深く御礼申し上げます。

註

1）　利川は、朝鮮時代に窯業が盛んであった広州と異なり、1945年の解放後に窯業地としての位置を占めるようになった地域である。韓国造形文化研究所（1955年設立）、韓国美術品研究所（1956年設立）で韓国古陶磁の再現を行っていた職人達が、ソウルから程近い利川に窯を構えるようになったことが契機であり、1965年の日韓国交正常化を機に日本人観光客向けの土産物需要を背景に発展しはじめた。1975年以前までに開窯した窯は9ヶ所に過ぎなかったが、1976年以降急激に増加し、1976年から80年までの5年間で18ヶ所の窯が開窯し、陶磁器の一大生産地へと変貌を遂げた。（韓国陶磁財団HP「韓国陶磁器の歴史（Ⅱ）―利川陶磁器」https://www.kocef.org/05data/05.asp［2019年9月30日最終閲覧］）

2）　驪州は、朝鮮時代以前の窯跡が複数確認されているが、1932年に朝鮮総督府の陶磁器試験所が設立されたことで窯業地として新たな性格を帯びるようになった。1950年代に漢陽窯業などの生活陶磁器工場が開業して以来、1970年には事業所が40まで増加し、現在では約600余りの事業所が陶磁生産を行っている。（韓国陶磁財団HP「韓国陶磁器の歴史（Ⅱ）―驪州陶磁器」https://www.kocef.org/05data/05.asp［2019年9月30日最終閲覧］）

3）　韓国における学芸士（学芸研究士）制度は、2000年から始まった制度で、国立中央博物館傘下の「博物館美術館学芸士運営委員会」の書類審査を経て資格証が付与される。大学での単位取得で資格証が発給される日本と異なり、実務経歴認定機関に指定された美術館博物館での実務経験にもとづき、資格証が発給される（1〜3級正学芸士、準学芸士）。例えば「3級正学芸士」の条件は、「博士学位取得者で経歴認定対象機関での実務経歴が1年以上の者」あるいは「修士学位取得者で経歴認定対象機関での実務経歴が2年以上の者」あるいは「準学芸士資格を取得したのち、経歴認定対象機関での在職経歴が4年以上の者」となっている。（国立中央博物館HP「学芸士資格制度案内」https://www.museum.go.kr/site/main/content/curator_certificate_schemes［2019年9月30日最終閲覧］）

4）　整備計画以前に京畿陶磁博物館が行った窯跡に対する地表・発掘調査の報告書として、朝鮮官窯博物館2004・2006、京畿陶磁博物館2008a・2008b・2009がある。京畿陶磁博物館2013・2019a・bが整備計画での報告書に該当する。

参考文献（韓文）

漢江文化財研究院　2019『広州朝鮮白磁窯跡』

京畿陶磁博物館　2008a『広州松亭洞５・６号白磁窯跡』

京畿陶磁博物館　2008b『広州新垈里 18 号白磁窯跡』

京畿陶磁博物館　2009『広州新垈里 29 号白磁窯跡』

京畿陶磁博物館　2013『樊川里８号・仙東里２号窯跡一円：史跡第 314 号広州朝鮮白磁窯跡発掘調査報告書』

京畿陶磁博物館　2019a『広州朝鮮自磁窯跡（史跡第 314 号）３次発掘調査報告書』

京畿陶磁博物館　2019b『広州朝鮮白磁窯跡（史跡第 314 号）４次発掘調査報告書』

朝鮮官窯博物館　2004『広州の朝鮮陶磁窯跡：広州市内朝鮮時代磁器窯跡分布状況』

朝鮮官窯博物館　2006『文化遺蹟分布地図：広州市』

鄭賢雅　2017「発掘文化財の活用と政策改善方案研究」忠北大学校大学院考古美術史学科碩士学位論文

文化財庁　2019『統計で見る文化遺産 2018』

韓国陶磁財団 HP　https://www.kocef.org/index.asp（2019 年９月 30 日最終閲覧）

高麗青磁博物館 HP　http://www.celadon.go.kr/main.do?site=celadon（2019 年９月 30 日最終閲覧）

国立中央博物館 HP　https://www.museum.go.kr/site/main/home（2019 年９月 30 日最終閲覧）

国家法令情報センター HP　http://www.law.go.kr/LSW//main.html（2019 年９月 30 日最終閲覧）

扶安青磁博物館 HP　https://www.buan.go.kr/buancela/index.buan（2019 年９月 30 日最終閲覧）

楊口白磁博物館 HP　http://www.yanggum.or.kr/（2019 年９月 30 日最終閲覧）

第7節　中国景徳鎮の町並みと博物館

魏 佳寧

1　中国の陶磁器

中国の陶磁器は世界的に有名である。かつてヨーロッパ大陸に伝わっていった陶磁器を称する「china」の頭文字のアルファベットが小文字「c」から大文字「C」に変わると、「China」は中国の国名として使用されるようになり、欧米において中国の陶磁器がいかに重要であったかを理解することができる。そして、中国近海に沈没した船に積んでいた貨物は、大半が陶磁器であったことからも、当時の「一帯一路」上の陶磁器貿易の繁栄を窺い知ることができる。本稿ではなぜ、中国の陶磁器がそれほどまでに人気を博したのか、そして国名として代表するまでになった理由について、考察を試みたい。

中国の陶磁器は、陶器と磁器の２種類に分かれている。最初に中国大陸に生まれたのは陶器である。中国の製陶は歴史が長く、考古学者が河北省陽原県や河北省徐水県で発掘した陶器のかけらから、少なくとも10,000年以上前に中国においてすでに陶器を作っていたことが判明されている。中国は製陶を発明した唯一の国であるとは断言できないが、最古の製陶の国の一つであることは間違いない。

中国の陶磁器は、新石器時代、奴隷時代、封建時代を経て近現代を経たが、種類やスタイル、デザインそして用途などは極めて発展を遂げ、長い間世界の最高峰に君臨してきたのである。

陶器の発明は、人類が新石器時代に入った重要な証の一つである。中国における新石器時代の遺跡で発掘されたものはすでに100以上に上るが、未だ発見されてない遺跡は数知れない。発掘された遺跡で新石器時代初期の代表的なものは裴李崗（はいりこう／ペイリガン）文化、早期の河姆渡（かぼと／ヘムドゥ）文化、中期の仰韶（ぎょうしょう／ヤンシャオ）文化、晩期の龍山（りゅうざん／ロンシャン）文化である。初期の陶器は多くが容器として作られ、質も不安定で種類も少なく表面の装飾も素朴であるが、時の流れにしたがって窯の改良も進み質の安定が図られ、晩期の頃にはすでに飛躍的な発展を遂げてきた。種類も簡単な容器から複雑な生活上の日用品、労働用の工具から、祭祀用品、装飾用品と豊富になり、陶器表面の装飾や絵なども植物や動物、符号等の模様が生まれた。そして陶文化も生まれ、多彩となったのである。発掘された陶器は紅陶から彩陶（彩文土器）、黒陶、灰陶、白陶などで、新石器時代の製陶水準を代表するものである。特に、白陶の出現は新しい時代の到来を意味するものであった。

発掘された陶器の分析からは、当時の経済、文化、宗教、軍事、国家の源から天気、地理などの解明が図られ、貴重な研究資料であることは言うまでもない。

中国の奴隷社会は、夏、商、周と春秋、戦国時代で、この時代は製陶を生業とする製陶業が出現し、白陶はさらに高度な水準になっていった。陶器表面の装飾は当時の青銅器のデザインを模倣しており、その構図を豊かにすることで、模様をさらに変化させた。高品質の白陶製品は、貴族の生活用品として西周時代まで続いた。この白陶は、それまでの陶器製品の最高レベルを代表するだけでなく、磁器が歴史の表舞台に登場するとその契機を作ったのである。そして、「原始磁」や「原始青磁」（灰釉陶器）と呼ばれた新たなやきものが登場した。このように中国人は磁器の原型を生み出した濫觴であることは、世界から認められている事実である。

秦が中国を統一してから封建社会に入り、中国の封建社会は長く続くことになる。有名な王朝は「秦、漢」「隋、唐」「宋、元」そして、「明、清」である。「秦、漢」時代の陶器用途は、さらに新しい領域に広まった。例えば、埋葬用として使う「俑陶」は、秦始皇帝陵出土兵馬俑を代表として、その造形と規模は頂点に達した。また、建築用の瓦や、レンガなど、その精緻な美しさと丈夫さは現代人までもが感服の意を表さざるを得ない。漢の時代になってからは、人為的に釉を掛けた施釉技法が広がり、多種類の釉薬が使われだした。そこで、中国陶磁器史上初めて「磁器」が生まれたのである。当時の磁器は主に「青磁」であった。「青磁」の鍛造技術の発展につれて、中国の製陶業も新しい時代に入ったことを宣告した。南北朝に至っては、「青磁」より優れた「白磁」も焼かれるようになった。中国におけるやきものの製造は「製陶」と「製磁」の２つの道に分かれたのである。

「隋、唐」は再び「秦、漢」以後の分裂状態を統一した王朝である。そして、中国古代文明の最盛期を迎えた国際度の高い王朝でもある。隋の時代を経て唐の時代に至っては、「白磁」の製造法はすでに新たな高度の技術になった。磁器の製作も前代に引き続き「南青北白」という特徴で、青磁だけでなく白磁も各地で盛んに作られ、生活用品として一般人にも使えるようになった。その品質は現代高級磁器にまで近づくほど高度になり、知名度の高い海外貿易商品となって、それ以来中国は陶磁器の国として世界に知られることとなった。実際、磁器の製作量はすでに陶器を上回り、技法の面から言えばこの時代に上絵、下絵付けの工芸の基礎も確立した。

また、この時代を代表する陶器で、同じく国際色豊かで華麗な唐三彩（三彩陶器）があるが、唐三彩は日常で使用される陶器ではなく、墳墓の副葬品として地位や権勢を表象するものであった。

唐末の戦乱が治まり、「宋、元」の時代になり中国磁器の黄金時代が到来した。磁器の素地から、釉薬、製作技術まで新たな段階に入り、鍛造の技術も成熟の域に達した。工芸にも明確な分業が始まり製磁業の発展は重要な段階に至った。この時期に青磁と白磁の芸術性の高い名品が数多く生み出された。特に、宋の時代の「窯」は、唐の窯をさらに発展させて、世界にその名を轟かせた。中でも有名な窯は汝窯、官窯、哥窯、鈞窯、定窯、そして、耀州窯、磁州窯、景徳鎮窯、越州窯、龍泉窯と建窯などで、「汝、官、哥、鈞、定」は宋の五大名窯とも称されている。この時代における陶磁器の特徴は、ブランド品のような「磁器」が作られ、世の中でも好まれていた。もう一つの特徴は、宋の時代を境として朝廷の管理による製陶や製磁業が本格的に始まったことである。「官窯」にはまだ不明点が多いが、朝廷が関与したことは明白である。景徳鎮は徐々に中国陶磁品の窯場中心地になった。「元」の時代はかつて中国陶磁器の暗黒時代と言われたが、20世紀以降、おもに欧米の研究者によりそうでない実態が明らかになってきた。元の陶磁史において特筆すべきことは、青花と釉裏紅の新製品が興起していたことにある。一方、色絵の技法で作られた五彩磁器も流行していたが、白磁が依然として生産の主流であった。

封建社会の末期である「明、清」になり、陶磁器の製作と鍛造は一層発展し、明の時代には景徳鎮に御器廠が置かれ、宮廷御器の製造を管理、指導し、製陶業や製磁業に一層力を入れた。その結果、陶磁史に輝く主な作品は、ほとんど景徳鎮の官窯と民窯の作品から出たと言っても過言ではない。そして、官窯の製品には「大明～年製」のような年款銘を入れることも特徴である。また、明末から清初にかけて景徳鎮の民窯は、外国へ輸出できるようになり、そのためさまざまなタイプの磁器が量産規模になった。これが、中国磁器がヨーロッパに向けて大量輸出されるきっかけであった。明が滅び、明が残した文明や文化、科学そして大量の物品を引き継いだ清は、陶磁においても製品の質から工芸技法までを引き継ぎ、中国陶磁史上の頂点にまで到達させたのである。この時代において一番有名な磁器は粉彩または琺瑯彩であり、陶磁器の生産中

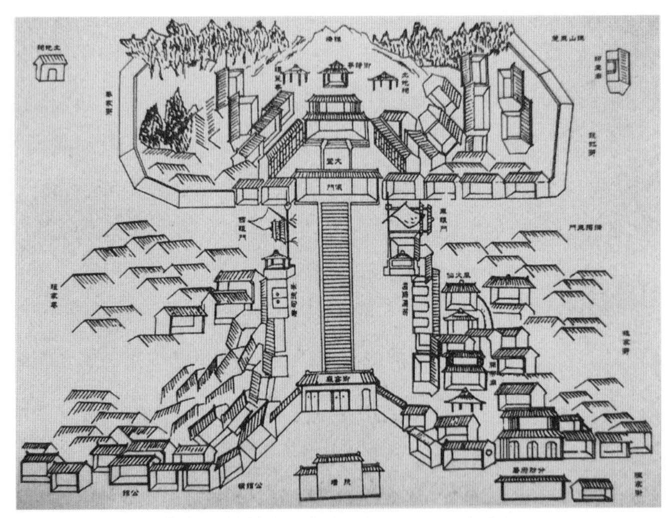

図1　御窯場（清）（伯 2013 より転載）

心地は引き続き景徳鎮であった。

1840年のアヘン戦争以後、世界の情勢は欧米が工業社会に入り国力が強くなった一方で、中国はまだ手作業で欧米からの大量の陶磁製品の輸入に抵抗する力を持っていなかった。その結果窯が減り、匠の人材が流失し、陶磁器の創新どころか生活もままならない状況であった。中には、新しい技術を導入し工業の力で陶磁品を作ることを試みたが、欧米と日本に追い付くことはできなかった。近現代の中国における陶磁器の発展は、1949年の中華人民共和国の建立を境にして、国の援助による工業化が可能となり、生活用品をはじめ幅広い種類の製品がつくられたが、大量生産であったため、古代の陶磁品の美しさは減少することとなった。しかし、最近では伝統を伝承しつつ、現代の美しさを求め、創作する動きが始まっている。

ヨーロッパの完成された製磁ができる18世紀までに、遠い東方から伝わっていった陶磁品はその質の高さ、デザインの精美さや量の少なさで身分を象徴するようになった。そのような陶磁品を持つことを競ったのである。たとえ、量産の品であっても神秘的な国を代表する伝統的なデザインの陶磁品はオークション市場の人気を集めている。

長い中国陶磁器の歴史から、そして少なくとも唐の時代から千年以上にわたり、世界各地へ陶磁製品を輸出し続けた事実から、中国はまさに

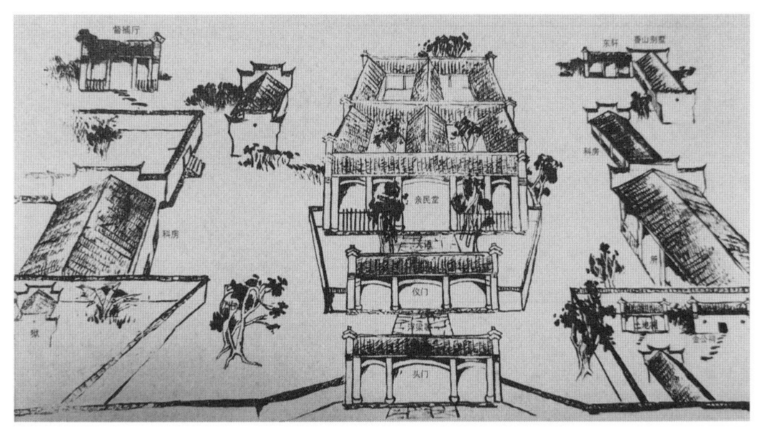

図２　古県衙（清）（伯2013より転載）

世界の「やきものの故郷」と言われており、中でも中国の最高技術と芸術水準を代表するのは景徳鎮である。

2　四大名鎮のなかの景徳鎮

中国では、仏山、漢口、景徳鎮、朱仙鎮が四大名鎮と呼ばれている。それぞれ独自の特徴を有しているが、陶磁器で有名になったのは景徳鎮だけである。

景徳鎮は江西省の北東部に位置し、有名な観光地である廬山や黄山に囲まれ、鄱陽湖や千島湖などが近くにあるが、陶磁器の町に成長したのはそのすぐそばにある高嶺という山と昌江という川のおかげである。

古鎮である景徳鎮は1,600年以上の歴史を有し、かつては紀元前の春秋戦国時代の楚の国に属していたが、その頃はまだ未開発地であった。秦が国を統一し、王朝「秦」を開創してから、初めて郡の付属県として設立された。県の名は時代によって続々と変わり、唐の時代には４回も改名された。宋の景徳年間に、真宗皇帝が当時まだ昌南鎮と呼ばれた頃、ここから宮廷使用品として磁器を献上するよう命令が下り、献上した磁器の底に「景徳年製」という文字が刻まれたことにより、「景徳鎮磁器」の名が広まって昌南の名は消失したのである。それ以来、景徳鎮という名が定着して今に伝わっている。景徳鎮は磁器が精美で、貿易が繁盛したことが仏山、漢口、朱仙鎮と合わせて、四大名鎮と呼ばれる所以である。

景徳鎮の陶磁器製作は漢の時代から始まったが、陶器は模様が素朴で、質、色ともにレベルは低く、単なる当地庶民の生活用品として使用されており、その名は知られていなかった。

晋の時代になり、有名な匠「趙慨」が景徳鎮の陶磁器の質をさらに高めることに尽力したため、後世の匠たちから「開山」と称されて崇められる存在になった。景徳鎮の陶磁製品は全国各地に流通するようになり、南朝、隋には日用品だけでなく、建築用の大きな飾り用品も作れるようになった。大型の飾り用品は美しく、立派であるため、それが皇帝の目にとまり、製造が命ぜられたのである。これが、景徳鎮の陶磁器が注目を集めた有力的な証である。

唐の時代には、全国の陶磁製造技術が一層進展し、この流れに乗り、景徳鎮の陶磁窯も数多く増え、製陶から製磁に変わる最も重要な時代であった。優れた磁器は唐詩の中にもよく出てくるが、残念ながら資料に載っている窯の遺跡は未だ発見されていない。その後五代の窯場の遺跡から大量の青磁と白磁の破片が見つかったことにより、当時の製磁盛況が明らかになったのである。

五代から、景徳鎮は南方における初めての最大規模の白磁生産地として、製磁界においてその地位を固めた。宋の時代になり、景徳鎮は製磁の黄金期を迎え、この時代は景徳鎮にとってその名が国内外に定着した特別な時代である。唐の末期から五代にかけ青みを帯びた青白磁が作られ、宋の時代になり、景徳鎮がその代表生産地として栄えたのである。しかし、宋の時代に戦争が多発し、北の窯は南に移らざるを得ない状況となり、多くの窯が景徳鎮に集まることとなった。これらの窯は独自の技術を有しており、腕の良い匠を連れて景徳鎮に移ったため、北のすぐれた製磁技術と人材は景徳鎮に集中した。それにより、景徳鎮の芸術的水準が驚くほど飛躍し、生産規模も一層拡大して、景徳鎮の製磁業の大発展期に入った。景徳鎮は「業陶都会」と称されるまでになり、中国陶磁品の生産をリードしはじめたのである。

元の時代には、景徳鎮に再び官窯を設け、生産した磁器の装飾模様に「枢府」という文字を付けたことから枢府窯とも呼ばれ、全国の陶磁製造の中心産地となるのは元の時代であった。

明の時代からは、大量の磁器製品の注文を受け、製品を焼造するために「官搭民焼」、すなわち官窯から民窯に委託して焼造させることが行われた。この時期は、民窯が製造した磁器にも「大明～年製」の年款銘が入れられるようになった。明も元に引き続き、官窯を設置し、宮廷御器の製造を管理して生産した。そして、官窯の生産を支えるために匠役制という制度が生まれ、民窯陶工は官窯での強制労働が課せられた。しかし、その後、銀を納めれば強制労働が免除できる班匠銀制の制度に変わり、このような制度の変更と貨幣経済の浸透に伴い、封建的な制度の匠役制が崩壊して官窯は工人を雇い入れる雇役制を採用するに至ったのである。資本主義の萌芽が景徳鎮の窯から生まれ始まったと言える。

一方で、清が中国を支配したことにより資本主義の発展が遮られ、さらに三藩の乱により景徳鎮は大きな打撃を受けた。その後、清朝政府は景徳鎮の復興を図り、製陶の監督を行った官僚を景徳鎮に派遣し、陶工が生活の不安なく技法の開発に専念するために、官窯における一切の費用は国が援助することになった。宋・明を模倣したとともに、独自の清代磁器「倣古採今」に大きな役割を果たした。その結果、景徳鎮の陶磁器は何十種類も開発され、その焼成技術も絵付けの技術ともに最高峰に達し、人工美の極致を示した。一方で、量産などが原因で、特に素晴らしいセンスを有する作品も少なかったことも事実である。

景徳鎮の陶磁器は漢の素朴な陶器から、五代の白磁、そして宋磁の代表品である青白磁を経て、元に至っては青花が主役になり、清の時代で、粉彩または琺瑯彩に変化した。頂点を極めた景徳鎮の陶磁器の特徴は「白如玉（玉のように白く）、明如鏡（鏡のように輝き）、薄如紙（紙のように薄く）、声如磬（玉のように美しい音）」である。「青花、色釉、玲瓏、粉彩」は世界でも有名な四大名磁器の特徴となった。

千年以上の歴史を有する景徳鎮は、陶磁器の中心生産地になって以来、その規模が歴代の王朝を経て、絶えず壮大になるが、特に明、清の時代に入りその繁栄は5、600年続いた。当時の人が残した「昼間白烟掩空、夜間紅焰焼天」（昼は白煙が空を蔽い、夜は炎が天を紅に焼く）」は、当時の生産場面の盛況を描いた言葉である。当時の製磁方法については、フランスの宣教師が詳細に記録を残している。それによると、清の初期には、景徳鎮の製磁は徹底的な分業システムが行われ、1つの器ができるまでに約何十人もの工人が必要とされた。さらに、西洋から新しい画法の技法を学び、絵付け法や、様々な色調の製品を作ることができる色釉法が開発され、当時の中国陶磁製造の最高峰になったのである。しかし、頂点に君臨した清時代の磁器は、19世紀以降は国力の衰退とともにその水準も衰退に向かっていった。中華人民共和国の建国後、景徳鎮もまた新たな段階を迎え、改革開放後は国家歴史文化名城に指定されて、対外開放市にもなった。

景徳鎮が窯として繁栄した理由については『中国陶磁通史』に、「陶磁器の生産には原料の陶土、焼成のための薪となる木材、陶土の精製に必要な水、そして交通の便といった諸要素が必要であるが、景徳鎮はこれらすべての条件を満たしていた。四方を山に囲まれた景徳鎮には窯焚きのための薪となる松材が豊富であり、磁器の原料土も豊富に埋蔵されている。さらに昌江とその支流による水運の便にも恵まれていた」とあるように、景徳鎮は陶磁品を製造し、流通する豊かな自然資源に恵まれていたことで匠たちの目に留まり、景徳鎮に集まった匠たちはさらに技術を開発した。また長江の北では戦乱が多発したため、北の匠たちも景徳鎮に移住するようになり、南北工芸の合流は景徳鎮の陶磁品製造に大いに尽力したのである。このように景徳鎮は、元をはじめ、明・清を経て宮廷の御器を焼造し、中国の窯の中心地になり今も多くの人々に愛され、世界中で販売されている。

3　景徳鎮の町並みと町づくり

前述のごとく「磁都」と呼称される景徳鎮は、秦から県として設立されたものの付属県として独立の県政はできなかった。唐の武徳年間（621年）に独立の県政を始めた景徳鎮は、農村の形態から脱して県鎮の町並みになり、賑やかな中心街もいくつか形成された。宋になると、景徳鎮の経済が繁栄し町の規模も大きくなり、明・清の時代にはすでに国内外に名を挙げる商工業の町にまで発展した。

唐以前の景徳鎮は農村で、主な生産活動は農業であった。唐から五代にかけての生産活動は農業が主産業であったが、製陶が副業として発展していった。鎮を設立したもののその規模は小さく、窯の置かれた場所のほとんどが鎮の中心街で、窯場を中心に村が繁栄し、村民も窯場の近くに住み込んでくるようになった。窯は家庭を中心とした手作りの小さな工房であったため、町の発展は遅かった。宋の前期はまだこのような形態が続いたが、後期からは農業から脱し、陶磁器の生産が徐々に専門の手工業になったため、町となる速度も速くなった。元までは都市化が大いに進んだが、製陶活動は主に民窯が行っていたため町を形成する力はなかった。元の後期には社会分工が速く広がり、製陶の人々が町の中心に集まり農村との分離が加速化した。明・清の時代の景徳鎮は、すでに製磁活動を経済支柱とした専業都市になり、産業の発展につれて周りの農民を大量に町に引き込みながら町は大きくなり、近現代の都市に似た町並みが形成されていった。

町は御器廠を中心に周りが窯場に囲まれた形であったが、清末期の戦乱により景徳鎮はひどく破壊されてしまった。その復興は南京条約による上海の開港で、外国人の注文に応じるために再び製磁が始まってからである。民国時代の町並みは明・清に沿ったもので、依然として御器廠を中心に、都市の規模は大きく形成されていった。町の役割も増え、町全体に活気が満ち溢れ、景徳鎮の町並みは民の生産活動とともに発展していった。このような町並みになった理由は自然条件の地形、河流、気候から大きな影響を受け、さらに、陶磁製作活動が加速化したからと言える。最初は水域地域からの洪水を避けるために徐々に山間地域に移動し、最後は朝廷の象徴である御器廠の周りに集まるようになった。1949年、景徳鎮は市になり、1953年には江西省直属の市に昇格した。1982

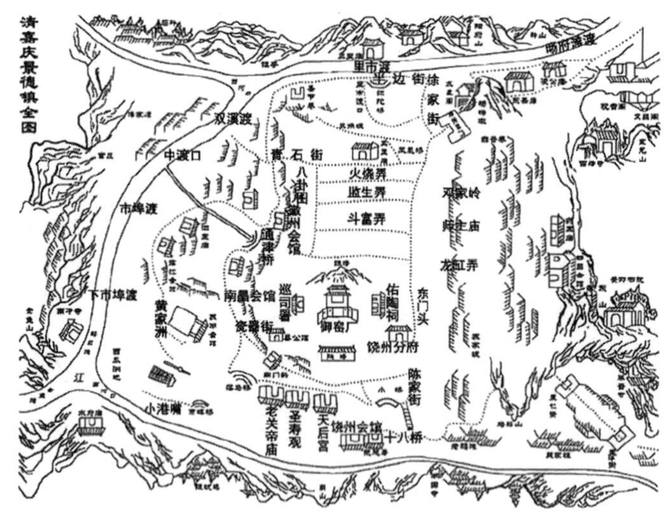

図3　景徳鎮全図（陈 2012 より転載）

年、国務院から「歴史文化名城」と正式に命名され、その後、対外開放地にもなった。

内陸の中小都市の一つである景徳鎮は、昔の栄光を残しつつもその一方で町づくりは遅れていた。1980年代前後の景徳鎮は、古びた町並みに古い建物が続き、工場も黒い煙を吐きながら、町の中心部で生産を続けていた。古くからの住民生活も以前と変わりなく、改革開放の影響はまだここには届いていなかった。1990年代に入ると、中国の改革開放がさらに広がり、経済活動とともに都市の改造活動も盛んになった。そのような時代背景において景徳鎮の町並みも徐々に変化し、特に90年代の末から2000年初頭には現代風のビルや建物が相次いで建設され、道路は整備されてきれいになった。環境問題で工場の改造や移転が早急に始まり、景徳鎮の町並みは一段と変貌した。都市改造を大規模に進めてきた一方で、町の中心部にはまだ昔の面影が残り、古い建物の多は壊れ、古い町並みの継承と保存が課題になった。

2000年以後、市長に就任した許愛民氏は国際観光旅行都市の位置づけを優先し、伝統を重んじ多くの名勝旧跡を保護するため、景徳鎮市のこれからの目標は陶磁器産業文化の伝統を守ること、経済の中心地区になること、観光を整備することの３つをスローガンとして掲げた。この新都市計画のもとに、高度技術開発区を建設するだけでなく、新都市の開発も計画しており、以前からも優勢であった陶磁器産業は、依然として景徳鎮の経済を牽引し、主導的な役割を発揮させた。機械、電子、化学などの新産業の発達を促し、幅広い陶磁器産業の複合体を形成したのである。内外市場の供給を保証し、輸出指向型経済になり、景徳鎮も幅広い産業システムを有する新しい型の都市を形成した。さらに工業や農業の以外に、国際文化交流も盛んに行われたのである。

新しい国内外情勢に応じて、景徳鎮市が再び都市全体の町づくりに関する新計画（2012-2030）を発表した。この計画は「総合考慮、人間優先、生態保護、省エネルギー、魅力特色」を原則とし、景徳鎮を「戦略新興産業基地、新技術開発試験区、生態環境良好都市」に建設する目標である。産業としては、陶磁器、航空、観光旅行を中心産業とし、都市の特徴を強調したものである。陶磁器産業に関しては、世界レベルの中心を五つ作り出す計画で陶磁器デザイン創意中心、陶磁品文化観光中心、陶磁品プロモーションと交流中心、陶磁骨董品と芸術品の交易中心である。航空産業に関しては、中国のヘリコプター産業基地を建設する計画である。観光旅行産業に関しては「世界磁都、芸術名城、千年古鎮、生態家園（居心地いい家）」をキャッチフレーズとし、都市の影響力を拡大しながら、国内外から観光客を招く計画である。都市中心部の遺跡に対する発掘と保護、歴史の建物と遺跡の保護や修復にも大いに力を入れ、文化の伝承と発進を一層重視してきた。その代表的事例は大陶溪川旧工場区改造と御器廠周辺の伝統的な老街の復旧である。新計画には、古い町、新しい町と技術開発区があるがそれぞれの役目は違い、古い町のポイントは、町の保護と再利用で、新しい町のポイントは陶磁品文化産業創意を推進し、技術開発区のポイントはハイテク産業の技術開発と物流である。要するに、伝統を守るとともに、町づくりを現代化の一歩とすることが目的であった。

さらに世界に名を上げるために、世界各国との交流を推進し、陶磁品の製作や文化を主題とした様々なイベントやフォーラムが開催され、沢山の姉妹都市と締結した。日本の有田町と瀬戸市は景徳鎮の姉妹都市で、訪問団の交流が行われている。伝統をうまく伝承するために、景徳鎮には中国唯一の陶磁器大学があり、毎年、全国各地へ優秀な陶磁人材を輩出している。そして、多くの人に歴史文化を理解させるために、陶磁博物館をはじめとして、独特な博物館を続々と開館した。

4　景徳鎮の博物館とその特性

千年以上の歴史を誇る「古鎮」、そして「磁の都」とまで評価されている景徳鎮の特色は、まさに陶磁器そのものとその文化である。そして、この独特な特色を世の中に伝える役割を果たすのは博物館であり、景徳鎮には陶磁器に関係の深い数多くの博物館が存在する。最初に開館したのは、景徳鎮陶磁博物館である。その後、景徳鎮官窯博物館、景徳鎮古窯博物館（景徳鎮古窯民俗博覧区）、景徳鎮陶磁民俗博物館（景徳鎮古窯民俗博覧区)、景徳鎮民窯博物館などが相次いで開館した。そして、政府主導の公立博物館だけでなく、国民の生活水準が向上したことにより、2010年からは民間の力で開館した博物館も次から次へと登場した。その代表的な博物館は景徳鎮十大磁器工廠陶磁博物館、景徳鎮御窯陶磁文化芸術博物館などである。

景徳鎮陶磁博物館は1954年に開館した中国で一番早く陶磁品をテーマとした博物館である。当時は5つの展示室で、五代・宋・元から、明、清、民国と現代の代品を大量に展示し、保存していた。しかし、この博物館は小さく、古く、そして交通が不便なため徐々に時代の需要に応えられなくなり、国家の全力支持と援助を受けて、これを旧館に、新館として景徳鎮中国陶磁博物館を2015年に開館させたのである。新館の景徳鎮中国陶磁博物館は旧館の伝統を引き継ぎながら、新しい時代に応じた現代要素を多く取り入れ、博物館のイメージを一変させた。主体となる建物は現代風なスタイルであるが、デザインには様々な意味を有している。例えばファサードは「深い山に宝がある」「未来への頑張り」といった意味合いを含んでおり、外観は陶磁品を回転成形させる道具の形で、陶磁品の透明感も表現している。また、上空から見ると建物が回転する水車の形を模しており、陶磁文化には水車が欠かせないことを示している。建物の工夫のみならず、以前のような陶磁品を静的にきまった場所で展示するという技法から脱却し、情報・メディアの技術を利用し、光、電子そして音声などの手段を使用し、訪れた参観者に新しい体験や、展示物を物語形式で参観者に紹介し、楽しむ展示技法を取り入れた。音声ガイドやスマホガイドにより、参観者に展示品や建物での居場所を詳しく紹介し、QRコードをスキャンすれば、展示品や収蔵品のデータが読めるようになり、展示品や収蔵品に関する詳しい情報、その背景にある歴史文化や関連する物語まで紹介できるなど、見学者のために便利なサービスを提供している。このように展示物を通して、景徳鎮の「磁器・磁業・磁都」のイメージが見学者の目の前に浮かびあがってくるような構成となっている。

景徳鎮中国陶磁博物館は、中国において、今まで一番大きな国際化、現代化、情報化などの特色が溢れた陶磁専門の芸術博物館である。常設展示室、臨時展示室のほかに、学術交流エリア、ビジネスエリア、事務局スペースなども備え付けられている。展示・収蔵品は古代の陶磁品だけでなく、近現代の優秀な芸術陶磁品も本博物館のオリジナル収蔵品である。そして、中国の陶磁作品だけでなく、日本、韓国、英国、ドイツなど世界の主な磁器生産国の優れた作品も有している。収蔵品は種類が豊富で、科学研究価値が極めて高く、陶磁歴史上の各時代の作品が全て揃っている。各時期の歴史文化の研究に、信憑性の高い資料を提供している。景徳鎮中国陶磁博物館は保護・伝承を博物館の理念とし、教育に努めることを博物館の役割として、「創意創新」を博物館の方針としている。陶磁器の展示、陶磁器の学術研究、陶磁器の文化伝承、陶磁器の知識伝承のプラットフォームで、景徳鎮を代表するシンボルとなっている。そして、景徳鎮陶磁博覧会の基地となり、毎年陶磁博覧会が開催されている。

景徳鎮官窯博物館は、現在は景徳鎮御窯博物館に改名され、1990年に再建された龍珠閣を主体建物とし、明・清時代の官窯跡が保存されている。朝廷から製陶製磁の管理官僚を派遣し、多くは皇室用の陶磁品を作らせたという歴史的経緯から、景徳鎮御窯博物館に名を変えたのである。龍のデザインの陶磁品が多く、龍珠閣が景徳鎮のシンボルになっている。この博物館は主に官窯に関する資料を展示し、発掘された陶磁器の復元を中心に展示している。官窯の遺跡や官窯資料の研究のために、貴重な資料を提供し、その研究成果を展示する場となっており、世間の注目を集めている。

景徳鎮古窯民俗博覧区には景徳鎮古窯展示エリアと民俗展示エリアがあり、景徳鎮古窯展示エリアは古窯博物館として、民俗展示エリアは民俗博物館として参観者のために様々なサービスを提供している。民俗博物館の特徴は、明・清時代の建築群をそのまま博物館とし、当時の雰囲気を伝えている。

景徳鎮民窯博物館は主に民窯の歴史と資料を展示している。また、徳鎮十大磁器工廠陶磁博物館は主に新中国以後に建てられた国営磁器工廠を中心に、1949 年から 1995 年までの各工場の歴史と資料を展示している。この時代は陶磁製作の歴史に欠かせない貴重な時代でもある。

以上の博物館は、陶磁をめぐって陶磁資料、窯遺跡、民俗、歴史、そして芸術まで各分野の博物館が揃っている。まさに景徳鎮全体が博物館そのものであると言っても過言ではない。景徳鎮の博物館は伝統文化を継承し、新しい時代における博物館の役割りを果たすために、様々な試みを実践している。景徳鎮の博物館の特性は、いずれの博物館においてもその主役は必ず陶磁品である。そして、景徳鎮には陶磁品に関する遺跡や名所旧跡が多いため、博物館であると同時に、観光旅行のスポットでもあることがその特性である。次にマネジメントの視点から、景徳鎮における博物館と観光との関係を示すこととする。

5　景徳鎮の観光事業

景徳鎮の歴史は千年以上にわたってその名を世に知らしめてきた理由は、まず自然環境が素晴らしく、山あり、水あり、緑があることが要因である。そして製陶製磁の聖地であるとともに、陶磁の製品だけでなく、陶磁にかかわる文化、生産、工場、遺跡、貿易活動など全てに魅力があることから、世界の観光客の注目を浴びた。景徳鎮への観光はまず自然や遺跡の見物、製陶や工場の見学、そして陶磁品の購入が主流であるが、最初は個人的でかつ、小規模、そして不定期であったため、観光事業には及ばなかったという経緯がある。

1980 年代の改革開放以後も景徳鎮の観光旅行はしばらくはこのような状況が続いたが、2000 年以後には国家による観光旅行事業推進方針が打ち出され、各都市が観光旅行政策の作成や取り組みを開始したことから、景徳鎮は歴史文化などの観光資源を豊富に有する中小都市である一方で、国家歴史文化名城と対外開放市に指定されたことに便乗して、観光旅行事業も盛んとなって同年からは多くの観光資源を整備してきた。

平日の疲れを癒し、大自然に親しむことができる観光スポットは、洪岩仙境と江西怪石林が挙げられるが、この二大観光スポットはともに中国の 4A 級観光スポットである。

写真１　景徳鎮古窯民俗博覧区

洪岩仙環は景徳鎮から50キロ離れた所に位置し、最大の見所は３億年もの歴史がある鍾乳洞である。鍾乳洞には地下滝があり夏の避暑名所として有名で、中の石、木、藤、峰が持つ共通の特徴は「奇」であり非常に珍しい。

江西怪石林は景徳鎮から車で約２時間の所に位置し、「怪石林」という名からも理解できるように一番有名な文化資源は「石」で、「石林」の風景地として中国で一番大きく、そして美しい場所である。

これらの風景地には自然だけでなく、人文景観もあり、近年では当地の人々と連携し、新しい休暇方式「農家楽」[1)]も栄えている。特に週末や休日になると近隣都市の人たちが殺到し、まさに、休暇、旅行、探検ができる場となっている。

このほか、中国歴史文化を見学できるのは古代の県役所「浮梁古県衙」で、中国の4A級観光スポットであり、景徳鎮から８キロの場所に位置している。浮梁古県は現在の景徳鎮の発祥地で、唐の時代から1,100年の歴史を有し、さらに200年の歴史がある「江西第一衙」は中国江南地区で唯一完全に保存されている清代古県衙である。また、宋の時代に建設された「江西第一塔」は当時、仏教を宣伝するために建てられた塔である。建物の見物のみならず、古代の役場をテーマとした演劇も行われ、古代の町長も演じられるなどまさにタイムスリップを体験することができる場である。

以上のごとく、整備された観光スポットの中で一番重要なのは、景徳鎮陶磁に関する場所である。

写真２　民窯遺跡博物館

(1) 徳鎮古窯民俗博覧区

景徳鎮古窯民俗博覧区は全国で唯一の陶磁文化をテーマとする国家5A級観光スポットであり、江西省で唯一都市の中心部におかれた5A級のスポットでもある。景徳鎮における千年の製陶製磁の歴史を完全に再現した場所で、中には明・清時代を代表する窯が次々と復元されている。古代の窯や工場を展示するエリアや陶磁器民俗を展示するエリアがあり、古代工芸の楽器による演奏も楽しむことができる。リニューアルする前の名称は旧景徳鎮古窯瓷廠、旧陶瓷民俗博覧館であるが、現在はテーマパーク的な施設となっており、日本の学生の研修旅行などにも活用されている。

(2) 御窯場国家考古遺跡公園・民窯遺跡博物館

国家4A級観光スポットで、景徳鎮の古い町の中心地に位置している。元の時代に初めて設立された官窯があるが、「御窯場」という名前は清の時代に定められたものである。元から明を経て、清までの700年の間に中国で一番長く、一番規模が大きく、一番工芸が優れた官営の陶磁工場であった。ここでは明・清の製磁技術、御窯場の歴史、管理制度、そして景徳鎮の発展の歴史について見学することができる、価値の高い遺

写真３　景徳鎮市陶磁研究所

写真４　指で絵を描く実演

跡の一つである。中には御窯博物館（龍珠閣）、御窯工芸博物館、御窯遺跡がある。

民窯遺跡博物館は、発掘の様子と明清時代の陶磁器生産の過程を展示している博物館であり、明清時代の町並みや職人絵図、民窯で活躍した職人の紹介をしている。

(3) 綉昌南中国磁園

ここも国家4A級の観光スポットで昌南古鎮を忠実に復元した場所であるが、一番の目的は観光客に陶磁品の製作を体験させ陶磁品を売買することである。

最後に高岭・瑶里風景区は景徳鎮から50キロの所に位置する4A級観光スポットで、自然環境、古代村落、陶磁文化を一カ所に集中させており、明・清時代の商店街は見ごたえがあり、特に、明代の趣を残す商店がここの特徴となっている。

(4) 景徳鎮市陶磁研究所

国営工場跡地を利用した景徳鎮市陶磁研究所には、「陶磁芸術大師」[2)]の簡丹先生のアトリエ兼ギャラリーがあり、簡丹先生による指と筆で絵柄を描く実演が行われている。日本からの研修生たちの学びの場となっている。

以上のような国家A級の観光スポットが、景徳鎮には18か所もあり、それ以外にも大小の観光スポットがたくさんある。景徳鎮自身が持つ旅行資源は自然風景、陶磁文化、古代村落だけでなく、陶磁産業発展地として、見学できるところも数えきれない。

観光旅行事業を一層推進するためとそして景徳鎮をアピールするために、景徳鎮は陶磁品の博覧会を何年も連続して主催してきた。特に近年になり、マラソン大会も行われ、世界中の人々に景徳鎮をさらに幅広く宣伝するイベントとなった。

2011年から2016年にかけて、景徳鎮の旅行収入は83.8億元から359.26億に達し、訪れる観光客数は延べ1604.6万人から3981.37万人になったことからも、景徳鎮の観光旅行事業が大幅に伸びたことが理解できる。

景徳鎮の周りの自然景観には、世界遺産が6つ、ジオパークが3つ、国際湿地が1つある。人文景観には、景徳鎮を入れた国家歴史文化名城が3つあり、上海をはじめ、武漢、長沙、南昌などの大型都会8つある。空港、高速鉄道、高速道路なども発達しており、一帯一路の国家戦略、国家そして景徳鎮の観光旅行方針や政策の下で、どのように観光スポットを整備し、ホテル、美食（茶文化）に力を注ぎ、「食、泊、行、楽、購」を一体化した旅行拠点となり得るかが景徳鎮の現在の目標である。また、目標を達成する前に、ビッグデータの技術やAI技術を利用して、交通チケットの予約、ホテルの予約、スポットチケットの予約などが便利になり、観光客のニーズが反映されるようにすることも景徳鎮の現在の課題である。

末筆になりましたが、拙稿を纏めるにあたり佐賀県立窯業大学校松尾英之先生に、ご指導並びに写真の提供を賜りました。心より感謝の意を表します。

註

1）　農業を営んでいる「農家」（農民）が自分の家を改造し、都市から客を招いて当地の郷土料理を作ってもてなすこと。日本でいう民宿。

2）　当該領域に熟練し、才能が優れている人の意。

参考文献

伯仲　2013『景德问瓷』时代出版传媒股份有限公司黄山书社出版

陈新　2012『从地名变迁考述景德镇城市空间演变』（卒業論文）

崔鹏　2009「陶瓷文化与景德镇博物馆」『文物世界』2009－6、pp.74-76

杜树文　2017「穿越古今 与瓷对话―记景德镇中国陶瓷博物馆」『陶瓷博览』2017－3、pp.33-34
关锡汉　2013『陶瓷』吉林出版集团有限责任公司出版
黄波・孙静　2015「景德镇旅游业现状的调研与探析」『景德镇学院学报』30－5、pp.23-32
景德镇市「江西省景德镇市旅游总体规划（2005～2020）」
景德镇市「景德镇市城市总体规划（2012～2030）」
刘锚锚・张毅蕾　2017「浅析景德镇旅游发展」『农家参谋』2017－22、p.320
吴志婷　2017「"互联网＋"视域下景德镇旅游产业智慧化发展现状」『城市旅游规划』2017－4、pp.126-127
叶道明・赵嵘　2010「景德镇民办博物馆纷纷精彩亮相」『景德镇陶瓷』20－4、p.23
詹嘉　2014『景德镇陶瓷人文景观』科学出版社出版
詹沐清・郭凯　2018「"互联网＋"背景下景德镇陶瓷文化旅游电子商务发展研究」『电脑知识与技术』14－3、pp.264-265
赵宏　2014『中国陶瓷史学史』中国文史出版社出版
赵嵘　2011「景德镇就是一座活博物馆―写在2011年"国际博物馆日"到来之际」『景德镇陶瓷』22－3、p.1
郑云云　2007『千年窑火』江西出版集团・江西人民出版社出版
十名直喜　2002「「磁都」景德鎮の産業・生活事情―景德鎮・上海の視察訪問と比較考察をふまえて―」『名古屋大学研究年報』15、pp.25-82

第8節　杭州南宋官窯博物館と南宋御街

落合 知子

1　杭州南宋官窯の歴史

『南宋官窯博物館所蔵図録』は南宋官窯出土の器のみならず、南宋官窯の由来、発展、発掘の過程、南宋官窯御用青磁、文化財と遺跡保護、博物館の展開について詳細に述べている。本稿は、この図録の記述をもとに博物館の現状を紹介するものである。

世界中の磁器の起源は中国で、浙江省は磁器の故郷とも言われている。中国でも浙江省のように、半分以上の県や市で古代の磁器の遺跡が発見され、その数が2,000箇所にも達している地区は皆無である。なお中国19の省で発見された磁窯遺跡の中で一番古い遺跡は浙江省にあるが、考古学的見地からも浙江省は、中国磁器発祥の地として認められている。かつて春秋時代の越では青銅礼器の代わりに外観に青釉をつけた磁器の焼成が始まり、その青釉磁器の焼成技術は未熟であったため、「原始磁器」と称された。青磁は浙江省寧紹平原の一帯で焼かれ、中国磁器生産の主流となり、中国古代物質文化の中では比類ない存在であった。

青磁は民間で広く使用されただけでなく、高官や帝王の贅沢な生活にも取り入れられ、千年もの間朝廷から偏愛されたのである。磁器生産の頂点であった宋代には、汝窯・官窯・哥窯・定窯・鈞窯の5大名窯が現れ、その中でも伝奇的で貴重なのは汝窯と官窯の青磁である。磁器史において青磁は「帝王磁器」とも称され、最初に宮廷で使用された磁器は唐・五代の越窯青磁であった。

宋は中国磁器制作の最高峰で、宋の官窯磁器は造形から紋様、胎釉から形まで厳格な規範を有している。南宋官窯の御用青磁は青釉大系の中でも独自の特色を有しており、その色は上品で玉のように美しいものであった。史料によれば、五代後周皇帝の柴栄が在位した時に、磁器の焼成を担当する大臣が、どのような色で焼き上げたいかを尋ねたという。しばらく考えた柴栄は「雨がやみ空が青くなり、このような色が将来を形成する」と答えた。しかし、残念なことにこの「雨過天青」のような素晴らしい色は最後まで焼くことはできなかったとされている。

宋の時代は中国磁器業大発展の時期で、南北各地に窯場が密布し、宮廷用磁器の需要は以前よりさらに増したのである。越州窯は北宋中期に急速に衰退し、新たな青磁が河南の民間で台頭して発展した。これが汝窯青磁である。汝窯は造形と装飾、焼成技術の全てにおいて越州窯の影響を強く受けており、その制作技術は巧みで、朝廷の愛顧を得て宮廷第一に選ばれた。陸遊の『老学庵記録』には「定窯の製品は宮廷に入らず、汝窯だけが使われる」との記述が残っている。南北各地に磁器の逸品を生産する窯場があり、様々な様式、様々な色の磁器があったにも関わらず、北宋朝廷は汝窯の青磁を優先したのである。

中国で初めての官窯が北宋の汴京（現在の河南省開封市）に建てられたが、1126年に女真族よって汴京が占領されて、北宋が滅亡したことにより北宋官窯も終焉を迎えた。この後、皇帝の弟が南に逃れて都を臨安（現在の浙江省杭州市）と定めたのが南宋の始まりであるが、正統な王権再興を目指した南宋朝廷が北宋の制度に倣って官窯を設けたのが、今日南宋官窯と呼ばれる修内司窯と郊壇下窯の2つの窯場である。

北宋に成立して南宋朝廷によって継承された官窯制度は、陶磁器を礼器として使用することにあったため、宮廷に直接窯場を設置して管理させる必要があった。製品はすべて宮廷の要求により生産され、宮廷だけに使用が限られていた。南宋官窯に関する文献で信頼できるのが南宋叶寘の『坦斎筆衡』と顧文荐の『負喧雑録』である。『坦斎筆衡』に「復興の為に江を渡り、邵成章を後苑の提挙（官職、倉の管理者）に任命して、邵局官窯を管理させた。旧京遺制を踏襲し、窯を修内司に置き、そのうち青磁を製造した窯は内窯と呼ばれた。澄泥は范が極めて精緻で、油の色は青々と澄み、世界中で珍重された。後に郊壇下で新しい官窯が置かれ、旧窯とは全然違う」とある。この記述から南に移った後、宋の皇室は都に2つの官窯を置いたことがわかる。ひとつは修内司に置かれ、当時「内窯」と呼ばれていた。もうひとつは皇帝が天を祀った郊壇の近くである。極めて精緻で、油の色は青々と澄み、世界中で珍重された記述は、南宋官窯青磁の特徴を端的に表している。

1920年代頃に西欧近代の考古学が中国に伝わり、杭洲の南宋郊壇下官窯は当時最も早く発見された古窯跡の一つとなった。1930年に日本の小笠原彰真が、杭州市南約4㎞にある烏亀山の山麓で郊壇下窯の窯址を発見し、大量の磁器標本を採集した。日本駐杭州領事官であった米内山庸夫たちが文献に記載された南宋官窯の調査に入り、多くの磁器片と窯具を採集したのである。その状況を把握した中国政府は、中国最古の古陶磁器の科学的研究者を現地調査に派遣した。

1937年、朱鴻達は調査をもとに『修内司官窯図解』を出版した。1952年から1954年にかけては、米内山が窯址を視察し採集した磁器と窯具を整理して、『日本美術工芸』に「南宋官窯の研究」を連載した。烏亀山の東西の長さは300m、南北の長さは200m、標高は76mで山頂には紫金土、セラミック石など磁器の原料がある。そこは森林が茂り、燃料資源が豊富で、青磁生産の自然条件が整っている場所であった。窯址の3面は山に囲まれ理想的な窯造りの地である。1956年、浙江省文化財管理委員会は窯址の南部で初めて発掘調査を行い、23.5mの龍窯の一部を確認したが、遺跡は発掘後に埋め戻された。1984年、中国社会科学院考古研究所、浙江省文物考古学研究所、杭州市園林文物管理局から構成された南宋臨安城考古学チームは、郊壇下官窯遺跡の全面調査を行ない、ボーリングを始めた。1985年の冬から1986年の春までに発掘調査が行われ、工房址と長さ約40.8mの龍窯、30,000枚余りの磁器片、窯が発見された。遺跡は練泥、成型、トリミング、釉薬、陰干し、素焼き、窯入れ焼きといった磁器製造の完全なプロセスの址を残しており、南宋官窯の生産過程全景を構成するものであった。

南宋郊壇下官窯から大量の考古学遺物を入手した考古学界及び磁器学界の研究者は、文献に記載されているもう一つの官窯、つまり修内司官窯の存在を明らかにすべく調査を継続した。1980年代に杭州中河南段（同地区は南宋皇城の範囲に属する）の建設現場でいくつかの官窯形式の磁器片と窯具が発見された。1996 年、万松嶺の麓にある杭州煙草工場でも大量の南宋官窯磁器片が出土し、その後も杭州老城区の建設現場で古い磁器片が続々と発見され、多くの古陶磁愛好家の修内司官窯発見への意欲を掻き立てることとなった。

1996 年春、杭州鳳凰山と九華山の間にある現地の人から「老虎洞」と呼ばれた場所で雨で土が洗い流されて露出した大量の青磁片が見つかり、それらは杭州の骨董品市場に、一部は海外に流れていった。そのため同年 9 月にその状況を把握した杭州市文物考古学局は、現場の 24 時間監視体制を取り、磁器の盗掘と流出に歯止めを掛けたのである。その後発掘調査が行われ、現地の俗称に倣いこの遺跡は「老虎洞窯址」と命名された（写真 1）。

この窯址の地理的位置は特別な場所で、南宋時代の修内司の駐屯地であり、文献に記載されている南宋修内司官窯と一致するものであった。その後 2001 年までこの窯址の発掘調査が 3 回実施され、南宋と元の 2 つの時代の青磁の窯址の存在が明らかになった。中でも南宋層には採鉱坑、澄泥池、工房、道路などの遺構が発見されている。これらの調査により、この窯址は南宋時代の官窯窯場であることが認められたものの、若干の疑問は残された。2006 年、この残された若干の疑問に対する突破口が見つかることになった。杭州の文化財考古学部門は出土遺物を 5 年余り整理し、4,000 点以上の修復した磁器の中に、「庚子年…匠帰■記修内司窯置」と刻まれた青釉のかかった陶片が発見された。この発見によって老虎洞窯址は南宋修内司官窯であることが実証されたのである。これら 2 つの窯址から出土した大量の破片によって、今日我々は文化芸術の精華を味わうことができる。自然の美を尊ぶ美意識は、南宋官窯の職人たちが天然の美しい玉のような釉薬色を追求し、目指したものであった。『詩経』に「君子を思い、玉のようにやさしくする」とあるように、玉は色が穏やかで、表裏が同じで、堅くて曲がっていないという美意識を有している。南宋政権が安定して、宮廷用磁器の品質要求も高まり、官窯の技術は向上していった。南宋官窯における磁器職人の技術が優れている点は、彼らが緻密で熟練した制作技術を通して、簡潔で流

写真１　老虎洞窯址遺跡・老虎洞窯址保護施設
（邓 2017 より転載）

暢な造型、精緻な釉色、独特な紋様及び趣向を凝らした「紫口鉄足」を南宋官窯の青磁に調和させ統一していることにある。中国における古代青磁生産の頂点であったことに疑いの余地はない。しかもその生産量は限られており、現代においてもそれを製造する後継者が少ないことから中国古代磁器の貴重品となっている。その形式は後世の磁器界に推奨され、模倣されてきたのである。

2　南宋官窯博物館

杭州南宋官窯博物館は中国で一番古い陶磁器をテーマとする博物館で、博物館の敷地内には南宋官窯遺跡が保存されている。博物館の敷地面積は約 43,000 平米、展示面積は 10,000 平米で、1992 年に正式に公開された。敷地内には蓮池や多くの植樹がなされ、野外部を楽しむ来館者も多く、杭州市の地域文化資源の伝承を担う拠点としての役割を果たしている。2003 年５月８日から入館料は無料となり、観光客のみならず地域住民も多く訪れる博物館となっている。

南宋官窯は中国の陶磁史上の貴重な芸術の宝庫だけでなく、南宋時代に杭州が中国全土の経済、文化が最も発展した地区の歴史的産物として、現在も南宋時代を再現する上で重要な要素となっている。郊壇下官窯遺跡と老虎洞窯址の発掘成果は国内外の古陶磁器学会及び陶磁器愛好家の注目を集め、杭州市人民政府も重視していた。そして 1962 年に郊壇下官窯遺跡は杭州市人民政府から第１回杭州市重点文化財保護部門として公布を受けた。1986年、全面的かつ系統的な考古学の発掘調査が終了し、中国の有名な歴史文化遺産を保護し、古代陶磁器文化を展示し、杭州歴史文化名城として発展させていくために南宋官窯博物館の建設が計画され、1991年秋に開館したのである。

博物館ではこれらの遺跡における磁器原料の採掘、製品の加工から制作、そして焼成までの一連の完全な磁器製造技術を通して、宮廷用磁器の焼造全過程を展示している。窯址から出土した遺物は当時の青磁の最高水準を如実に表し、南北磁器業と官民2つの体系的磁器文化の交流などを情報発信している。

博物館には効壇下官窯遺跡の工房址が復元されており、窯址は1,400㎡に及ぶ大型文化財保護建築物の中で保存されている。大型鉄鋼網棚構造が採用され、発掘で明らかになった南宋官窯の生産プロセスを証明する遺構が保護され展示されており、来館者は柵越しに遺構を見学することができる。この遺構が公開されてから10数年の間に、国内外から30万人もの来館者が訪れている。しかし、時間の経過に伴って遺跡保存に共通する問題が発生しており、多雨多湿及び地下水位の高さによる遺跡への浸食問題が明らかになってきた。具体的には遺跡の一部が日増しに鮮明でなくなり、かつ効果的なコントロールと処理が得られなくなっている。この状況に対して、2002年に実施された博物館の展示改造の中で、考古学及び土壌学の専門家によって十分に論証され、国外遺跡保護の方法を参考にして、博物館は遺跡全体の覆土復元と局部の原型展示方法を採用したのである。その結果、現在は遺跡全体の保存は良好に行われている（写真2）。

老虎洞窯址の発掘は、1998年度全国十大考古学新発見ノミネート賞を受賞し、2000年に杭州市人民政府により第3回杭州市の重点文化財保護部門として公布された。第2次発掘は2001年度全国十大考古学発見の一つとして評価され、2002年5月、南宋官窯の構成部分として老虎洞窯址は南宋官窯博物館によって管理されていた。同年10月、杭州市政府が99万元を出資して遺跡保護開放施設を建設し、老虎洞窯址は初歩的な保護開放施設で一般に公開された。木造保護柵が3棟建てられ、龍窯、工房、素焼き炉、磁器片堆積など南宋官窯遺跡15箇所が木造建築の桟道でつながった保護柵であった。現在は立ち入り禁止となっている。

2005年、郊壇下窯址と老虎洞窯址は浙江省人民政府に合併され、第5回の浙江省重点文化財保護部門として公布された。2006年6月、さらに国務院に合併して第6回全国重点文化財保護機構として公布されたのである。

南宋官窯博物館が開館してからは南宋官窯の伝統工芸を復元し、発展させることに尽力してきた。専門の研究開発チームを立ち上げ、復元の実験及び生産設備を購入し、10年余りの探索と練磨を経て、南宋官窯の複製品は高いレベルに達することができ、杭州市科学技術進歩3等賞、浙江省科学技術進歩1等賞を獲得している。それら複製品は郊壇下と老虎洞の2つの窯址の発掘資料とともに、南宋官窯青磁の姿をリアルに再現している。郊壇下官窯址から出土した花口壺や貫耳瓶、老虎洞官窯址から出土した玉壺春瓶などは神韻と形を兼ね備えた官窯の模倣の逸品と呼称されている。現在は博物館展示のための複製品制作から、生産品に転向して多くの来館者を魅了している。

写真2　南宋官窯郊壇下窯址（南宋官窯博物館）

博物館では陶芸工房で教育活動が盛んに行われ、磁器文化を体験することができる。南宋官窯博物館の建設と一般開放は、中国の伝統的な磁器文化の伝承と杭州特有の南宋官窯の歴史的文化遺産の展示と啓蒙を果たしているのである。

3　南宋御街と南宋御街陳列館

南宋御街（Southern Song Imperial Street）は、臨安の主要な大通りで、全長約4185m、区域の総面積約87ha、2006年の中山中路の再開発を経た町並みである。木造建築は伝統様式の復興を目指し、傾斜のかかった屋根に瓦を採用して江南の民家を再現している。この一帯は再開発で完全に取り壊される予定であったが、地元住民や学識者たちの反対の呼びかけにより、かつての町並みを復元することになった。中山路には幅1〜2mほどの水路が設計され、水のあるいにしえの景観を形成しており、通りの建築物は景観に配慮した色彩で近代建築と店とが調和した町並みとなっている（写真6）。この景観設計は歴史的建造物の保存に最も重きを置くもので、南宋御街は店や旅館、茶店など民間の文化を展示する野外博物館とも言われている。杭州は南宋時代に事実上の首都として栄え、13世紀には世界最大の都市に成長した古都である。杭州の西湖は世界文化遺産に指定され、現在は観光都市として歴史文化名城にも指定されている。南宋御街は杭州の中でも観光客が多く訪れる場所で、西洋建築が特徴の南宋御街と、隣接する中国伝統建築を特徴とする河坊街は、常に多くの人で賑わっている。南宋御街と河坊街の交差点にあるマクドナルドも歴史的建造物を活用した店舗となっており、町並みの中で違和感を覚えることはない（写真3）。

写真3　歴史的建造物を利用したマクドナルド店舗

中国6大古都の一つである杭州市は、南宋御街のような歴史的建造物を店舗として保護、維持していく政策的観光街を推進している。元代に杭州を訪れたマルコポーロは、『東方見聞録』に杭州の豊かさについて記述を残している。その内容を要約すると、「キンセー（杭州）はシエル（空）を意味し、名高い町であることからこの名が付けられた。キンセーの町は、この世界で疑いもなく最も名高く豊かな有様で、かつての王妃がこの地を征服した将軍に書状をしたため、その書状はクビライに送られた。それは、書状を読んだクビライがキンセーのこの上ない豊かさを知り、この町を奪略破壊しないようにと願ってのことであった。キンセーの町は極めて大きく、10,000の塔を備え、大型船が航行できる橋桁の高い石造の橋が12,000もある。町には12種類の職業が有り、それぞれの職業には、12,000軒の家々が従事していた。これらの職業はすべて不可欠なもので、多くの町がこの町から品物の供給を受けていた。多量の商品を扱う豊かな大商人が、その数がどれほどの数にのぼるかは誰も見当がつかないほどで、職人の親方も、その妻も自ら立ち働かず豊かな生活を送っていた。町の中には周囲30マイルほどの西湖が広がり、その周りには貴人や有力者や美しい宮殿や豊かな家が並んでいる。キンセーとその周辺は大王国であり、この町から得られる税収は最大である。クビライはこの町をいたく好まれ、治安に配慮して住民を安寧のうちに治めている。」とある。杭州が「上有天堂下有蘇杭」と讃えられるほどの豊かな土地であったことは、マルコポーロの記述からも明らかであろう。中国の都市化は都市部だけでなく、千年以上の歴史を持つ古鎮にも波及している。1980年代に中国は市場経済が導入され、経済成長に伴い都

写真４　皇城内の象徴展示

写真５　南宋皇城小鎮

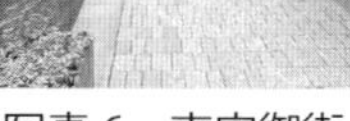

写真６　南宋御街

写真７　南宋御街陳列館

市化も加速し、中国ではしばしば「城鎮化」と「都市化」が混在している（李 2012）。

現代における杭州市の整備は、陝西省西安市のような悠久の歴史を感じさせる再整備とは言えないが、観光客を迎える城内入口には宋・明の窯の象徴展示があり、町のひとつのシンボルとなっている。窯業はこの地域の最たる文化資源であり、歴史的遺産と風土が地域の中に根づいていることを伝える展示である（写真４・５）。

2009 年には、南宋御街の一角に南宋御街陳列館が開館した（写真７）。南宋、元、明清、民国といった異なる時代の道路遺跡を発掘し、最下層にあたる 800 年前の南宋御街の路面遺跡を保存し公開している。大通りからは地下の道路遺跡を強化ガラス越しに見ることができ、100 年の古道の発展史を展示している。遺跡を保存し、小さいながらも展示施設を設置して観光で訪れる人に対して地域の文化資源の情報を発信している点は高く評価できよう。

参考文献

南宋官窑博物馆　2009『南宋官窑博物馆所蔵图录』浙江摄影出版社
邓禾颖　2017『南宋官窑』浙江摄影出版社
月村辰雄・久保田勝一訳　2012『マルコポーロ東方見聞録』岩波書店
李為　2012「古鎮（Old Town）の都市化：景徳鎮」『京都産業大学総合学術研究所所報』

第8章

地域博物館に求められる博物館活動

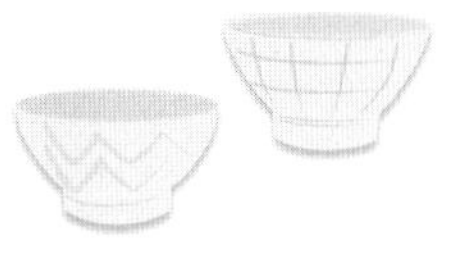

第1節　市民参加の博物館
—地域住民が求める博物館とは—

山口 浩一

はじめに

波佐見町では10年程前に、史談会をはじめ、地域の文化諸団体から町内に散逸する古文書や史資料、発掘資料等を展示し、歴史と文化を知ることのできる「波佐見歴史博物館（仮称）」建設に関する要望がなされたが、財政的な理由からこれまで日程にのぼることはなかった。

昭和から平成にかけては主として産業振興に、近年は高齢化を背景に健康と福祉に町の予算が費やされるとともに、交流人口の増大を軸に据えたまちづくりにも力点が置かれ、観光客の姿も街中によく見られるようになってきた。そして、交流人口が100万人に近づき、波佐見町の認知度が次第に高まる中、2015（平成27）年9月、町は大型木造建築物の旧橋本邸を正式に取得し、歴史文化施設（博物館）として再生、整備する方針を打ち出した。

地域に博物館が生まれる。この博物館が地域にどのような変化やインパクトをもたらすか、住民も観光客も新しい施設に注目している。

1　協働による博物館と地域との連携

博物館建設にあたり、2015（平成27）年3月、町議会の付帯決議は「事業の必要性や施設の維持・管理・運営等について説明責任を果たし、基本構想及び建設計画にあたっては、専門的な知識人のほか、建設が予定される地域住民、及び郷自治会などの意見、要望など可能な限り計画に反映させること」と述べている。

同年11月には「波佐見町歴史文化交流館（仮称）建設検討委員会」が組織され、博物館学や陶磁・考古学等の専門家のほか、地域代表として窯業関係者や歴史・文化財関係者、自治会代表、一般公募委員を含めた多様な主体の協働による博物館づくりがスタートした。

検討委員会では、当初からこの施設を観光交流の機能も併せ持つ博物館として位置づけ、展示と交流という２つの機能にまつわる議論に多くの時間が費やされた。その内容は「継続性のある集客と博物館の魅力をいかにして作るか」ということであった。

2018年３月の議会では「検討委員会でも、しっかりとした集客のこと、西の原[1]からの動線や、集客が本当に継続的にあるのかを調査するべき」「歴史だけだったら余り見に行かない、集客がずっと続くようなシステムに」「地域の方が勉強しようかなとか、カフェがあるからちょっと行ってみようかなとか、そういったところを充実してほしい」「人が集まる、交流や勉強ができるほかにないような交流館を作りたい」等々、議員からも集客や交流を意識した様々な意見が出された。

最終的に示された基本理念は次のとおりである。

> 本施設は、先人が築いた貴重な歴史・伝統・文化に学び、これを将来に伝えるとともに、新たな地域文化を創造するまちづくりの拠点をめざす。また、波佐見町の自然や歴史、文化を知るなかで、町民の町に対する誇りを醸成するとともに、豊かな人間性や郷土愛をはぐくみ、学校や地域と密着して相互に支えあう、親しみやすい交流施設をめざす。

施設の基本的役割として

> 本施設は、地域の豊かな風土、文化や歴史、国指定の史跡や登録有形文化財など特色ある地域資源を研究、保護するとともに、学校教育・生涯学習の場として、また観光資源として総合的に活用するものとする。
>
> さらに、本施設は、近世陶磁器の調査研究を行うことにより、地

> 域の産業振興に寄与するとともに、地域の伝統文化の継承・普及を図るものとする。また、陶芸の館をはじめとする地域の展示資料館等との連携を図る拠点施設と位置づける。

さらに、事業の基本方針として「情報収集、保存、調査、研究、展示、講座、教育連携、地域連携、観光連携、広報宣伝」（波佐見町教育委員会 2018）を掲げている。

以上のように、本施設の機能と役割は調査研究や教育活動から大幅に拡充され、内外交流拠点としてまちづくりと地域活性化の面からも大きな期待が寄せられていることが明らかで、まさに郷土の地域博物館として明確に位置づけられたといえよう。

博物館の必要性に関しては、先の「基本理念」の中でほとんどが網羅されているように思われるが、地域にとっての博物館とは何かという点で、さらに少し掘り下げてみたい。

2　歴史を学ぶ、博物館から地域へ

地域の生活文化に深く関わりのある郷土の歴史を知ることは、地域住民にとっては自らのアイデンティティを知り、生活の質とモチベーションを高める機会となるであろうし、同時に地域を知ることは、地域全体に生きる知恵を与え、誇りを持って暮らしていく活力を生み出す。

2018（平成 30）年 11 月 14 日、波佐見町教育委員会は湯無田（ゆむた）地区にある中世から戦国期に至る石造物の拓本採取調査を実施した。並行して教育委員会は住民参加を呼びかけ、一般見学会を実施した。湯無田は2021（令和 3）年に開館予定の博物館が位置する地区である。

古くは戦国期に一帯を支配した内海氏の居城跡があり、近接して内海氏由来の熊野神社や観音堂が鎮座する。また一帯は、佐賀武雄、後藤勢との覇権を巡って争った古戦場にあたり、内海氏の照日姫が着用したとされる武具等も伝わる。また、詳細はまだ不明であるが中世からの仏教文化の隆盛を彷彿とさせる石造物等も残っている。地名の由来となった「湯」のとおり、江戸期には泉源が田んぼの中にあったことから「湯牟田」と呼ばれたが、「湯無田」になったのは近代になり湯が枯れてからのことである。

地域住民は先祖から代々引き継いできた地域の伝統行事や祭りなどの由来を、これまで詳しく知る機会がなかった。地区内にある小さな祠や石造物にいたっては、長い年月を経る中で文字どおり住民の意識まで風化し、それらの意味さえわからなくなっているのが現状である。

このような状況下で実施された調査見学会は、地域に残る史跡や石碑の由来を知る貴重な市民参加活動となり、地域の歴史を知ることによって地域への愛着と誇りを感じる契機となった。住民が生活しているこの地区が、かつては覇権争いの舞台ともなり、肥前一円に連なる地政学的にも重要な拠点で、それは現在にまで至っているというストーリーは、参加者に一種の驚きと初めて知る感動をもたらした。そして、この見学会はさらに「湯無田郷歴史ウォーキング」へと続こうとしている。

3　博物館は知と学びの場

日本のやきものの歴史の中で、波佐見焼は特別な個性と特徴を持っている。それは、初期の青磁に代表される大名や高級武家等、富裕層を対象とした高級品志向と、18世紀以降方針転換された庶民向けの大衆食器路線である。そして、この過程で世界に比類のない巨大な登り窯と多くのデザイン文様が生み出された。三上次男は波佐見の窯業について以下のごとく論じている。

> この地の陶工たちは、時代に応じ、時の流行にしたがいながらさまざまの器を作り、これに千変万化の文様を描いて多様な染付磁器を生み出した。また思いがけなく生産量も多く、優れているのは江戸期以降の青磁であるが、これらも流麗豁達な彫文様で飾られている。こうした江戸期いらいの染付や青磁につけられた文様は、波佐見磁器の名を高める大きな要素となり、やがてこれは秀でた伝統となった。現在ならびに将来の波佐見窯業の発展はこれを徹底的に学び、その伝統を跳躍台として新時代にふさわしい製品を創造することにあるだろう（三上 1982）。

このように三上博士の窯業地波佐見に寄せる想いは、世界の工芸を中心とした膨大なコレクションの町への寄贈と繋がり、開館する博物館での展示公開が待たれると同時に、デザインと文様という視座で学ぶ意義は大きいと言える。

また、昭和初期に来町、中尾山と井石西の原に滞在しながら作陶活動を行った富本憲吉は以下のごとく論じている。

　拾数年九州波佐見に於ける陶片の図をその茶碗に繪づけせしめむと計り先づ呉の拾図を図上に於て試作し見たり　單化しつくされたる用筆の妙、即ち描きよき筆致とこれに供なふ早筆の極致を描き描くうちに會得したる様思はる、拾数年前あまり人に知られざるうちに研究し於けるものが今日、日常用茶碗にせまられ、御役にたちたるをひそかに喜ぶ（富本 1945）

富本が波佐見中尾山で多くの陶片に出会い、その技法と速筆を自分のものとしていった様子が窺い知れるが、富本が目の当たりにした、何10倍もの江戸期の文様が数えきれない宝の山として眠っている。

本博物館には何10万にも及ぶであろう波佐見焼古陶磁が、完形品もあるが、多くはベンザラ（地元では陶片のことを、やや蔑称気味にこう呼ぶ。）の状態で保管されている。この「デザインの宝庫」で時間の許す限りベンザラを眺め、手に取り大きな刺激を受けて、自らのオリジナルなデザインさえイメージすることができる。

やきものに限らず何かを得たい、学びたいと思う人たちが、地元はもとより全国から本博物館に足を運ぶ姿を想像したい。そういう場を創り出すことが今、求められている。

もう一つ、本博物館の調査研究と展示とに期待するものがある。それは波佐見で生まれたとされる歴史的人物、原マルチノと明治になり郷土が輩出した日本を代表する国史学者、黒板勝美である。

マルチノは天正時代、今から400年以上も前に8年間という長い年月をかけて、長崎からポルトガル、スペインを経てローマ（ヴァチカン）へと派遣された4人の少年使節[2)]の内の一人であるが、波佐見生まれという記録がイタリア・ボローニャの古い資料の中にある。

語学能力が高く、ヨーロッパからの帰国途上、インド・ゴアにおいてラテン語で演説したほどである。帰国後、豊臣秀吉に拝謁するが、その後の禁教令を受けてマカオに追放され現地で生涯を終えた。

マルチノがどのような人物であったか、最もイエズス会の組織に順応し、帰国後の長崎と追放後のマカオで日本人司祭として活躍したと伝えられているが、今のところ系図を含め、生誕地と記された波佐見での痕跡は全く見い出せていない。

長崎県を中心とした潜伏キリシタン関連遺産が「世界文化遺産」に登録され、注目が集まる中、キリシタン全盛期から禁教期に重要な役割を果たした少年使節たちの足跡が明らかになることは大きな意義がある。すでに、使節の一人で「棄教者」としてこれまで扱われてきた千々石ミゲルの実像が、地域住民や在野研究者の努力で少しずつ明らかになってきた。

博物館の展示を深めるためにも、この機会に学芸員が中心となって、地元や世界の歴史研究家などとの共同研究を進めて、マルチノの全体像が明らかになることを期待したい。

黒板勝美は波佐見で生まれ、旧制大村中学から旧制五高を経て、東京帝國大学で学び、国史学の分野では日本における大家として広く知られているが、「博物館学」という語を初めて使用し、具体的に博物館の必要性を説いたことは専門家以外あまり知られていない。黒板は「博物館は公徳の標準」において以下のごとく論じている。

> 歐米の都市では一の博物館を有せぬのはその都市の恥辱といはれて居る。よい博物館のない所は其市の道路など迄悪いと稱せらるゝ程である。（中略）蓋し博物館なるものはその國若くはその市の有せる文化を觀るに足るべき遺物の陳列所で、またその文化を進歩發展せしむべき一大機關である（黒板 1912）

黒板はこの時代から 110 年後に故郷波佐見に小さいながらも、歴史上初めての博物館が生まれることを想像したであろうか。黒板博士や三上博士を範とし、郷土の歴史と文化を学び伝える博物館が、これからの我々の生活をさらに豊かにするものとなるように、より良い博物館を目指さなければならない。

４　ひとり一人がサポーターとして、地域から博物館へ

地域博物館は、地域に密着し生活や暮らし、歴史や文化、やきものや農業、伝統芸能や伝統技術など、地域に存在するあらゆる資源と関わる場となるが、それら資源価値を高めるのは地域の人たち自身である。

地域に暮らす住民自身が、日々の仕事や生活の中から一人一芸、様々な活動を創り出す。そうした活動は、ひとり一人を磨くことになり、個の能力を高めて博物館の大きな推進力となり、まちの魅力となる。

2017（平成29）年４月、実験的な試みが博物館建設予定地において実施された。それは、野外カフェや売店、絵本やキッズスペースなど、立木や木陰をうまく利用した休憩処「湯ム田 Little Market」で、独特のスローな雰囲気と空間が、地元や通りすがりの観光客にも新鮮な印象を与えた。

企画したのは、旧橋本邸に注目していた地元のＵターン女子で、近くの主婦や陶磁器関連の従業者、自営業者などが呼びかけに応じた。

ここで注目したいのは、彼らの取組みが数日間に及んだ草取りから始まった単なる清掃ボランティア活動や、陶器まつりに合わせた一過性のイベントにとどまらず、実は博物館建設予定地というロケーションを最初から意識して企画されたもので、今後の博物館と地域の関係性を模索するとき、何らかのヒントと具体的イメージを示すものであったということである。全国的に展開されようとしているコミュニティビジネスにも通じるものがあるかも知れない。

今後は、こうした活動が持続性のある取り組みに繋がることが期待され、何よりも郷土の博物館を盛り上げるのは、運営主体は無論のこと、連携する多様な主体で構成される地域の力なのである。自治会やこれから生まれるであろう様々なコミュニティ活動が、博物館サポーターとしても地域を牽引することができる。

外から様子を眺めることは簡単であり、批判することは誰でもできるが、中に入り主体として関わるとなるとそうではない。それでも何らかの関りは、地域の一員としてやりがいや夢や希望を持つことに繋がるで

あろう。

5　博物館とコミュニティビジネス

地域資源には色々な可能性がある。歴史や文化ばかりでなく、私たちが何気なく暮らしている生活の中にも多くのものがあるだろう。それらをいかにして今後の博物館の活動や運営に活かしていくか、コミュニティビジネスやフィールドミュージアムにも深く繋がっている。

コミュニティビジネスとは、いろいろな定義づけがなされているが、総じて「地域の抱える課題を住民が主体となって、ビジネスの手法により解決していく事業活動」とされ、今や各地で展開されている、まちづくり市民活動である。地域の人にとっても伝統行事の維持や生きがいやコミュニティ強化にもつながり有益なものになるであろう。

博物館との関りでの事例はまだ少ない様であるが、本施設で想定されるのは、地域資源を活用した「知と学と交流」に関わる、あらゆるステージでの事業活動であり、地域に精通し、地域に暮らしている人たちを主役として進める活動である。

大きな目的は博物館を盛り上げ魅力を高めることであり、一種のサポーター活動であるが、ボランティア活動とは少し異なる。

例えば館内外における交流イベントやサービス提供においては、最低限の対価を受け取り事業運営費とする。またワークショップや各種講座、コミュニティカフェなどの運営においても、博物館運営者側との緊密な連携により、マネジメント業務を担う等が考えられる。

事業実施にあたっては、行政や地域の団体、企業などとの関係構築が重要であり、ここでは博物館運営者たる行政との関係において、お互いが常に支えあうパートナーとしての対等の関係が求められよう。

大きな課題は人材の確保と継続性であり、プランナーあるいはコーディネーターとプレーヤー、サポーターの三者次第といわれている。

博物館に対して、多くの人の関心事は集客の問題に注がれているが、博物館が魅力的な活きた施設となるか否か、それは、多くの人が地域のプレーヤーとなり、サポーターとなって「チーム波佐見」を作りあげることができるかどうかにかかっている。

6　博物館を交流の場へ、靴をぬいであがる博物館

かつての橋本邸は、周囲の白壁塀と大きな門が人を寄せつけないような威圧感を与え、広大な庭さえ垣間見ることが不可能なほど、地域の人さえ滅多に近寄ることができなかった。

この昭和の建物が地域の身近な郷土博物館として再生され、活用されようとしていることは大変意義深いことと思われる。西の原地区の歴史的建造物群を活用したまちづくりの動きにも連なるもので、小さな町の新しいシンボルとして、歴史と文化を伝える拠点として、また内外交流の場としての役割が期待されている。

最近は、全国的に古民家カフェが流行っているが、今回の博物館計画では交流の場が不可欠とされ、地域に開かれたギャラリーのほか、ほぼ旧来の洋間と座敷を活用したカフェ喫茶が計画され、前庭は公園的な雰囲気で再整備される予定である。ここでの交流のイメージを少し想像してみたい。

＊

平日の午前、地域の人が三々五々ゆっくりと歩いてやってくる。早速ソファや椅子に腰かけて、美しい庭園を眺めながらお茶やコーヒーを飲んでいる。時には広い座敷に座り、弁当を広げ歓談している。ボラティアガイドの展示案内が始まった。「青磁とくらわんか、そしてコンプラ瓶が波佐見焼を代表するベストセラーでした」「原マルチノはラテン語のスペシャリストだったんですよ」。波佐見に関して、ここでは学習する教材に事欠くことはない。時には学芸員からもじかに話を聴くことができるらしい。

今、ここでしか味わえないモノ、コトに出会いたい。そんな思いで、私たちは電車とバスを乗り継いで波佐見にやってきた。季節はもうすぐ春というのに、波佐見に来てみたら冬のように寒い。広い座敷に入ると「ひな人形」が飾られている。よく見ると、古い布製の人形に交じって陶磁器製のものがある。笑顔のお内裏様を見て、ようやくあったかくなった。今度は庭が綺麗であろう秋にまた来てみたい。

紅葉したモミジの下で茶会が始まった。町と交流している大学生たちが平戸鎮信流のお点前を披露するらしい。もちろん波佐見焼の器でおもてなしだ。ゆったりと時間が過ぎてゆく。

木々に囲まれた公園のような庭でくつろいでいると、笛と太鼓の音が聞こえてきた。地元に伝わる伝統芸能の浮立（ふりゅう）[3]で、もうすぐ子どもたちが登場し、いろんな演目の踊りが始まるそうだ。玄関に廻り、靴を脱いであがる。座敷には多くの先客が詰めかけていた。

今日は、待ちに待った絵付けワークショップの日。決して広くはないギャラリー講座室はすでに満員である。絵描きだった近くのＡさんが今日の講師である。もちろん、下書きなどなく、お手本の『古陶磁文様集』を横に、素地にあっという間に草花や梅の絵を描いていく。くらわんか茶碗が蘇ったと一瞬思った。

久しぶりに私は博物館にやってきた。今日は特別展のオープニングの日だ。世界を舞台に活躍した「森正洋デザイン展」が始まる。戦後、波佐見焼のベストセラーとなった「Ｇ型しょうゆ差し」をはじめ、多くのグッドデザイン賞を受賞した作品が展示されている。この後、フィールドミュージアムの一つ、彼がプランナーとして手がけた「野外博物館世界の窯」公園を見に行くことにしているが、とても楽しみだ。

*

おわりに

知と学と交流を確かなものとするために、大都市にはない「小さなミュージアム」だからこそできることが沢山あるに違いない。ここでしか出会えない交流の舞台は用意されている。

この町における博物館づくりとは、この地域に住むすべての人が参加する大きなミッションであり、まちづくりプロジェクトなのである。

註

1）　近年、町の観光スポットとなっている中心ゾーンで、国の登録有形文化財に指定された建造物群が並んでいる。

2）1582（天正 10）年、伊東マンショ、千々石ミゲル、中浦ジュリアン、原マルチノの４人がローマへ向け長崎を旅立った。スペイン国王やローマ教皇に謁見、帰国するが、日本はこの時すでに禁教時代を迎えていた。
3）波佐見町指定の無形民俗文化財で、古くから４地区に伝わる。笛や太鼓、鉦（かね）を囃子（はやし）として、子供たちが中心となって舞い踊る伝統芸能である。

参考文献

落合知子　2014『野外博物館の研究』雄山閣
落合知子　2017「郷土博物館をつくる―波佐見町フィールドミュージアム構想」『考古学・博物館学の風景』芙蓉書房出版
黒板勝美　1912「博物館に就て（四）」東京朝日新聞
塚原正彦　2016『みんなのミュージアム』日本地域社会研究所
富本憲吉　1930「肥前中尾山製の茶碗」『工藝』31、日本民芸協会
富本憲吉　1945『茶碗拾題』（山田俊幸監修、富本憲吉記念館ほか編　2000『モダンデザインの先駆者　富本憲吉展』朝日新聞社文化企画局所収）
中村　浩・青木　豊編　2016『観光資源としての博物館』芙蓉書房出版
波佐見町教育委員会　2018『波佐見町歴史文化交流館（仮称）整備基本構想【変更】』
三上次男　1982「波佐見古陶磁文様集の発刊によせて」『波佐見古陶磁文様集』肥前波佐見焼振興会

第2節　行政と博物館（条例・ネーミング）

福田 博治

1　不思議な町、波佐見町

波佐見町は不思議な町である。町内には国道（一般国道）も無ければ駅もない。海洋県長崎県にあって唯一海に面していない町で港も無い。見渡せば山々に囲まれた盆地の町で、経済圏である佐世保市の中心から車で50分、バスだと1時間を超える町で、陰ながら「陸の孤島」など言われる始末である。しかし、一方では、「波佐見は元気だ！」との声を町内外、県内外から聞くようになった。住んでいる私達とすれば他の市町村と同じように高齢化の波は押し寄せており、景気拡大は実感できていないのが現状である。でも、「波佐見は元気だ！」と言われ、最近はテレビ番組で紹介される機会も増え、町内には小洒落たカフェやレストランが増え、平日でも県外ナンバーのお客さんが訪れるようになった。そんな町に「波佐見に博物館を！」という声が挙がった。

2　波佐見町と波佐見焼について

波佐見町は、長崎県のほぼ中央、東彼杵郡の北部に位置し、西は佐世保市、川棚町、南は佐賀県嬉野市、北は佐賀県有田町、東は佐賀県武雄市に接し、人口14,717人（2019年8月末）、主要産業は400年の歴史を誇る「波佐見焼」と農業の「半窯半農」の町である。地形的には盆地の形態をなし、中央に川棚川（波佐見川）が流れ川棚川流域には平坦部が広がり、水稲を中心とする土地利用型農業が営まれている。

歴史的には、江戸時代は大村藩に属し、波佐見焼と藩内最大の穀倉地帯を抱え大村藩の経済を支えた地域（上波佐見村、下波佐見村）であった。

波佐見焼の歴史については、諸先生方の記述をご参考にしていただければと思うが、江戸時代には大村藩の庇護を受け町内には巨大な登窯が多数築かれて「くらわんか碗」（写真１）を代表する安価な磁器が大量生産され、これまで高価であった磁器を庶民が手にすることに大きく貢献した。

明治維新となり幕藩体制が崩壊した後は、民間での努力により幾多の困難に直面しながらも窯焚きの火をともし続け、昭和恐慌、戦中戦後を乗り越えた。一方、町内では1960年代後半から水田の「圃場整備」が進められ農業の近代化が推し進められた。その余剰労働力は窯業界に流れ陶磁器会社の規模拡大に貢献するとともに、高度成長期には機械化と分業化を進められ高品質で低価格な波佐見焼が全国各地に出荷されるなど産地として大きく発展を遂げた。

しかし、平成に入りほどなくバブル経済が崩壊し、構造不況、国際化の波が波佐見焼（町）にも押し寄せ、業界は各種対策を進めたものの、商社や窯元の倒産が相次ぎ地場産業として大きな苦境に立たされた。さらに追い打ちをかけるように2002（平成14）年頃から産地表示の問題が取り出されるようになった。

従来、波佐見焼は隣接する佐賀県有田町の有田駅から出荷されることから肥前窯業圏の一員として「有田焼」で出荷される慣習があったが、産地表示の厳密化により消費者の厳しい目が注がれることとなり大きな岐路に立たされることとになる。このため、行政と業界は一体となって、「波佐見焼」のブランドを立ち上げることとした。しかし、県内

写真１　くらわんか碗

写真２　中尾上登窯（2019年現在復元中）

写真３　テーブルウェア
フェスティバル

写真４　最近の波佐見焼

でも長崎市になれば波佐見焼の知名度は若干あったものの、県外、福岡市になれば陶磁器愛好家のみ、東京、大阪の都市圏ともなれば皆無に等しい状態であった。そこで、町は大きな２つの柱を掲げることとした、１つ目は都市部、特に東京圏における「波佐見焼の知名度向上」、２つ目は地域の魅力を高めるための「交流人口の拡大」であった。

まず１つ目であるが、東京ドームで開催される「テーブルウェアフェスティバル」(写真３) に出店することとなった。テーブルウェアフェスティバルとは、全国の陶器・陶磁器や漆器等の産地が一同に会し、新作の展示や販売を行うもので、お客さんは気に入った器を買うため「入場料」を支払う必要がある。そういったお客さんは目的がしっかりしているうえ、トレンドに敏感で目が肥えており、中途半端な作品を出そうものならばブースに閑古鳥が鳴く状態になることが必然であった。

一方で、そういったお客、消費者と直接、商社や窯元、特にこれまで直接消費者と触れ合う機会が無かった窯元が触れ合い、話を行い、直接「交流」することは、消費者のニーズを敏感に感じるところとなり、波佐見焼のデザインに変革をもたらした。従来、波佐見焼は伝統的な文様や形式を持たず、ひたすら庶民の器として歩んできた歴史が逆に、こだわりを捨て新しいデザインにチャレンジできる風土と気質を醸成することとなった (写真４)。年を重ねることにテーブルウェアフェスティバルでの好評は高まり、出店地域で最も注目されるブースに成長するとともに、吉祥寺をはじめ都内各地でイベントを実施することで、おのずと「波佐見焼」の知名度は認知されるようになり、特に若い女性を中心に人気を博するまでになった。

3　交流人口拡大・来なっせ100万人について

２つの「交流人口拡大」について、2003（平成15）年当時、波佐見町を訪れる観光客は約50万人程度であった。西九州自動車道のインターチェンジがあるとはいえ、高速バスの本数も限られ駅も無く、交通手段は車のみという中、周辺を見渡せば佐世保市（ハウステンボス）、嬉野市をはじめ観光地に囲まれ宿泊施設も無く、あえて波佐見町に観光で訪れる資源も乏しく観光客は頭打ちであった。そういった中であったが、町では「来なっせ100万人」のスローガンを掲げ、観光交流人口の倍増のため様々な施策に取り組むこととなった。

これまで観光については、行政主体で行っていたが機動性を高めるため波佐見町観光協会を行政組織から独立させ民間との協働による観光事業に組織を見直した。一方で主要産業である波佐見焼業界も商社と窯元と大きく組織が分かれていたが、２つの組織を統括する「波佐見焼振興会」が組織され、波佐見町観光協会と波佐見焼振興会が波佐見町陶芸の館（後の波佐見町観光交流センター）の同じ事務室に事務局を構え連携することとなった。すでに町内では、「グリーンクラフトツーリズム」なる農業と窯業を組み合わせた観光交流事業が始まっており、波佐見焼の知名度向上とともにその取り組みが注目されるようになった。特にこの10年間「とうのう」をキーワードに農業、窯業を組み合わせた体験観光メニューを整える一方で、棚田百選に選ばれた「鬼木棚田」（写真5）、陶磁器製造に特化した「陶郷中尾山」の地域資源やそれぞれの地区で行われている「鬼木棚田まつり」「中尾山桜陶祭り」等のイベントを積極的に町内外にアピールし、観光客の受け入れと「交流」を本格化された。併せて温泉の再開発に着手し、

写真５　鬼木棚田

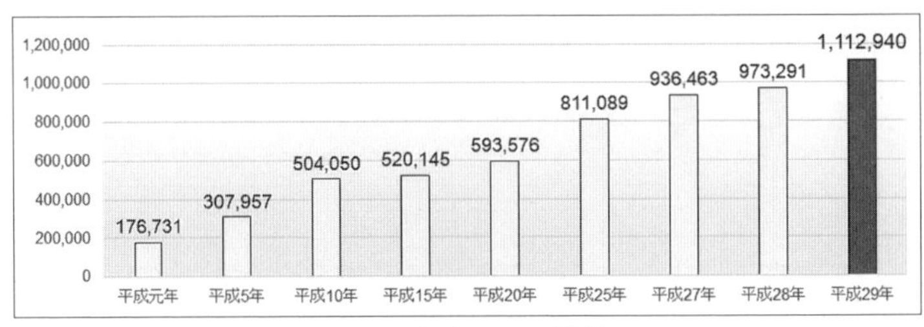

図１　交流人口の推移

温泉泉源を行政、温浴施設を民間で運営する官民一体となった温泉開発により2011年には温浴施設「湯治楼」がスタートすることとなった。さらに温浴施設の順調な集客に促される形で「ホテルブリスヴィラ波佐見」がオープンし、念願であった宿泊施設が出来ることとなった。

こういった取り組みが功を奏し、「波佐見陶器まつり」の来場者は30万人を超え、県内最大のイベントに成長するとともに、これまで点であった観光が線となり町内各地の観光資源が繋がりはじめ2017年にはついに目標の100万人を達成することになる（図1）。

4　リノベーション

波佐見焼・波佐見町の認知度が向上するに従い、観光交流人口も拡大し始めたが、波佐見町は過去の大型事業の負債が多額であり、財政運営は厳しさが増していた。特に2004（平成16）年の三位一体の改革で普通交付税が大きく見直され自主財源の確保が喫緊の課題であったうえ東彼三町で進められていた市町村合併も破綻し、町は単独での生き残りを進めなければなかった。このため民間への財政的な支援は十分でなく、様々な課題については、行政で出来ること、民間で出来ることを、そして官民一体になって出来ることの取捨選択が行われるようになった。そういった状況であったため民間では「自分達でできること」で自立した考えでまちづくりを進めるグループ・個人が表れるようになる。そういった方々が注目したのが、古民家、空き工場（廃工場）であり、そういった建物を自前で改修し、カフェやレストランに改装する所が出始めた。特に町東部に位置する「西ノ原」地区（写真6）は、中規模の廃業した陶磁器倉庫等があり町内の陶磁会社が跡地を建物ながら買収し、そういった方々に安価で提供する方法を取ったことから、若い起業家や町外からの移住者がそこでカフェやショップ、レストランを行うようになり、波佐見町に新しい風が吹くようになった。

写真６　西ノ原地区

これらの方々に共通しているのが「リノベーション」であり、波佐見町が本来持っている歴史や伝統、文化を大切にしつつ、自分達の自由な発想で新しいスタイルを融合したカフェやレストランを出発させることになる。波佐見の人は、いわゆる「よそ者」に比較的おおらかで、世話好きな気質を持ち合わせており、こういった方々の取り組みを大なり小なり支援する風土があったからこそ、今の西ノ原の賑わいがあると思われる。一方で、町内の地元若手経営者を中心にもまちづくりの機運が高まっており2018年には「（一社）今冨良舎」が結成され、まちづくりの提言や拠点施設の整備、商品開発を行っており、今後、注目される組織も出ている。

5　見直される波佐見町の歴史・文化

その「西ノ原」の一角に観光客の目に留まる大型木造建築物がある「波佐見講堂（旧波佐見町立中央小学校兼講堂）」である。洋館風の建物で面積約1,000㎡西日本随一の木造建築物と言われている。建築は1938（昭和13）年の竣工で、昭和恐慌の煽りで何度も着工が延期されたものの、町民有志の努力もあり完成を見て、戦前、戦中、戦後の激動の時代をこの西ノ原で見守ってきた。

平成の世に入り、隣接する中央小学校が町中央部に移転開校したため建物の存続論議が巻き起こった。折しも町中央部には波佐見町総合文化会館の建設が進んだため、町では1997（平成9）年に解体予算を計上し

写真7　修復された波佐見講堂（左：外観、右：内観）

たものの、解体論議が不十分との判断で予算執行を見合わせた。その後、町財政の悪化に伴い施設維持の観点から2002年に再び解体予算が計上された。その時に町民有志により保存運動が展開され町内外で大きな論争が展開されるとともに結果、保存運動の町全体への広がりを見て町は解体予算の執行を再び見合わせ、その後、町は解体から保存・利活用に方針を転換した。その後、波佐見講堂は2011年から保存利活用の検討会が発足し、多目的ホール利用の方向性が決定し2015年から3ケ年度にかけて保存修復工事が実施された（写真7）。

一方で波佐見講堂が残ったことで、波佐見町の歴史、文化、伝統を見直す機運が静かにそして着実に広がりを見せることになる。

6　博物館構想

2008（平成20）年頃になると波佐見焼の認知度が高まるとともに波佐見町の知名度も向上し、波佐見町に訪れる観光客も増加に転じるようになる。町内には、「西ノ原」地区を中心とした観光スポットが増え、既存の様々な観光資源も見直され、町内を周遊する観光客も増えてきた。

町では「やきもの公園」に隣接する「陶芸の館・観光交流センター」を波佐見焼の紹介や物販を行う拠点施設とし増加する観光客に対応することになったが、波佐見町自体の紹介をする施設が不足している声が寄せられるようになる。もともと陶芸の館2階には波佐見焼の歴史や工程を紹介するコーナーを設けてはいたが、波佐見焼に特化したもので、波佐見の通史や文化、伝統には触れられておらず、波佐見町全体の「魅力」を紹介するには、あまりにも不十分であった。一方、波佐見町の歴史文化行政は、折敷瀬地区にある「教育委員会分室」が担っていたが、その施設は旧公民館をそのまま使っていたもので、旧ホールは発掘品の収蔵庫、各会議室は、それぞれ研究室や事務所に転用し、波佐見町の歴史や文化、伝統を紹介するコーナーは皆無のうえ町民が学習する場、観光客が波佐見を知る機会も無く、交流人口が拡大する中、波佐見町の歴史文化行政の今後の在り方も含め論議が交わされるようになり、町民各層から「波佐見に博物館を！」の声が挙がるようになる。

町教育委員会では、2008年頃から「博物館」の構想があったものの、新築となると用地、財源確保の問題が立ち上がり、財政当局との交渉は困難を極め、中小長期の事業計画にも掲げることさえ出来ない状況が長く続いた。そのような中、2014年暮れ、複数の町民から湯無田地区の陶器会社社長宅（民家）が利活用できないかとの情報提供が寄せられ、所有者も近々に手放す予定であったことから急転直下、「波佐見に博物館を！」が動き出すことになる。

7　事業着手へ

事業の詳しい経過については、「波佐見町歴史文化交流館（仮称）整備基本構想【変更】」（図２）をご覧いただければと思うが、2016（平成28）年３月議会において整備事業の補正予算が議会の否決を受ける事態になる。否決に際して、「全体計画（コンセプト）」「施設の展示内容」「集客・交流を図る仕組み」「運営体制」について厳しい指摘を受けた。特に展示内容と交流を図る仕組みについては、そのスペースや位置付けが曖昧との指摘を受けるとともの、親しみやすい施設にするべきとの意見も出された。このため、教育委員会では基本構想の見直

波佐見町歴史文化交流館（仮称）整備基本構想【変更】

平成３０年３月

波佐見町教育委員会

図２　基本構想（表紙）

しに着手し、建設検討委員会の論議、検討を踏まえ2018年３月に基本構想の変更を定め、事業の仕切り直しを行った。

8　交流がキーワードへ

写真８　皿山人形浄瑠璃

基本構想の見直しについて、今日の波佐見町の賑わいを鑑み、波佐見町がどのように発展し、現在に至ったのかが論議になった。特に通史については、先史から中世、近世と幅広く展示するとともに波佐見町が様々な地域や文化と交わることで発展してきた経過を踏まえ「交流」がキーワードになった。また、町内で活躍する移住者とそれを受け入れる波佐見町の風土や気質について成立過程を歴史的視点から体系的にまとめることと行うこととした。さらに、これまで町民さえ見る機会が少なかった、皿山人形浄瑠璃（写真8）や町内で伝承されている浮立についても記録映像を紹介することにより波佐見町の文化や伝統にも触れてもらうよう交流スペースも設けることとなった。一方で、地域や観光客が交流や寛げる空間として「カフェ」の設置を望む意見や声が寄せられるようになり、カフェスペースも設けることとなった。

このように博物館構想は、町内外の「交流施設」として整備する方針が固まった。

9　波佐見町歴史文化交流館として

紆余曲折を経て、波佐見町歴史文化交流館（仮称）の整備が進むことになったが、ネーミングについては、「博物館」という名称を用いていない。施設自体は、まごうことなく「博物館」である。しかし、名は体を表すとおり、施設の性格と利活用の内容については行政として難しい判断が常に付きまとう。それは、町内外への印象やアピール方法、様々な要因が複合的に絡み合い、さらには国等の補助金や起債を利活用した場合、その主旨に合致をするかどうかも考慮する必要がある。

また、建設検討委員会では、様々な論議を経て、波佐見町が交流により発展してきた歴史背景を踏まえ、「交流施設」として整備する方針を確認したところであり、町（行政）として「波佐見町歴史文化交流館（仮称）」として名称を決定したところである。一方で、建設検討委員会では、「愛称」を公募してはどうかとの意見もあり、開館に向け広く募集を行いたいと考えている。

10　条例化と開館について

波佐見町歴史文化交流館（仮称）については、2021（令和3）年３月の開館を目指し現在工事が進められている。

運営体制については、直営とし現在の教育員会分室の機能を移転することで進めており、今後、交流施設としての運営機能が加わることになるので職員体制の拡充と補完する臨時職員等の配置を計画している。一方で、2020年中には管理条例と関係規則の制定を考えており、他の市町の条例を参考にしつつ、建設検討委員会で具体的な内容を詰めていくこととしている。現時点で、通常無料、企画・特別展のみ有料、開館時間は午後５時までとするが、カフェの営業は延長できるよう検討を進めている。

条例が制定された後、初めて「仮称」の文字が取れ、晴れて「波佐見町歴史文化交流館」が名実ともにスタートすることになる。

11　波佐見町の発展を願って

波佐見町は今や100万人を超える観光客が訪れる町となり波佐見焼も大きく知名度が向上し、波佐見町自体も認知されるようになった。主要産業の窯業や農業は様々な課題も抱えつつも両輪となって発展しており、若い世代も独自の活動を行っている。

しかし、高齢化や人口減社会は波佐見町にとっても例外ではなく、

図３　完成パース図

行政サービスの継続や地域コミュニティの維持等、課題も当然ある。しかしながら、これまで波佐見町が幾多の困難に直面しても、他地域と交わり、様々な技術を取り入れ、よそ者を受け入れて新陳代謝を繰り返して乗り越えてきた風土、波佐見人の気質を今後も持ち合わせていれば必ずや「元気なまち波佐見」が今後も繋がっていくものと思う。

まちづくりは、今後、多角的、複合的に施策が行われることが求められ、かつ各施策が連携しなければ効果が挙がらない時代を迎えると思う。これまで、歴史・文化・伝統では「飯は食えない」が行政的な見解ではあったかと思われる。しかし、日本全体が人口減社会となり東京一極集中が加速する中、地方、特に波佐見町のように地理的に不利な町が生き残るには、波佐見町自体の魅力をどう全国に発信し、触れてもらうかが重要だと思われる。その町の魅力は、歴史・文化、伝統であり、風土・気質である。

「波佐見町歴史文化交流館」はまさに、波佐見町の歴史・文化・伝統の保存継承の拠点であり、活用の拠点であり、学習の場であり、交流の拠点であり、そしてまちづくりの拠点になりうる施設である。

結びに、整備工事を進め運営体制を整え、この施設が町民に愛され、波佐見町の発展に資しる施設になるよう心から祈念している。

第3節　教育行政と博物館

中嶋 健蔵

はじめに

波佐見町は、400年の歴史を誇る焼き物と周囲を山々に囲まれた自然豊かな町である。この山では、陶土の原料となる陶石が採掘され、山の斜面を利用した登り窯で、多くの焼き物を生産できる流れを作り上げてきた。

波佐見町には、現在36基の登り窯の跡がある。その中でも、「畑ノ原窯」は1993（平成5）年に全国で初めて、実際に焼き物を焼くことのできる登り窯として4室（実際は、24室55.4m）の窯が復元された。現在も小中学校の授業の一環として登り窯の見学や焼き物の焼成を行っている。

波佐見町に残る遺産や遺物が歴史の道をどのようにたどってきたか、紐解いていくことは、地元子どもたちにとって大きな財産となる。さらに、郷土の歴史を知り、郷土愛を育み、郷土を大切にする子どもの育成が図られる。その拠点となるのが、2021（令和3）年3月末完成予定の「波佐見町歴史文化交流館（仮称）」である。

これから、学校教育と博物館の在り方について述べていく。

1　学校教育と博物館

学校教育は、小学校・中学校の学習指導要領（平成29年文部科学省告示63・64号）に示された「総則」「各教科」「特別の教科道徳」「外国語活動」「総合的な学習の時間」「特別活動」から成り立ち、示された目標、学習内容に応じて、各学校の教育目標と教育課程が編成されていく。

学習指導要領の「総則」「第3　教育課程の実施と学習評価」の中に今回改訂のキーワードとなる「主体的・対話的で深い学びの実現に向けた授業改善」として掲げてあり、その中に博物館等の重要性がある。その文面は次のとおりである。

　学校図書館を計画的に利用しその機能の活用を図り、児童の主体的・対話的で深い学びの実現に向けた授業改善に活かすとともに、児童の自主的、自発的な学習活動や読書活動を充実すること。また、地域の図書館や博物館、美術館、劇場、音楽堂等の施設の活用を積極的に図り、資料を活用した情報の収集や鑑賞等の学習活動を充実すること。

子ども自らの調べ学習においては、博物館等の活用は大いに効果があり、波佐見町歴史文化交流館（仮称）は波佐見町にとって、郷土学習の発信基地として積極的に活用できると感じている。

2　社会科としての歴史学習

歴史学習を教科書の中で扱うのは小学校高学年から中学校にかけてである。

学習指導要領で第４学年の社会科の目標は「社会的事象の見方・考え方を働かせ、学習の問題を追究・解決する活動を通して、次のとおり資質・能力を育成することを目指す」とある。その中の歴史分野は「(1)自分たちの都道府県の地理的環境の特色、地域の人々の健康と生活環境を支える働きや自然災害から地域の安全を守るための諸活動、地域の伝統と文化や地域の発展に尽くした先人の働きなどについて、人々の生活との関連を踏まえて理解するとともに、調査活動、地図帳や各種の具体的資料を通して、必要な情報を調べまとめる技能を身に付けるようにする」と記されている。

内容は、「(4)県内の伝統や文化、先人の働きについて、学習の問題を追究・解決する活動を通して、次の事項を身に付けることができるよう指導する」となっている。その指導内容が次のとおりである。

ア　次のような知識及び技能を身に付けること。

(ア)　県内の文化財や年中行事は、地域の人々が受け継いできたことや、それらには地域の発展など人々の様々な願いが込められていることを理解すること。

(イ) 地域の発展に尽くした先人は、様々な苦心や努力により当時の生活の向上に貢献したことを理解すること。

(ウ) 見学・調査したり地図などの資料で調べたりして、年表などにまとめること。

イ　次のような思考力、判断力、表現力等を身に付けること。

(ア) 歴史的な背景や現在に至る経過、保存や継承のための取組などに着目して、県内の文化財や年中行事の様子を捉え、人々の願いや努力を考え、表現すること。

(イ) 当時の世の中の課題や人々の願いなどに着目して、地域の発展に尽くした先人の具体的事例を捉え、先人の働きを考え、表現すること。

また、第６学年の社会科の目標は「社会的事象の見方・考え方を働かせ、学習の問題を追究・解決する活動を通して、次のとおり資質・能力を育成することを目指す」となっている。さらに「(3)社会的事象について、主体的に学習の問題を解決しようとする態度や、よりよい社会を考え学習したことを社会生活に生かそうとする態度を養うとともに、多角的な思考や理解を通して、我が国の歴史や伝統を大切にして国を愛する心情、我が国の将来を担う国民としての自覚や平和を願う日本人として世界の国々の人々と共に生きることの大切さについての自覚を養う。」としている。内容は「(2)我が国の歴史上の主な事象について、学習の問題を追及・解決する活動を通して、次の事項を身に付けることができるように指導する」となっている。その指導内容が次のとおりである。

ア　次のような知識及び技能を身に付けること。その際、我が国の歴史上の主な事象を手掛かりに、大まかな歴史を理解するとともに、関連する先人の業績、優れた文化遺産を理解すること。

(ア) 狩猟・採集や農耕の生活、古墳、大和朝廷（大和政権）による統一の様子を手掛かりに、むらからくにへと変化したことを理解すること。その際、神話・伝承を手掛かりに、国の形成に関する考え方などに関心をもつこと。

(イ) 大陸文化の摂取、大化の改新、大仏造営の様子を手掛かりに、天皇を中心とした政治が確立されたことを理解すること。

(ウ) 貴族の生活や文化を手掛かりに、日本風の文化が生まれたことを理解すること。

(エ) 源平の戦い、鎌倉幕府の始まり、元との戦いを手掛かりに、武士による政治が始まったことを理解すること。

(オ) 京都の室町に幕府が置かれた頃の代表的な建造物や絵画を手掛かりに、今日の生活文化につながる室町文化が生まれたことを理解すること。

(カ) キリスト教の伝来、織田・豊臣の天下統一を手掛かりに、戦国の世が統一されたことを理解すること。

(キ) 江戸幕府の始まり、参勤交代や鎖国などの幕府の政策、身分制を手掛かりに、武士による政治が安定したことを理解すること。

(ク) 歌舞伎や浮世絵、国学や蘭学を手掛かりに、町人の文化が栄え新しい学問がおこったことを理解すること。

(ケ) 黒船の来航、廃藩置県や四民平等などの改革、文明開化などを手掛かりに、我が国が明治維新を機に欧米の文化を取り入れつつ近代化を進めたことを理解すること。

(コ) 大日本帝国憲法の発布、日清・日露の戦争、条約改正、科学の発展などを手掛かりに、我が国の国力が充実し国際的地位が向上したことを理解すること。

(サ) 日中戦争や我が国に関わる第二次世界大戦、日本国憲法の制定、オリンピック・パラリンピックの開催などを手掛かりに、戦後我が国は民主的な国家として出発し、国民生活が向上し、国際社会の中で重要な役割を果たしてきたことを理解すること。

(シ) 遺跡や文化財、地図や年表などの資料で調べ、まとめること。

イ　次のような思考力、判断力、表現力等を身に付けること

(ア) 世の中の様子、人物の働きや代表的な文化遺産などに着目して、我が国の歴史上の主な事象を捉え、我が国の歴史の展開を

考えるとともに、歴史を学ぶ意味を考え、表現すること。

中学校社会科における歴史的分野の目標は次のとおりである。

「社会的事象の歴史的な見方・考え方を働かせ、課題を追究したり解決したりする活動を通して、広い視野に立ち、グローバル化する国際社会に主体的に生きる平和で民主的な国家及び社会の形成者に必要な公民としての資質・能力の基礎を次のとおり育成することを目指す」と記されている。具体的には、次のとおりである。

(1)我が国の歴史の大きな流れを、世界の歴史を背景に、各時代の特色を踏まえて理解するとともに、諸資料から歴史に関する様々な情報を効果的に調べまとめる技能を身に付けるようにする。

(2)歴史に関わる事象の意味や意義、伝統と文化の特色などを、時期や年代、推移、比較、相互の関連や現在とのつながりなどに着目して多面的・多角的に考察したり、歴史に見られる課題を把握し複数の立場や意見を踏まえて公正に選択・判断したりする力、思考・判断したことを説明したり、それらを基に議論したりする力を養う。

(3)歴史に関わる諸事象について、よりよい社会の実現を視野にそこで見られる課題を主体的に追究、解決しようとする態度を養うとともに、多面的・多角的な考察や深い理解を通して涵養される我が国の歴史に対する愛情、国民としての自覚、国家及び社会並びに文化の発展や人々の生活の向上に尽くした歴史上の人物と現在に伝わる文化遺産を尊重しようとすることの大切さについての自覚などを深め、国際協調の精神を養う。となっている。

さらに、指導内容には次のような項目が掲げられている。

A　歴史と対話

(1)　私たちと歴史

(2)　身近な地域の歴史

B　近世までの日本とアジア

(1)　古代までの日本

(2)　中世の日本

(3)　近世の日本

C　近現代の日本と世界

⑴　近代の日本と世界

⑵　現代の日本と世界

これまで掲げてきた学習指導要領における歴史学習は、伝統、文化を重んじ、これから次代を担っていく子どもたちに対して、世界における日本の在り方や日本の中における地方の在り方をしっかりと学ばせ、継承していくように指導しなければいけない。

そのための学びの場を十分に確保していかなければいけない。

3　授業の実際

波佐見町では、文化財担当の学芸員による、出前授業として、町内３小学校を中心に歴史学習を行っている。その中でも、天正遣欧少年使節団の一員である波佐見町出身の「原マルチノ」の学習は６年生を対象に毎年行っている。

原マルチノは、今から約440年前、安土・桃山時代の頃、ローマ訪問団の一員として出帆したことで有名な人物である。訪問団は約８年間のヨーロッパ訪問を経て帰国した。原マルチノは、語学に大変優れており、帰国後、印刷術や出版技術を日本に伝えたとされている。この学習を通して子どもたちは、波佐見出身の偉人の業績を知り、誇りを持つきっかけになればと思う。

また、400年間受け継がれてきた焼き物の歴史についても、学習を行っている。畑ノ原窯跡では一部を復元し、現在も「焼き物文化体験学習」として波佐見中学校の１年生が成型から絵付け、焼成を行っている。指導者には、町内の焼き物関係の方や保護者、高校生にも手伝いをしてもらっている。この体験によって、子どもたちは、焼き物を知り、歴史、伝統、文化にも触れることができる。また、波佐見町には、全長が世界最大級の「大新登窯跡」と「中尾上登窯跡」があり、見学を通して、地域を知り、人を知る機会ともなっている。

おわりに

波佐見町の児童生徒数は年々減少傾向にある。平成の時代に誕生した子どもたちはこれから令和という新しい時代を築いていかなければいけない。波佐見町の1989（平成元）年の児童・生徒数は、東小学校で407名、永尾分校は27名、合計434名。中央小学校で577名、南小学校で531名、波佐見中学校は816名であった。2019（令和元）年の児童・生徒数は東小学校で135名（永尾分校は2014年度末で廃校）中央小学校で425名、南小学校で257名、波佐見中学校で416名である。中央小学校を除けば半数かそれ以上に減少している。

これからの教育は、ふるさと教育、郷土学習をあらゆるところに取り入れ、全教科、横断的に考えていく必要がある。そして、ふるさと波佐見を愛し、住みたい町、住んで良かった町、仕事で一旦波佐見を離れても戻りたい町として、これからもふるさと教育を推進していかなければいけない。

そのためには、「波佐見町歴史文化交流館（仮称）」を子どもから大人までの生涯学習の拠点地として盛り上げていく必要がある。

参考文献

波佐見町教育委員会　2014『わたしたちの波佐見町「郷土学習資料」』
文部科学省　2017『小学校学習指導要領（平成29年告示）』
文部科学省　2017『中学校学習指導要領（平成29年告示）』

第4節　中国におけるミュージアムショップの運営とグッズ開発

顧 思儀

1　現代中国博物館における文化産業発展の背景

2015年3月、中国国務院による「博物館条例」第34条2項で「博物館の収蔵品の内包を発掘することを奨励し、文化創意産業と観光産業がお互いに結合し、派生製品を開発して博物館の発展能力を強める。」ことを提出した。2016年3月、中国国務院は「文化財に関する職務をさらに強化することの指導意見」を発表し、「博物館における文化創意産業の発展を高めること」を要求した。2016年5月、中国国務院官房は「文化文物部門のミュージアムグッズ開発を推進することに関する意見」の中で、ミュージアムショップやミュージアムグッズの開発を推奨したのである。改革解放後の中国における博物館は、収集、展示、研究の場所のみではなく、博物館の経営面においてもミュージアムグッズは単なる博物館の土産物ではなく、重要な役割を果たしている。特色あるミュージアムグッズの販売は博物館運営の均衡を保つだけでなく、博物館独自の広報にも値するものとなる。ミュージアムグッズの発展は博物館経営と文化強国において重要であることを提示したのである。

中国の博物館は“入館料無料”の政策後、文化産業は文化と旅行の中で重要な橋梁と国民経済の支柱産業としての役割を果たしている。このような背景の下でミュージアムグッズは、博物館の主な収入源となっており、博物館の発展に大きな役割を果たしてきた。博物館所蔵資料をもとにミュージアムグッズを開発すれば、博物館の持続可能な発展を実現する可能性がある。ミュージアムグッズの開発は、地区と国家の博物館事業の発展として当地の文化事業の発展を促進させ、同時に文化財の保護や文明の伝承と文化の革新に対しても重要な意義を有している。

中国ではミュージアムショップやミュージアムグッズは、これまで博物館における「付帯事業」としてとらえられてきた。しかし近年になり博物館経営論の観点から、博物館利用者に対するサービス機能としての重要性が語られるようになってきた。博物館における利用者サービスは、市民や利用者の満足を得るために欠かせない存在である。そして利用者サービスとして、これまで付帯施設としてとらえられてきたミュージアムショップや、そこで販売されるミュージアムグッズの重要性が改めて認識されるようになったのである。

来館者が展示を見た記憶や感動を何らかの形で残したいと思うのは自然であり、ミュージアムショップやミュージアムグッズは、博物館を楽しんでもらうための重要なサービスであると言える。

2　博物館の文化産業

「博物館の文化産業」は経済性、産業性、文化性、公益性などの特徴を有し、博物館の文化産業の内容は極めて豊富である。2007年に改訂されたICOM規約における博物館の定義には「博物館とは社会とその発展に貢献するため、有形、無形の人類の遺産とその環境を、教育、研究、楽しみを目的として収集、保存、調査研究、普及、展示する、公衆に開かれた非営利の常設機関である。」（イコム日本委員会訳）とある。博物館は公共の文化サービス機関であり、かつ国民のために無料で提供する、博物館の公益性と文化事業の属性を体現する施設である。しかし、経済社会の発展にしたがって、国民の精神文化に対する需要が高まり、国民の文化の需要にも深く変化を発生しており、人々は博物館の文化財を観賞することだけでは満足できず、さらなる要求としては「文化財を家に持ち帰る」ことが求められている。博物館は館所蔵の文化財を研究し、開発して品物を派生する。そして生産し、博物館の消費者に提供する。これらの文化派生品は、博物館が産業化を通じて経済効果と持続的発展が可能な動力を得る手段となる。消費者が文化商品を家に持ち帰ると同時に、博物館も文化の伝播を実現したのである。ミュージアムショップは博物館が刊行した書籍、出版物や収蔵・展示物に関係のある品物を販売する売店のことである。ミュージアムグッズは博物館が所有するコレクションや、館のロゴ、建築デザイン等の財産を活用して開発した館独自の商品と、専門の卸売業者や他館のミュージアムショップ等から仕入れた既存の商品に大別することができる。

(1) ミュージアムグッズの重要性

文化産業にとって、その主要な特徴は文化の資源から文化製品あるいはサービスに転化することである。博物館は伝統文化の保存と展示の場として、その文化の資源はとても豊富で多様である。博物館所蔵の特有な文化のグッズを製造し、文化生産力のレベルを高めることは重要である。

(2) 経済効果と社会的効果の促進

博物館の社会性効果を高めるには、積極的にミュージアムグッズ開発の宣伝活動を展開しなければならない。展示から派生した文化製品を通じて、観衆の注意力を引きつけることができ、観衆に深い印象を与えることができる（强・叶・姚 2018）。

その上ミュージアムグッズは、博物館の重要な宣伝方法の一つで、博物館の社会サービス機能の現れである。

北京故宮博物院は早くから博物館事業に関心を持ち、ミュージアムグッス製作に関しても長年の研究を重ね、製品開発事業で発展を遂げている。2017 年のデータによると、年間 230 億円の売り上げを誇っている。開発した製品はおよそ 20 種類で、「故宮ブランド口紅」「故宮コーヒー」などクリエイティブな文化製品を開発して人気を博している。博物館の経営水準の引き上げを促進し、博物館の資金不足の問題を解決したのである。

(3) ミュージアムグッズの特殊性

ミュージアムグッズは博物館所蔵の“文化財”に基づいて派生して製造されたもので、“文化財”は二重の意義を有している。第 1 は文化財の“物質性”、すなわち文化財自身である。歴史と文化が積載された実物であるがゆえに、産業化を図って運営活用することはできない。第 2 は文化財の“精神性”すなわち文化財の年代、技術、考古記録など歴史の情報と文化的基盤である。これは文化財の“本体”と分けることができ、その他の事物を通じて伝えることができる。かつ、その他の事物を通じてその複製は実現しやすく、産業化を通じて、“文化財を家に持ち帰る”ことで博物館の文化価値をさらに良く示すことができる。博物館の文化産業は人々の精神要求を満足させることができるのである。

3　ミュージアムグッズ開発の現状

(1) 資金不足の問題

博物館は公益性のある公共機関として、政府の財政支出は主要な資金源である。通常、政府は博物館の正常な運営を維持し、基本的な文化財保護の研究費用を提供する。博物館が製品開発を推進するには、大量の資金が必要であるが、資金申請はとても複雑であり、それが資金の有効な実行を妨げている。申請手続きの停滞現象が起こり、ミュージアムグッズの開発資金が大幅に不足し、ミュージアムグッズの発展に逆行しているのが現状である。

(2) アイデアの欠如と製品の同質化現象

博物館の資金獲得が難しい原因はミュージアムグッズのタイプが単純で、クリエーティビティが欠落し、その特徴は、博物館所蔵の文物を写し取り、各種製品に貼り付けるなど製品設計はまだ最初の段階にとどまっており、消費者の消費欲をかき立てにくい。

また、似たような製品が頻繁に市場に出回っているため、博物館のグッズ製品業界の発展を大きく阻害し、グッズ市場開拓に不利益を与えている。博物館のグッズの開発は、他のグッズを模倣し、写し取ってはならない。さらに所蔵文化財を深く調査研究し、それを有効に利用し、また大衆のニーズに適応しなければならない。これはミュージアムグッズ開発に重大な影響を与えるものである。

4　博物館文化産業の発展と経営モデル

(1) 中国博物館の運営

中国の博物館文化産業の発展モデルから、２つの共通の運営特徴が明らかになっている。第１に、一般的に関連の経営管理部門を設立し、独立経営権を持ち、博物館の産業化の運営を管理して、独立採算、利益の一部を上納して、博物館の公共文化サービスの発展に使用し、一部は新しいミュージアムグッズ研究開発資金として投入している。第２は、公設民営の経営方針は近年のミュージアムショップ運営のトレンドとなっている。条件が整った事業は、会社設立に登録し法人を持つことができる。部署のスタッフは在籍と派遣の採用を組み合わせた組織で、国の政策に合致する前提の下、実際の需要に応じて一部のプロのデザイン、グッズ研究開発者、デザイナーなどを不定期に採用している。また、「インターネットショップ」の理念がミュージアムグッズ分野に浸透している。

中国国家博物館は、中国歴史博物館と革命博物館が合併してできたもので、新館は「中国“十二五”時期文化計画」の初めに建てられ、無料で社会に開放されている。2012 年の新館開館当初、国家博物館は経営部門と開発部門を設立し、自主的な経営と「市場に適応し、消費を誘導する」という開発理念をかかげ、公益性に適した大型博物館の文化産業の発展経路を模索してきた。2017 年には、国家博物館は複数のミュージアムショップ（記念品店、博文斎、名人名家店、国博茶芸館など）と 10 余りの販売店を有している。デザイナーによって開発されたミュージアムグッズは約 3,000 種で、このうち国家博物館の所蔵文化財をもとに開発された製品は約 600 種にのぼり、独自のデザイン著作権を持つ製品は約 1,800 種にのぼる。グッズ開発チームは、インターネット時代の消費ニーズに応えるために、社会資源とプラットフォームを利用した文化産業を発展させた。TianMao のオンライン運営だけでなく、アリババ、上海自由貿易区と戦略的協定を締結し、全産業チェーンの視点から「中国文博知的財産権取引プラットフォーム」を構築している。

(2) ミュージアムグッズの同質化

中国の博物館のグッズ開発には、クリエーティビティが足りず、種類が足りず、逸品が少ないという問題が多い。例えば、一部のミュージアムグッズは単に文化財の図案を直接シルクタオルや文房具または茶の道具などの上に印刷し、あるいは粗雑な文化財本体の模造品を作っている（马 2015）。

フラッシュメモリ、傘、スカーフ、香炉、しおり、コップなどの類似グッズは、各博物館でよく見かけ、デザイン性に欠しく、しかも高い価格設定となっている。産業化運営まではまだ時間がかかることが予測され、新時代の消費者の多様な文化的ニーズを効果的に満たすことができないのが現状である。

またミュージアムグッズにおける知的所有権の保護も重要である。しかし、博物館がグッズ開発の実践において、知的所有権の保護はまだ脆弱で、ミュージアムグッズにおける知的所有権の保護に対する認識不足、ブランド意識と法律意識が希薄である。

5　ミュージアムグッズ開発における提言

習思想の中国新時代を背景としたミュージアムグッズ開発の推進は、「文化財を家に持ち帰る」戦略を実現することである。新しい時代の博物館文化産業の発展に向けて、次のような対策がなされている。

(1) 認識を深め、体制の構造を改善する

新しい時代の市場経済体制の下で、民族文化を発揚する役割を果たすためには、文化事業と文化産業の連携が必要である。Educate（教育国民）、Entertain（娯楽を提供する）、Enrich（人生を充実させる）という外国の 3E 機能の理念を博物館文化産業に参入することが必要である。博物館の産業化に対する人員編成、財務自立権、企業協力、資金投入、租税減免、利益配分などの制約から最大限自由にできるように、より明確かつ詳細な法律条項を設ける必要がある。

(2) 新たなミュージアムグッズ開発の政策環境を構築する

博物館関連規制によると、所蔵品を十分に発掘し、文化創意と観光などの産業統合を重視し、ミュージアムグッズを開発し、博物館の発展的潜在力を育てることが求められている。文化産業の発展の中で、完全な政策機構を構築することは極めて重要で、博物館のミュージアムグッズの開発方法として、法律に依ることができる環境を確保することが重要

である（吴・黄 2018）。同時に、博物館の税収と寄付の面で、政府は一定の助成をし、適度に財政支出を増加させ、博物館の人事、財務と経営政策などの方面に、権利を与えて、博物館のグッズの開発のために良好な政策環境を提供しなければならない。

(3) 製品の革新を強化し、多元化の伝播経路を開拓する

ミュージアムグッズの開発においては、革新的な要素を積極的に打ち出さなければならない。博物館は広範な消費者の意見と考えを聴取し、クリエーティブな考えを受け入れることに長けている。博物館は、文創コンテストを積極的に開催し、クリエーティブかつ可能なアイデアを開発・生産に投入し、消費者の消費ニーズに応えなければならない。

(4) ミュージアムグッズを開発し、経営モデルを革新する

博物館の文化財の資源、ブランドの資源、専門家の資源を含んだ、より多様で、豊富な創意に富み、消費者の好みに合うミュージアムグッズを生産する。新時代下の地域経済発展の都市立地と産業融合の実際に適応し、新しい経営モデルを導入することである。マーケティングのルートを広げ、オンラインショップの経営を行い、アートライセンスの方式を積極的に採用することができる。ブランド意識を確立し、博物館のグッズブランドを構築し、博物館文化産業の持続可能な発展能力を強化する。文化と旅行の融合に応じて、博物館の文化産業と文化観光を深く融合させ、観光市場のニーズに合ったミュージアムグッズを開発する。

(5) オンラインショップの構築

積極的にインターネットマーケティングのルートを開発して、そのユーザーの要求を高めることが重要である。現在、北京故宮博物院、上海と蘇州の博物館は、すでに TianMao のオンラインショップになっている。北京故宮博物院のオンラインショップは、設立からわずか１年で約 25 万人のファンを吸引し、故宮博物院にかつてない利益増をもたらした。オンラインショップは収益を上げると同時に、情報収集にも大きな役割を果たす。

(6) ブランドイメージの構築

ブランドは無形資産として経済的価値が高く、製品に対する認知度が

高いことを示している。博物館はこれに基づいて、ユニークなブランドロゴを構築し、ミュージアムグッズに活用して、観覧客の購買意欲を刺激し、そして広報の役割を果たすべきであり、ブランドの知的所有権の保護にも注意が必要である。

(7) 知的財産権の保護と利用の強化

博物館文化産業は、知的所有権を核心とする文化製品とサービスを提供する産業であり、特に知的所有権の保護を強化しなければならない。次に、ミュージアムグッズの外観設計及び生産技術の保護である。他人の悪意的な模倣による経済的損失を回避するために、適時に特許を出願しなければならない。３つ目は商標の出願と有効利用に注意することである。博物館文化産業を発展させるためには、研究開発したグッズは、直ちに商標登録を行い、海賊版製品が博物館の利益をおびやかさないようにしなければならない。

(8) 人材チームの育成

新しい時代の博物館の文化産業を発展させ、高い水準の人材チームを建設・育成する必要がある。人材の育成として定期的な研修、講座、交流などを通じて、現職職員の専門知識を教育している。

6　北京故宮博物院のミュージアムグッズ

北京故宮博物院のミュージアムグッズはこれまでの博物館収蔵資料に関連したグッズを越えて、「故宮テープ」「珠イヤホン」「雍正帝 PS 版手帳」などクリエイティブな文化製品を開発して人気を博している。北京故宮博物院は、自らがこれまでの堅いイメージから脱却し、新たなイメージを発信するために斬新的なグッズ製作にチャレンジして成功に繋がったものと思われる。一部の「可愛さ」を打ち出した意匠が博物館と消費者の間の溝を埋めている。

しかし、最終的な目的は「故宮の文化を広めること」であり、一般に人気の高いグッズの販売は故宮の様々なグッズの一部にすぎない。すべてのグッズは故宮の要素を強調しなければならず、文化の伝播を出発点とし、数百年の故宮文化と現代人の生活を合致させ、「使う」ことを通じて故宮文化を実感させることが重要である。ミュージアムグッズデザイナーも歴史を無視して、単純に文化財を複製するのではなく、日常生活と結びつけて、実用性と審美性を持たなければならない。ミュージアムグッズは歴史性だけがあり、趣味や実用性に欠けていると、各消費者の購買要求を満たすことは難しく、ミュージアムグッズを通じて文化を伝播することはできない。

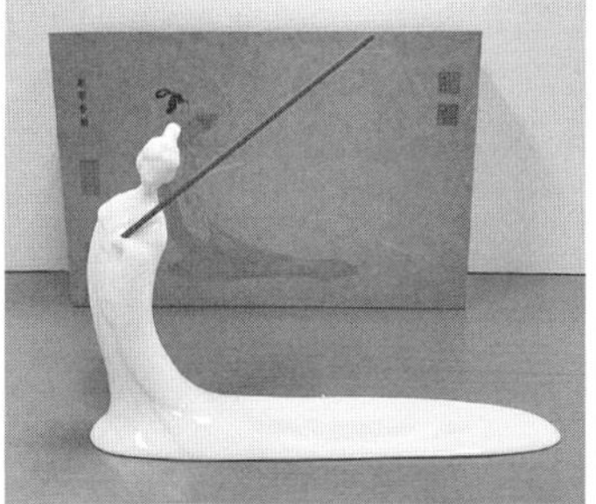

写真１　故宮博物院グッズ
（左：お香立て　右：通販限定オリジナルルージュ）

故宮博物院のグッズの特徴の一つは、すべての製品が生活の中で必要とされる、生活の中で最も実用的な製品であり、文化消費が生活に入っていることである。これは博物館の文化消費を生活面に近づけ、来館者に購買の欲求を持たせている。

ミュージアムグッズの開発を強化することは、博物館文化産業の発展と博物館の運営の中で最も重要な課題である。革新的な要素を積極的に取り入れ、特有のミュージアムグッズのブランドイメージを創造し、人々の記憶を深め、博物館のグッズとミュージアムグッズ産業の発展に新たな発展エンジンをもたらすべきである。良いミュージアムグッズを通じて博物館の記憶を長く持ち続けることができる。優れたミュージアムグッズは、人が博物館と文化に対する印象と回想になる可能性が高いと言える。

参考文献

强波・叶聡・姚震宇　2018「博物馆文创产品的创新设计与发展思考」『轻工科技』2018-03

吴静、黄怡爽　2018「新时期博物馆文化创意产业的开发模式与前景」『中国市场』2018-05

马晶晶　2015「当代博物馆文创产品与产业的发展现状与对策探讨」『吕梁学院学报』2015-08
国务院　2015「博物馆条例」
国务院　2016「国务院关于进一步加强文物工作的指导意见」
国务院办公厅・文化部・国家发展改革委员会・财政部・国家文物局　2016「关于推动文化文物单位文化创意产品开发的若干意见」

第5節　観光資源としての博物館

中島 金太郎

1　博物館と観光

博物館は、社会教育法を親法とする博物館法に基づく機関であり、その本義はモノを用いて教育を行う場である。一方で、博物館法の「レクリエーション等に資する」や、ICOM規約の「教育、研究、楽しみを目的として収集、保存、調査研究、普及、展示する」（傍線筆者）など、人々の余暇活動の場として機能していることもまた事実である。この考え方は明治時代から存在しており、例えば神谷邦淑は『建築雑誌』に寄稿した「博物舘」において「公衆の慰観に供するも亦博物舘の一利なり」（傍線筆者）と記し、博物館が学習以外の機能を持つ機関としてすでに認識されていたことがわかる（神谷1893）。人々が来館する理由は様々であるものの、博物館に来て見てもらったうえで、そこから来館者が何かを感じ、各々が学び取っていくことも博物館の学びの一つと考える。つまり、人々が博物館を訪れるきっかけになり得る活動を行い、最終的に学習につなげるといった視点も必要である。

人々が博物館を訪れるきっかけの一つとして考えられるのが、近年その振興が盛んに論ぜられている「観光」である。抑々「観光」の語源は、中国の四書五経の一つ『易経』に記載された「観国之光、利用賓于王」に求めることができ、ほかの土地を訪れてその風光を見るとの字義であるが、我が国では総じて旅行と同じ認識を持たれている。現在の観光の定義は、「余暇時間の中で、日常生活圏を離れて行う様々な活動であって、触れ合い、学び、遊ぶということを目的とするもの」が最も普及しており（観光政策審議会1995）、「余暇」「生活圏を離れる」「様々な活動の実施」がキーワードと捉えられる。

旧来、博物館と観光には相関関係が存在している。我が国最初の博物館は、1872（明治5）年に湯島聖堂で開催された文部省博覧会の出展資料を常設公開したものであり、現在の東京国立博物館につながる。当該時期の博覧会は、海外から移入された博覧会の概念に、我が国で開催されてきた珍しいものを見せて観覧者を楽しませる見世物が結び付いて発展した催事であった。博覧会の開催に際して、市民は日本中から集められた珍しいもの、価値のあるものの観覧を求めて各地から訪問し、展示されたモノから知識やインスピレーションなどを受容したのである。

近代博物館が成立した後、市民はモノの観覧を求めて博物館を訪問するようになった。時代は下るが、1964（昭和39）年のミロのヴィーナス（国立西洋美術館）、1965年のツタンカーメンの黄金のマスク（東京国立博物館）、1974年のレオナルド・ダ・ヴィンチの「モナリザ」（東京国立博物館）といった世界の至宝が公開された際にはマスメディアが催事の状況を報道し、博物館・美術館に対し関心の無かった人々の来館をも促した。つまり、市民はモノの観覧を求めて博物館へ観光するのであり、博物館は見せるモノと場所を観光分野に提供し、観光分野は情報発信や旅行企画によって人々を博物館に提供するといった相関関係ができているのである。

観光の立場からは、博物館は有形の文化資源あるいは観光・文化施設という位置づけである（塹江2006）。また、「観光における博物館の基本的な役割は、観光形態の一つである「文化観光」の場として優れた「展示品」の鑑賞・体験を通じて感動を観光者に与えることであり、観光事業の中では「集客施設」としてのみ捉えられがちである」と述べる研究者も存在する（古本2014）。我が国が推進する統合型リゾート（IR）計画においても、「魅力増進施設」に博物館や美術館、動物園、水族館が含まれていることからも[1)]、観光分野における博物館の位置づけが理解できよう。さらに、綜合ユニコム株式会社が毎年発表している「全国の主要レジャー・集客施設 入場者ランキング」には、「動物園」「水族館」「ミュージアム」の三項目で博物館施設を取り上げており（綜合ユニコム株式会社2018）、とりもなおさず博物館は「観光」、つまり来館者に楽しみを提供する機能が多分に介在している。魅力的な観光資源として認識され、それをきっかけとして来館した博物館において、楽しみながら展示を観覧あるいは普及事業に参加する中で自然と学習していくという緩やかな学習が、「観光」を目的に博物館を訪れる人々の学習スタイルであると言える。

2　観光資源としての博物館認識と利用

地方創生が叫ばれる現在、博物館を観光資源として捉える認識は一般化している。博物館法に明記されている通り、本来の博物館は社会教育施設であり、娯楽のみを提供する施設ではない。しかし、同法には、「「博物館」とは、歴史、芸術、民俗、産業、自然科学等に関する資料を収集し、保管（育成を含む。以下同じ。）し、展示して教育的配慮の下に一般公衆の利用に供し、その教養、調査研究、レクリエーション等に資するために必要な事業を行い、」（傍線筆者）との記述もあり[2)]、博物館の一機能として楽しみの提供が明記されていることもまた事実である。果たして、博物館と観光の関係が始まったのはいつからであろうか。

博物館の前段階とみなされている近世の見世物や花鳥茶屋などの娯楽催事・施設は、一ヶ所にモノを展示して人を呼び込み、不特定多数に楽しみを提供する性質から観光利用型博物館の性質を一部持ち合わせている。また、明治後期以降に旅行として海外を訪れた人々が、楽しみのために博物館を観覧した記録は少なからず存在しており（小林 2009）、学習や研究以外にもすでに博物館が活用されていたことが理解できる。

我が国において、博物館を観光資源として捉えた嚆矢は、1888（明治21）年に岡倉天心が執筆した「博物舘に就て」である。岡倉は、博物館の要点として示した３点の内の「（丙）都府ノ盛觀」の中で、京都に漫遊する外国人が美術品の観覧を希望しても、それらが社寺に散在して観覧に不具合であることを指摘し、美術品を公開する博物館を設置して一般公衆の観覧に資することを提案している（岡倉 1888）。同書では、具体的に「観光」の語は用いていないものの、近代日本で物見遊山的な字義で用いられた「漫遊」（千 2016）を使用しており、インバウンド観光に博物館を用いる有用性を論じている。

明治末期の1909年には、日本三景の一つ宮城県松島の観光整備のために『松島公園經營案』が纏められ、その一環として動物園・水族館・植物園の設置が検討された（宮城縣内務部1909）。これは、観光客が松島の美しい風景を堪能するだけでなく、風景以外の娯楽の提供を意図したものである。主たる観光目的を増補する形で諸施設が設置されることは儘あり、例えば静岡県熱海市は古くから温泉が有名であるが、温泉観光地での娯楽の提供のため熱海鰐園がかつて設置されていたことなどはその好例である（中島2017）。1909年の計画では博物館施設の設置には至らなかったが、松島には1927（昭和２）年に松島水族館が開館している。同年は、宮城電気鉄道松島公園駅が開業した年であり、宮城電鉄の開通によって松島・塩竃方面への観光集客の拡大が見込まれ、宮城電鉄では松島公園内に劇場や浴場などの整備を行った。松島水族館は、これに合わせて地元の高橋良作が設置したもので、2015（平成27）年に閉館するまで国内で２番目の古さをほこる水族館であった（西條2013）。松島水族館の略史については「松島の幸と恵み マリンピア松島86年の歩み」としてまとめられているが、その中では博物館としての教育・研究面を重視する一方、「松島という観光地での娯楽施設としても機能していた」と記されており、1909年の計画が異なる形で具現化した存在であったといえる。

大正期の観光と博物館について述べた文献として、1915（大正４）年に『美術週報』に掲載された「大典記念美術館建設建議書」が挙げられる。同書は、国民美術協会が大正天皇の御大典を記念し、一大美術館を建設する事を東京市長に求めたものであったが、その中で以下のような記載がなされている（執筆者不明1915）。

> 然ルニ未ダ一ノ美術館ヲ有セザルハ大ナル欽陥ト謂フベシ、現ニ時々來訪スル觀光ノ外客等ニ對シテモ我美術作品ヲ系統的ニ觀覽セシムベキ場所ハ一モ之ナキニアラズヤ、（中略）美術館ヲ建設シテ市民乃至國民ノ品性ヲ高雅醇美ナラシムルハ洵ニ重要ナリト謂フベシ。

同書は、岡倉天心の論と同じく、外国人が日本を訪れた際に我が国の美術を展示する場が無いことを指摘しているほか、日本国民および東京市民の品性向上、学習環境の整備、美術家の作品発表の場として美術館の設置を求めている。当該文献では、訪日外国人のことを「観光外客」と明記しており、明確に「観光」の語をツーリズムの意として活用していることが指摘できる。

また、1917年の『美術』第1巻第10号に掲載された「地方開發と美術館」には、以下のような美術館機能論が述べられている（執筆者不明 1917）。

> 或は都市の文化を示し、歴史を語るべき裝飾の一として、或は市民の清高なる修養若くは娯樂機關の一として、或は遊覽外客誘致の一方法として美術館の開設が必要とせられて居るのは言を竢たぬが、それが又、地方開發の上に於て緊要なる機關であることを吾人は力說する。（傍線筆者）

同論では、「観光」ではなく「遊覧」の語を用いているが、続いて「外客誘致」と述べていることからとりもなおさずインバウンド観光を意図していることがわかる。また、市民に健全な娯楽を提供する施設としても美術館を位置づけており、地方開発に果たす美術館の機能について検討した論考となっている。

昭和前期には、『博物館研究』誌上において「観光」の字を用いて博物館を語った例が多々見られる。まず、同誌に記載された観光と博物館論は、1929年の第2巻第4号に掲載された「觀光外客の誘致と觀覽施設」がその嚆矢である（日本博物館協會 1929）。続いて、第2巻第6号には「觀光外客の誘致漸く實現」が（日本博物館協會 1929）、1931年の第4巻第4号には「觀光客と博物館說明札」が（日本博物館協會 1931）、1938年の第11巻第3号には直截に「觀光と博物館」と題する論が掲載された（日本博物館協會 1938）。特に「觀光客と博物館說明札」は、現在文化庁が推進する博物館の多言語化にいち早く着目したものであり、他の論考もやはりインバウンド観光を見据えた博物館のあり方について論じたものが多く、少なくとも戦前期の博物館界では「観光＝訪日外国人旅行」として捉えていたことが理解できる。

一方戦中期には、博物館は国威発揚・戦争継続を援助する機関として活用されたが、戦局の悪化に伴い人的資源の喪失（出征、徴用）や建物の転用、空襲等による破壊などの影響から活動を停滞させていた館が少なくない。また、1941年の国際観光局閉鎖後、外客誘致政策も停滞していた状況にあった（工藤 2011）。係る点から、当該時期に博物館と観光について論じた文献は、管見の限り存在していない。

終戦後、日本が新たな国家として復興を目指す中で、1947年には日本博物館協会より『觀光外客と博物館並に同種施設の整備充實』が刊行された。同書には、「觀光外客に対し、本邦博物館・動物園・植物園・水族館等科學館施設の整備充實に關する調査の必要を認めて、これが特別委員會を設けて研究審議し、館園の充實に關する施策の決定を見るに至った」と記されており（日本博物館協會 1947）、また「時節柄觀光事業の性質にかんがみ、ただに博物館並に同種施設従業者にとっても好指針たるにとどまらず、ひろく觀光事業關係者においてもまた參考とすべき點が少なくない」と博物館だけでなく観光に携わる他事業者をも対象とした書であった。同書の章立ては、「一、観光事業の重要性」「二、観光事業に対する博物館並びに同種施設の任務」「三、観光地における季節博物館動植物園水族館等設備の充実完成」「四、館園外客迎接施設の整備」「五、観光地に新たに設置すべき博物館並に同種施設」「六、全国館園の共同的観光対策」となっており、観光と博物館について専門的に述べた初の書籍となったのである。

また、博物館法制定に至る議論の中で、「観光」についても議論がなされている。まず、1950年８月25日付で日本博物館協会の徳川宗敬会長から文部大臣天野貞祐に宛てられた陳情書『博物館及び同種施設に関する法律制定について』の「博物館法制定を急務とする理由」の中で、以下のような記述が認められる（日本博物館協会 1964）。

2. 観光資源としての重要性

国際観光事業が重要国策の一となされている今日、博物館や美術館は、観光外客の興味と関心を集め、日本文化を正しく、また容易に紹介する上にもつとも有効な観光資源の一種として、重要な任務を負わされている。

なお、同様の陳情は、参議院文部委員長長野長広および堀越儀郎に宛てても出されており、博物館に関わる法制定の段階において「観光資源としての博物館」が意識されていたことが理解できる。

この考えは、戦後の1947年に開催された全国観光地館園長協議会において徳川会長が述べた挨拶文にすでに確認することができる（日本博物館協会1964）。

> 平和條約成立後は觀光外客の急增が豫想されるが、これに滿足をあたへ、日本を正しく理解させるためには、風景美の紹介のみではたらず、わが文化藝術ないし動植物などを簡便にわかりやすく示すことがぜひ必要である。外客が第一に足をむける所は博物館動植物園などであらう。われらはその要求をよく推察し、目的にかなうよう萬全を整へておきたい。本會は今日の協議にもとづきその趣旨にそふやう努力するつもりであるから遠慮なく御利用を願ふ。

同協議会は、全国の観光地に所在する博物館・動植物園の館長を対象に、観光事業に果たす館園の役割や望むことの教授を目的に日本博物館協会が開催したものである。当該挨拶文には、陳情書に記載された観光資源としての博物館思想の源流が確認できる。

このように、当該期の日本博物館協会は、戦後の外国人観光需要の高まりに即応し、我が国について端的に示す機関として博物館を位置付けていた。そして博物館の法令化の際には、文部省および国会に対し博物館が持つ観光事業への有用性をPRしていたことが特徴的である。

最後に、1957年に運輸省観光局が刊行した『観光資源要覧』には、第4編として「陳列施設」が設けられ、全国各地の博物館施設が観光資源として明記されていることを挙げておきたい（運輸省観光局1957）。同書には、大原美術館など戦前期に設立された博物館施設に加え、戦後新たに発足した施設を多く集録し、各館の所在地域や概要を簡潔に記述している。また同書には、例えば静岡県清水港に設けられた静岡県貿易館内の展示室といった博物館でない展示施設を多く含んでいる点が特徴である。これは、同書が「陳列施設」をまとめた書籍であったがゆえのことだったが、収録されている施設のほとんどが博物館法第2条に定義される博物館であったことから、博物館が観光資源として認識されていることを、国として公的に認めたと言える。これ以降、観光資源としての博物館認識は広く確認できるようになるのである。

小結

我が国の博物館と観光の関係は、博物館の概念が日本にもたらされてから間もなく始まったと理解できる。特に戦前期の日本では、「観光外客」つまり外国人観光客を対象とし、訪日外国人の滞在中の見学地として博物館を活用するとの考えが多く確認できる。我が国で最初に博物館を観光に用いるとした岡倉天心から、戦後の1950年に刊行された棚橋源太郎の『博物館學綱要』の記述まで多くの博物館学論者が繰り返し用いている。

また、1930年に鉄道省から博物館事業促進会宛に出された諮問「外遊客ニ對シ博物館トシテ如何ナル施設アリヤ其ノ改善ヲ要スルモノアラバ改善如何」に対して、「觀光外客ニ對シ施設改善ヲ要スル事項左ノ如シ」のように明確に観光の語を用いて答申をしており、「觀光外客」の語が一般的であると同時に、訪日外国人に対する博物館側が採るべき対応について検討されている（日本博物館協会1964）。これに加え、先の全国観光地館園長協議会においても、観光＝外国人による訪日観光と認識されており、また博物館法制定に関わる陳情文にも同等の記載が認められるのである。

戦前～戦後すぐの我が国では、専らインバウンド観光のことを「観光」と認識していたことは複数の研究者が指摘しており（渡邉2004、中村2006ほか）、博物館においても外国人観光客に対する博物館活用が当該時期の観光と博物館論の主流であったと理解できる。インバウンド観光を重視した理由は、①訪日外国人からの外貨の獲得、②日本の風土や文化の周知、③朝鮮や満州などに関する日本の政策を対外的に広めて理解を促す国情宣伝活動などが考えられる。博物館に関しては、②に関連する日本のPRのために博物館を活用するとの意図が強いとみられる。戦前～終戦後の我が国では、観光外客に日本をPRするための資源として博物館が捉えられており、国内の博物館関係者に観光外客への適切な対応を促す目的で様々な「観光資源としての博物館」論が発表されたのである。

3　博物館学における観光の位置づけ

博物館学では、観光と博物館について述べられた論がこれまで少なからず存在し[3)]、現在ではインバウンドだけでなく国内の観光・旅行と博物館についての論も増加している。国内の論では、地域活性化を目的として、博物館が持つ集客効果による交流人口の創出を実現するために「観光」を活用するという論が多い傾向にある。一方で、「観光」そのものや観光型博物館・観光博物館に関する定義や概念規定についてはほとんど論じられてこなかった。筆者は「観光型博物館に関する一考察―語句の整理を中心として―」の中で、「観光」および「観光型博物館」の語句の整理を行い、観光型博物館の定義・概念について再考した。その結果、観光地などの地域に基づく「観光地型博物館」と、主たる機能を“楽しみ”の提供と位置づけた「観光利用型博物館」に大別され、両者をもって「観光型博物館」が構成されると提起した（中島 2019）。これは、博物館学史の中で述べられてきた「観光型博物館」論と、研究者の一般的な認識との間に齟齬があった点を整理したもので、同論を一つのきっかけに今後定義や概念に関する議論が深まることを期待している。

また近年までは、博物館の中には学芸員を置かない例や、配置していても地域外からの集客に無頓着な例も少なくなかったといえる。近年、国の方針として「観光」（特に訪日外国人観光）を重視する傾向にあり、博物館及び学芸員も観光を意識せざるを得なくなっている現状や、2017（平成 29）年４月の山本幸三地方創生担当相（当時）の「学芸員はがん」発言などを契機として、博物館学においても「観光」を意識した取り組みや論考が多々見られる。「観光と博物館論」においては、山本元大臣の発言に反発して意見を述べるという論調を発端としつつも、最近では純粋に博物館と観光を考える論が増加傾向にある。すなわち、地域を訪れる人による経済効果＝「地方創生」を意識した論調が強く、観光による地域の活性化とそれに果たす博物館の役割という文脈で論が展開されることが多い。雄山閣から刊行された『博物館と観光 社会資源としての博物館論』や（青木、中村、前川、落合編 2018）、千葉経済大学の菅根幸弘の「「観光」と博物館―地域博物館の再生のために―」はその好例である（菅根 2017）。

４　波佐見町の観光と博物館の役割

波佐見町の観光は、とりもなおさず基幹産業である窯業に大きく依存している。これは波佐見町に限らず、佐賀県有田町や愛知県常滑市などの窯業地にも共通して言える傾向であり、①陶芸体験（絵付けを含む）、②陶磁器の購入（陶器まつりを含む）、③窯のある街並み巡り、④地元の器で地元の料理を食すなどが主要な観光コンテンツであろう。また、期間を区切って芸術家の作品を公開するアートフェスティバルや、芸術家に一定期間地域に滞在してもらって作品を制作するアーティストインレジデンスなど、窯業に芸術性を組み合わせることで集客を意図することも観光の手段として試みられている。しかし、それぞれの窯業地で工夫を凝らしてはいるものの、主要な観光資源が同じ窯業である以上、近似した取り組みになっていることが現状である。

写真１　波佐見町最大の集客を誇る波佐見陶器まつり

一方波佐見町は、比較的若い世代の流入および活動が活発な傾向にあり、町内の西ノ原地区をはじめとしてお洒落で現代的なスタイルを創出している。また、品川駅構内で定期的に開催される地方産物の販売では波佐見焼の販売をしばしば見かけるほか、全国展開されている無印良品やFrancfrancといった雑貨チェーンで波佐見焼が取り扱われており、さらに『婦人画報』（2019年09月号）は「日本全国うつわ旅」と題した特集を組み、六古窯に対して現在人気を集める“NEW 六窯”の一つとして波佐見町を取り上げており（ハースト婦人画報社編 2019）、全国的かつ幅広い世代に波佐見町・波佐見焼が浸透しつつある。現在は波佐見町の観光を促進するための絶好のチャンスであり、このチャンスを有効活用しつつ持続可能な同町ならではの観光を模索していく必要がある。

波佐見町の観光を統計データから見ると、2018（平成 30）年度の観光客数は 1,037,143 人で 2017 年度に比べて微減したものの、観光客数は県下 21 市町中９位を誇っている（長崎県文化観光国際部観光振興課 2019）。県下の町としては最も多くの観光集客数があり、県下全体で見ても対馬市や島原市と同レベルの集客である。統計データによると、波佐見町に訪れる観光客の約９割は日帰り旅行客（2018 年度は 949,963 人）であり、長崎観光の核となる長崎市やハウステンボスのある佐世保市に宿泊しつつ、陶芸体験や皿山巡りをするのが波佐見町観光の現状であろう。また、隣接する佐賀県有田町を併せて巡る観光も人気で、ゴールデンウィークの陶器まつりの際には相互移動可能な無料シャトルバスを整備したり、ハウステンボス観光が企画する日帰り観光コースとしても「波佐見・有田観光コース」が設定されるなど[4]、主流な観光コースとなっている。

波佐見町観光の核が窯業であることは疑いようも無いが、観光の主要地点はやきもの公園（世界各国の窯のある世界の窯広場やくらわん館、食事処が集まる地域）、波佐見町観光交流センター：くらわん館（2 階に焼き物の

写真２　やきもの公園 世界の窯広場

写真３　くらわん館２階の波佐見焼展示

資料展示と１階に物販がある、以下くらわん館)、西ノ原地区（登録有形文化財の建物群をリノベーションした商店群)、中尾郷（焼き物体験や購入ができる古窯集落)、鬼木郷（日本棚田百選に選ばれた棚田を有する集落)、白山陶器など焼き物メーカーの工場兼美術館兼即売所等が存在する。中でもやきもの公園およびくらわん館は、見学および波佐見焼購入ができることから波佐見町観光でも多くの観光客が訪れている。しかし、くらわん館１階の物販コーナーに来るお客さんは多いが、どれだけ２階の展示コーナーを見ているのであろうか。筆者は、波佐見町での様々な事業の実施だけでなくプライベートでも同町を訪れることが多く、くらわん館にもよく訪問する。その際に２階の展示を見ることが多いが、観光客の中で２階を訪れる人は少数で、また２階を見る人々も滞在時間は極めて短いという印象を受けた。くらわん館２階は明確な博物館ではないが、波佐見焼の歴史や製造法、コレクションなどを展示する博物館に近似する展示施設であり、観光に博物館を関与させるためには、それなりの観光客誘致策が必要であることが理解できる。

波佐見町観光に博物館を活用するためには、とりもなおさず既存の観光資源・施設から博物館に引き入れるための工夫が必要である。例えば、波佐見町に隣接し、同じく窯業を基幹産業とする佐賀県有田町の年間観光客数は2017年時で254万人、そのうち124万人が春の陶器まつりへの来場者で、秋の陶器まつり（13万5,000人)、有田雛のやきものまつり（3万6,000人）を加えると観光客の半数強がこの時期に訪問する（有田町まちづくり課編 2019)。一方、町内に所在する佐賀県立九州陶磁文化館の入館者数は49,855人、有田陶磁美術館が3,846人、有田町歴史民俗資料館が3,335人であり、観光客総数に対する博物館施設への入館者数の少なさが理解できよう。有田陶磁美術館は有田観光の中心地である重伝建地区に所在しているものの、車で移動する観光客の利用がしづらい立地である。有田町歴史民俗資料館と九州陶磁文化館は、駐車場は完備されているものの重伝建地区からは若干離れており、加えて九州陶磁文化館は高台に所在することから重伝建地区からの徒歩アクセスは困難である。また、有田陶磁美術館と有田町歴史民俗資料館は有料館であり、原則入場無料で展示点数・内容ともに優れる九州陶磁文化館に比べると集客数が劣る状況になっている。これらの状況を踏まえると、①主要観光スポットに近いあるいはアクセスしやすい立地、②観光客を満足させる収蔵資料および展示内容、③他の目的のついでに博物館を訪れる“ついで参り”を誘発するための入館料の無料化、④博物館に利用者を引き入れるための周知・広報策の充実などが、観光における博物館への集客要素である。

波佐見町が設置を進めている「波佐見町歴史文化交流館（仮称）」（以下、交流館）は、「先人が築いた貴重な歴史・伝統・文化に学び、これを将来に伝えるとともに、新たな地域文化を創造するまちづくりの拠点をめざす」という基本理念に基づき、地域文化の保全、研究、学習の場に加え、観光資源となることが役割として望まれている（波佐見町教育委員会 2018）。同館基本構想には、波佐見町の観光に資する上で他の地域文化資源との周遊観光の可能性がすでに述べられている。先述の通り、波佐見町に訪れる観光客は日帰り観光がほとんどであり、限られた時間の中で波佐見町を満喫するためには、町内の観光スポットを効率よく効果的に周遊できることが望まれる。

交流館は、やきもの公園や西ノ原が所在する井石郷と古くから窯業地として栄えた永尾郷の間の湯無田郷に設置される。また、波佐見町観光で訪問者の多い中尾郷へは、やきもの公園付近から分岐していくルートであり、また交流館はやきもの公園からは約 600 m と徒歩でのアクセスが可能であることから、交流館は既存の主要観光地に比較的アクセスしやすい環境にある。この好立地をさらに活かすため、既存の主要観光地との連携が必要である。例えば、町内観光地の中央に立地する交流館を拠点として、中尾郷、西ノ原、やきもの公園、永尾郷を巡る周遊バスの運行、比較的平坦な西ノ原、やきもの公園、交流館等を巡るレンタサイクルコースの整備、古陶磁美術館「緑青」や白山陶器のショールームなど民間の施設と交流館を結んだ周遊コースの設定などが考えられる。また、交流館内のショップ・カフェと既存の販売施設を連携させることも有効で、例えばくらわん館や陶器まつりでやきものを購入した人は交流館カフェのコーヒー１杯無料といったものや、交流館の特別展入館者は町内の提携店舗で様々な特典を得られるなどの連携が考えられる。

交流館は、これからの波佐見町観光において核となり得る施設である。これまでは、波佐見町について包括的に扱う博物館が町内に存在せず、基幹産業である窯業以外の情報発信があまりできていなかったように感じる。交流館が設置されることで、これまで知られていなかった波佐見町の歴史・自然・文化といった様々な情報発信が可能となる。やきものを目当てに波佐見町を訪れた人にまず交流館を見てもらい、波佐見町の新たな面を知ってもらうことで、町内の文化資源へのアクセスや波佐見町へのリピーターを促すことも、交流館が持つ観光上の意義である。交流館を波佐見町の観光に活かすためには、ハード・ソフト問わず交流館へアクセスするための多用な手段の検討が必要であり、そのためには町ぐるみの連携が必要となる。新設される交流館は、設置しただけでほとんど誰も来館せず、負の遺産のように扱われる博物館となってはならない。同館は、波佐見町内の教育・文化の拠点になるとともに、波佐見町観光の起点およびハブとしての機能が求められるのである。

まとめ

日本における「観光資源としての博物館」は、訪日外国人の博物館利用に関する議論から始まり、当該地域や文化のPRの場に加え慰安や娯楽のための施設として検討・実践されてきた。現在では、地域活性化に観光を活用し、その要素として博物館について言及するといった論が散見され、観光と博物館論は広く研究され始めた段階にあるといえよう。

観光における博物館は、館や収蔵される資料を資源として集客を促す施設であると同時に、他の観光資源をつなぐ存在となり得ることを強調したい。つまり、博物館を観覧することで他の観光資源を知り、そこへの訪問を促す効果を発揮するのである。かかる点から、博物館は観光の起点となる必要があり、他に誘引できるだけの情報発信能力を備える必要がある。波佐見町に新設される交流館は、館そのものが観光資源となるだけでなく、波佐見町観光の起点および町内の観光資源をつなぐハブとなることを期待したい。そのためには、ハード・ソフトともに観光利用しやすい環境を整えることが肝要であり、今後さらなる検討が必要である。

一方、観光と博物館を考えるうえで、博物館は「資料の保存」について十分に検討すべきであることを改めて確認しておかなくてはならない。公開・活用の視点は、今後の博物館において必要な要素であることは間違いないが、それだけに没頭して本来の資料を後世へ伝えるとの機能を疎かにしてはならないのである。現在、政府が主導する「文化財で稼ぐ」方針は、文化財を経済的資源としかとらえておらず、そこに資料保存の意識は極めて希薄であると言わざるを得ない。これからの博物館は、今まで以上に公開・活用が求められる中で、公開と保存をいかに両立させていくかが重要である。そのためには、自館の現状と地域から求められる内容を広く理解し、さらには他館や政府の動きなどを密に把握して、資料の保存と活用を担う意識を持った学芸員が必要であると改めて強調するものである。

註

1）「特定複合観光施設区域整備法施行令」（平成三十一年政令第七十二号）第１章第３条より

2）「博物館法」（昭和二十六年法律第285号）第２条より

3）江戸末期から2017（平成29）年11月までに出された博物館学の文献２万件以上をまとめた『改訂増補　博物館学文献目録』（全国大学博物館学講座協議会編 2018）の中に収録された「観光と博物館」に関する文献は114件存在し、2019（令和元）年までにさらに複数の論文が公表されており、おおむね130件程度存在するとみられる。

4）ハウステンボス観光HP　https://hattrip.info（2019年９月22日閲覧）

参考文献

青木　豊・中村　浩・前川公秀・落合知子編　2018『博物館と観光　社会資源としての博物館論』雄山閣

有田町まちづくり課編　2019『平成30年　有田町統計書』有田町

運輸省観光局　1957『観光資源要覧』第４編（陳列施設）

岡倉天心　1888「博物舘に就て」『日出新聞』(『内外名士　日本美術論』(1889) 内の「美術博物舘ノ設立ヲ賛成ス」として再掲されたものを抜粋。pp.56-57)
神谷邦淑　1893「博物舘」『建築雑誌』７－81
観光政策審議会　1995「今後の観光政策の基本的な方向について」『観光政策審議会答申』39
工藤泰子　2011「戦時下の観光」『京都光華女子大学研究紀要』49、pp.51-62
小林　健　2009『日本初の海外観光旅行　九六日間世界一周』春風社
西條正義　2013「松島の幸と恵み　マリンピア松島86年の歩み」『水の文化』44、ミツカン水の文化センター、pp.30-35
菅根幸弘　2017「「観光」と博物館―地域博物館の再生のために―」『國學院雑誌』118－11、國學院大學、pp.11-26
綜合ユニコム株式会社　2018「全国の主要レジャー・集客施設 入場者ランキング」『月刊レジャー産業資料』９月号（No. 624）
執筆者不明　1915「大典記念美術館建設建議書」『美術週報』２－37、美術週報社
執筆者不明　1917「地方開發と美術館」『美術』１－10、七面社、p.1
千　相哲　2016「「観光」概念の変容と現代的解釈」『九州産業大学商経論叢』56－3、九州産業大学商学会、p.6
全国大学博物館学講座協議会編　2018『改訂増補　博物館学文献目録』、雄山閣
長崎県文化観光国際部観光振興課　2019『長崎県観光統計　平成30年(1月～12月)』
中島金太郎　2017『地域博物館史の研究』雄山閣、pp.195-202
中島金太郎　2019「観光型博物館に関する一考察―語句の整理を中心として―」芳井敬郎名誉教授古希記念会編『京都学研究と文化史の視座』芙蓉書房出版、p.625-642
中村　宏　2006「戦前における国際観光（外客誘致）政策―喜賓会、ジャパン・ツーリスト・ビューロー、国際観光局設置―」『神戸学院法学』36－2、神戸学院大学、pp.107-133
日本博物館協會　1929「觀光外客の誘致と觀覽施設」『博物館研究』２－４
日本博物館協會　1929「觀光外客の誘致漸く實現」『博物館研究』２－６
日本博物館協會　1931「觀光客と博物館說明札」『博物館研究』４－４
日本博物館協會　1938「觀光と博物館」『博物館研究』11－３
日本博物館協會　1947『觀光外客と博物館並に同種施設の整備充實』

日本博物館協会　1964「補遺　博物館法制定の経緯」『わが国の近代博物館施設発達資料の集成とその研究』大正・昭和編、p.150
ハースト婦人画報社編　2019「特集 日本全国うつわ旅」『婦人画報』09 月号、pp.84 - 91
波佐見町教育委員会　2018『波佐見町歴史文化交流館（仮称）整備基本構想【変更】』
古本泰之　2014「博物館・美術館」安村克己・堀野正人ほか編『よくわかる観光社会学』ミネルヴァ書房、pp.128 - 129
塹江　隆　2006「第 12 章 観光施設　1. 教育・社会・文化施設」『観光と観光産業の現状【改訂版】』文化書房博文社、pp.226 - 230
宮城縣内務部　1909『松島公園經營案』
渡邉智彦　2004「近代日本におけるインバウンド政策の展開―開国から「グローバル観光戦略」まで―」『自主研究レポート 2004』、公益財団法人日本交通公社、pp.67 - 72

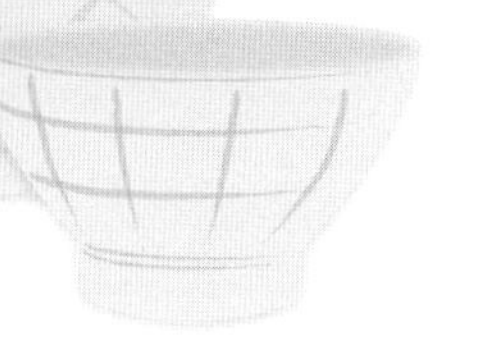

おわりに

近年、観光や地域創生の視点から博物館を論ずることが博物館学の主流となっている。安倍内閣が「文化財を保存優先から観光客目線での理解促進、そして活用」と宣言したことを受けて、文化庁による「文化財を中核とする観光拠点の整備」が明示され、文化財保護法改正においては観光やまちづくりへの文化財活用が謳われた。つまり、保存が第一義であった文化財は積極的に活用することが求められているのである。また、地方教育行政の組織及び運営に関する法律の一部改正により、文化財の保存と活用は国主体から地域主体で実践できるようになり、地域の文化財行政や学識者たちによる、より効果的なまちづくりや地域文化財の保存と活用が可能となったと言える。

文化財は時代の流れとともにその保存の形態も変化するのは致し方ない。しかし、文化財を活用できるのはあくまでもその文化財に精通した学芸員が担わなければならないことは言うまでもなく、当然ながら学芸員の資質もそこには問われるであろう。したがって、学芸員養成を担当する大学教員の責務は計り知れないことは明白である。これからの学芸員養成は単に資格を与えるだけでなく、未来に向けた文化財の保存と活用を担うことが出来る学芸員の養成が必須と言える。

長崎国際大学博物館学と波佐見町教育委員会との関わりは、長崎国際大学に着任した2015（平成27）年に遡る。同年11月に波佐見町歴史文化交流館（仮称）の委員として会議に参加し、それ以来、数々の苦言を呈してきたにも拘わらず信頼関係を築くことができたのは、言うまでもなく波佐見町教育委員会職員の人となりに他ならない。波佐見町内の調査、発掘、実測などをはじめとして、学生たちは波佐見町でのフィールドワークで多くを学ばせてもらっている。学生たちの要望で始まった古文書勉強会は、古文書研究会としてサークルを立ち上げるまでになり、今では波佐見町学芸員の指導のもと、古文書を勉強する学生は30名を超える大所帯となっている。このような博学連携の実践は地域創生の要となるはずであり、今後は交流館の教育諸活動に若い力を還元したいと考えている。

また、長崎国際大学が主催する上海大学博物館学研修がICOM UMAC AWARD2019のトップスリーにノミネートされ、今年9月に開催されたICOM京都大会において、世界第2位で表彰を受けるに至った。地方大学の小さな取組みが、国際的な博物館組織から大きな評価を受けた要因の一つに、波佐見町の協力が大きかったことをここに記したい。同時に波佐見町のグローバルな連携事業を世界に発信できたことは、今後展開される交流館の諸活動の原動力になるものと確信している。地道な博学連携事業が、大きな実を結んだ好事例としてICOMの歴史に刻まれたことは、長崎国際大学と波佐見町の歴史のひとこまにも記録されるはずである。

本著は長崎国際大学博物館学と波佐見町教育委員会の協力のもと、2021（令和3）年に開館する交流館の学術研究書の第1号として刊行するものである。本著の刊行は、2018年に長崎国際大学と波佐見町が包括協定を結び、地道な交流事業を実践してきた証でもある。今後もアカデミックな交流を続けて両者の発展に寄与したいと願っている。

最後に、本書を編むにあたり玉稿を賜りました一瀬政太波佐見町長、長崎国際大学中島憲一郎学長、國學院大學青木豊教授をはじめ、執筆者の先生方に心から御礼申し上げます。また、佐賀県立有田窯業大学校松尾英之氏、波佐見町教育委員会太田克宏係長、波佐見町役場商工振興課澤田健一課長、長崎国際大学川原翔君には、資料の提供と編集に尽力賜りましたこと深く感謝申し上げます。そして、幸運にも本著の執筆に参加できた長崎国際大学大学院生の諸君は、雄山閣出版共著というこの大きな実績を活かし、研究者の道を目指してより一層研鑽することを願いたい。

本著の刊行を快諾いただきました株式会社雄山閣、ならびに編集にご尽力いただきました桑門智亜紀氏に心から感謝申し上げます。

令和2年2月吉日

落合 知子

陶磁器博物館一覧

焼き物名	館　名	所在地
北海道		
えべつ煉瓦	江別セラミックアートセンター	江別市西野幌 114-5
こぶ志焼	こぶ志窯　こぶ志陶芸館	岩見沢市 5 条東 13 丁目 8
岩手県		
藤沢焼	陶芸センター	一関市黄海字東深萱 192-6
宮城県		
切込焼	切込焼記念館	加美郡加美町宮崎切込 3
焼き物総合	芹沢長介記念東北陶磁文化館	加美郡加美町字町裏 64
山形県		
上の畑焼	ほたるの里郷土資料館	尾花沢市大字牛房野 635 ＊館内に「上の畑焼展示室」あり
成島焼	農村文化研究所付属置賜民俗資料館	米沢市六郷町西藤泉 71-32
福島県		
会津本郷焼	会津本郷焼資料展示室	大沼郡会津美里町字瀬戸町甲 3161-1
大堀相馬焼	陶芸の杜おおぼり	二本松市小沢字原 115-25
茨城県		
笠間焼	笠間稲荷美術館	笠間市笠間 1
焼き物総合	茨城県陶芸美術館	笠間市笠間 2345
近現代陶芸	板谷波山記念館	筑西市田町甲 866-1
近現代陶芸 （笠間焼）	笠間工芸の丘 松井康成展示室	笠間市笠間 2388-1
栃木県		
益子焼	益子陶芸美術館　陶芸メッセ・益子	芳賀郡益子町大字益子 3021
益子焼	益子焼つかもと記念美術館	芳賀郡益子町大字益子 3215
益子焼	益子古陶館	芳賀郡益子町大字益子 4230
焼き物総合	窯業史博物館	那須郡馬頭町小砂 3112
近現代陶芸 （益子焼）	濱田庄司記念益子参考館	芳賀郡益子町大字益子 3388
新潟県		
無名異焼	相川技能伝承展示館	佐渡市相川北沢町 2
富山県		
越中瀬戸焼	越中陶の里　陶農館	中新川郡立山町瀬戸新 31
越中丸山焼・小杉焼・越中瀬戸焼ほか	富山市陶芸館	富山市安養坊 50 ＊富山市民俗民芸村内
石川県		
大樋焼	大樋美術館	金沢市橋場町 2-17
九谷焼	石川県九谷焼美術館	加賀市大聖寺地方町 1-10-13
九谷焼	九谷焼窯跡展示館	加賀市山代温泉 19-101-9

焼き物名	館　名	所在地
九谷焼	加賀 伝統工芸村ゆのくにの森 九谷焼の館	小松市粟津温泉ナ -3-3
九谷焼	能美市九谷焼美術館（浅蔵五十吉美術館）	能美市泉台町南 1
九谷焼	能美市九谷焼資料館	能美市泉台町南 56
珠洲焼	珠洲市立珠洲焼資料館	珠洲市蛸島町 1-2-563
福井県		
越前焼	越前古窯博物館	丹生郡越前町小曽原 107-1-169
越前焼	福井県陶芸館	丹生郡越前町小曽原 120-61
長野県		
天竜峡焼	三輪楽雅堂	飯田市龍江 7153 番地
藤沢焼	高山村歴史民俗資料館	上高井郡高山村牧 1629
松代焼	松代焼古陶館	長野市松代町松代 1446-20
岐阜県		
美濃焼	市之倉さかづき美術館	多治見市市之倉町 6-30-1
美濃焼	とうしん美濃陶芸美術館	多治見市虎渓山町 4-13-1
美濃焼	多治見市美濃焼ミュージアム	多治見市東町 1-9-27
美濃焼	土岐市美濃陶磁器歴史館	土岐市泉町久尻 1263
美濃焼	瑞浪市陶磁資料館	瑞浪市明世町山野内 1-6
モザイクタイル	多治見市モザイクタイルミュージアム	多治見市笠原町 2082-5 ＊旧笠原町役場跡地
焼き物総合	こども陶器博物館　KIDSLAND	多治見市旭ヶ丘 10-6-67
焼き物総合	岐阜県現代陶芸美術館	多治見市東町 4-2-5
近現代陶芸 （美濃焼）	可児市荒川豊蔵資料館	可児市久久々利柿下入会 352
愛知県		
瀬戸焼	ノベルティ・こども創造館／ノベルティミュージアム	瀬戸市泉町 74-1
瀬戸焼	瀬戸蔵ミュージアム	瀬戸市蔵処 1-1
瀬戸焼 （瀬戸染付焼）	瀬戸染付工芸館	瀬戸市西郷町 98
瀬戸焼（本業焼）	窯垣の小径資料館	瀬戸市仲洞町 39
常滑焼・タイル・テラコッタほか	INAX ライブミュージアム	常滑市奥栄町 1-130
常滑焼	とこなめ陶の森　陶芸研究所	常滑市奥条 7-22
常滑焼	常滑焼窯跡見学館	常滑市栄町 2-53
常滑焼	登窯広場展示工房館	常滑市栄町 6-145
常滑焼	とこなめ陶の森　資料館	常滑市瀬木町 4-203
三州瓦	高浜市やきものの里かわら美術館	高浜市青木町 9-6-18
焼き物総合	愛知県陶磁美術館	瀬戸市南山口町 234

焼き物名	館　　名	所在地
近現代陶芸 (織部焼・黄瀬戸・志野焼・唐津焼)	唐九郎記念館(翠松園陶芸記念館)	名古屋市守山区小幡北山 2758-413
近現代陶芸	新世紀工芸館	瀬戸市南仲之切町 81-2
大阪府		
焼き物総合	大阪市立東洋陶磁美術館	大阪市北区中之島 1-1-26
三重県		
伊賀焼	伊賀焼伝統産業会館	伊賀市丸柱 169-2
伊賀焼	伊賀焼窯元　長谷園　資料館・展示室	伊賀市丸柱 569
伊賀焼	伊賀焼 定八窯元展示館	伊賀市丸柱 1365-5
伊賀焼ほか	北山窯博物館	いなべ市大安町石榑北山 405-6
四日市萬古焼	萬古焼展示室 実山窯	四日市市大宮西町 17-3
四日市萬古焼	萬古アーカイブデザインミュージアム	四日市市京町 2-13
四日市萬古焼	ばんこの里会館	四日市市陶栄町 4-8
四日市萬古焼	酔月陶苑(酔月窯)	四日市市南いかるが町 19-4
四日市萬古焼・有田焼ほか	ろっ石陶芸館	桑名市安永 1169
滋賀県		
信楽焼	滋賀県立陶芸の森	甲賀市信楽町勅旨 2188-7
信楽焼	丸克製陶所　信楽古陶館	甲賀市信楽町勅旨 陶芸の森入口
信楽焼	清右衛門陶房　古陶資料館	甲賀市信楽町長野 1129
信楽焼	信楽伝統産業会館	甲賀市信楽町長野 1142
膳所焼	膳所焼美術館	大津市中庄 1-22-28
湖東焼	湖東宇野美術館	東近江市健部日吉町 342
湖東焼	彦根藩湖東焼　たねや美濠美術館	彦根市本町 1-2-33 *たねや彦根美濠舎内
京都府		
朝日焼	朝日焼窯芸資料館	宇治市宇治山田 11
京焼・清水焼	京都陶磁器会館	京都市東山区東大路五条上ル
楽焼	樂美術館	京都市上京区油小路通一条下る
清水焼	清水焼の郷会館	京都市山科区川田清水焼団地町 10-2
近現代陶芸	近藤悠三記念館	京都市東山区清水新道 1-287
近現代陶芸(京焼)	河井寛次郎記念館	京都市東山区五条坂鐘鋳町 569
兵庫県		
赤穂雲火焼	雲火焼展示館桃井ミュージアム	赤穂市御崎 634
王地山焼	王地山陶器所　華工房	篠山市河原町 431
丹波立杭焼	丹波伝統工芸公園　陶の里	篠山市今田町上立杭 3
丹波立杭焼	丹波古陶館	多紀郡篠山町河原 185

焼き物名	館　名	所在地
八鹿焼	大庄屋記念館	養父市小城 36 ＊窯は現存せず、同館で資料展示のみあり
焼き物総合	兵庫陶芸美術館	丹波篠山市今田町上立杭 4
和歌山県		
御浜焼	御浜窯焼物館	南牟婁郡御浜町神木 460
島根県		
布志名焼	出雲玉作資料館	松江市玉湯町玉造 99-3 ＊館内に「布志名焼の歴史」展示あり
温泉津焼	温泉津やきものの里・やきもの館	大田市温泉津町温泉津イ 22-2
岡山県		
備前焼	松花堂資料館	備前市伊部 668
備前焼	備前市立備前焼ミュージアム	備前市伊部 1659-6
備前焼	備前市立歴史民俗資料館	備前市東片上 385
備前焼	藤原啓記念館	備前市穂浪 3868
山口県		
萩焼	萩陶芸美術館【吉賀大眉記念館】	萩市大字椿東永久山 426-1
萩焼	萩焼資料館	萩市大字堀内 502-6
徳島県		
大谷焼	大谷焼元山窯　田村陶芸展示館	鳴門市大麻町大谷字中通り 3-1
香川県		
岡本焼	さぬき岡本焼ギャラリーとよなか	三豊市財田町財田上 7239-13
愛媛県		
砥部焼	砥部焼伝統産業会館	伊予郡砥部町大南 335
砥部焼	梅山古陶資料館	伊予郡砥部町大南 1441
砥部焼	砥部焼陶芸館	伊予郡砥部町宮内 83
福岡県		
上野焼	上野焼陶芸館	田川郡福智町上野 2811
小石原焼	小石原焼伝統産業会館	朝倉郡東峰村大字小石原 730-9
高取焼	味楽窯美術館	福岡市早良区高取 1 丁目 26-62
星野焼	古陶星野焼展示館	八女市星野村千々谷 11865-1
焼き物総合	福岡東洋陶磁美術館	福岡市城南区七隈 8-7-42
佐賀県		
有田焼・伊万里焼	伊万里・鍋島ギャラリー	伊万里市新天町 622-13 西駅ビル 2F
有田焼	今右衛門古陶磁美術館	西松浦郡有田町赤絵町 2-1-11
有田焼	有田町歴史民俗資料館・有田焼参考館	西松浦郡有田町泉山 1-4-1
有田焼	有田陶磁美術館	西松浦郡有田町大樽 1-4-2
有田焼	梶謙製磁社 型の美術館	西松浦郡有田町黒牟田丙 2892
有田焼	深川製磁参考館	西松浦郡有田町幸平 1-1-8

焼き物名	館　　名	所在地
有田焼	香蘭社 古陶磁陳列館	西松浦郡有田町幸平 1-3-8
有田焼	有田ポーセリンパーク ヒストリー館ほか	西松浦郡有田町戸矢乙 340-28
有田焼	チャイナ・オン・ザ・パーク 忠次舘	西松浦郡有田町原明乙 111
有田焼	柿右衛門古陶磁参考館	西松浦郡有田町南山丁 352
有田焼	源右衛門窯 古伊万里資料館	西松浦郡有田町丸尾丙 2726
唐津焼	中里太郎衛門陶房　陳列館	唐津市町田 3-6-29
志田焼	志田焼資料館	嬉野市塩田町大字久間乙 3242-3
志田焼	志田焼の里博物館	嬉野市塩田町大字久間久間乙 3073
肥前吉田焼	肥前吉田焼窯元会館	嬉野市嬉野町大字吉田丁 4525-1
焼き物総合	佐賀県立九州陶磁文化館	西松浦郡有田町戸杓乙 3100-1
長崎県		
現川焼	長崎歴史文化博物館	長崎市立山 1-1-1 ＊長崎陶芸復興塾で制作・伝承事業を実施
三河内焼	佐世保うつわ歴史館	佐世保市三川内本町 289-1
三河内焼	三川内焼美術館（三川内焼伝統産業会館）	佐世保市三川内本町 343
波佐見焼	波佐見町陶芸の館　くらわん館	東彼杵郡波佐見町井石郷 2255-2
波佐見焼	古陶磁美術館　緑青	東彼杵郡波佐見町湯無田郷 1053
熊本県		
網田焼	宇土市網田焼の里資料館	宇土市上網田町 787-1
小代焼（小岱焼）	小代焼ふもと窯　小代焼展示資料館	荒尾市府本上 1728-1
小代焼（小岱焼）・天草陶磁器	熊本県伝統工芸館	熊本市中央区千葉城町 3-35
高浜焼	上田資料館　高浜焼寿芳窯	天草市天草町高浜南 598
八代焼（高田焼）	八代市立博物館・未来の森ミュージアム	八代市西松江城町 12-35 ＊館内に「八代焼（高田焼）展示コーナー」あり
大分県		
小鹿田焼	日田市立小鹿田焼陶芸館	日田市源栄町 138-1 ＊小鹿田の里内
小鹿田焼	小鹿田焼ギャラリー渓聲館	日田市殿町 3070
小鹿田焼	小鹿田古陶館	日田市本町 7-33
鹿児島県		
薩摩焼	鹿児島県歴史資料センター黎明館	鹿児島市城山町 7-2 ＊館内に「薩摩焼」展示あり
薩摩焼	長島美術館	鹿児島市武 3-42 － 18
沖縄県		
壺屋焼	那覇市立壺屋焼物博物館	那覇市壺屋 1-9-32

※焼き物名称順および博物館の所在地順で掲載。

※ 2019 年 12 月現在の情報をもとに掲載。

（甲斐彩菜）

執筆者一覧（執筆順）

中島 憲一郎（なかしま けんいちろう） 長崎国際大学 学長

一瀬 政太（いちのせ まさた） 波佐見町 町長

青木 豊（あおき ゆたか） 國學院大學文学部 教授・鎌倉歴史文化交流館 館長

盛山 隆行（もりやま たかゆき） 波佐見町教育委員会 主査・学芸員

鐘ヶ江 樹（かねがえ たつき） 長崎国際大学大学院 博士課程前期

松永 朋子（まつなが ともこ） 長崎国際大学大学院 博士課程前期

中島 金太郎（なかじま きんたろう） 長崎国際大学人間社会学部 助教

牛 夢沈（NIU MENG CHEN） 上海大学博物館 学芸員

春日 美海（かすが みみ） 土岐市美濃陶磁歴史館 学芸員

船井 向洋（ふない こうよう） 伊万里市教育委員会生涯学習課 副課長兼文化財係長

中越 康介（なかごし こうすけ） 石川県九谷焼美術館 主査・学芸員

陣内 康光（じんない やすみつ） 唐津市教育委員会生涯学習文化財課 課長

坂倉 永悟（さかくら えいご） 益子町教育委員会事務局生涯学習課 主事

田代 裕一朗（たしろ ゆういちろう） 五島美術館 学芸員

魏 佳寧（WEI JIA NING） 上海海洋大学 講師

山口 浩一（やまぐち こういち） 波佐見町歴史文化交流館（仮称）建設検討委員

福田 博治（ふくだ ひろはる） 波佐見町教育委員会 教育次長

中嶋 健蔵（なかしま けんぞう） 波佐見町教育委員会 教育長

顧 思儀（GU SI YI） 長崎国際大学大学院 博士課程前期

甲斐 彩菜（かい あやな） 長崎国際大学大学院 博士課程前期

■編者略歴

落合 知子（おちあい　ともこ）

長崎県佐世保市在住

博士（学術）お茶の水女子大学

現　　在　長崎国際大学人間社会学部 教授・上海大学 兼職教授

著　　書　『野外博物館の研究』『増補版 野外博物館の研究』（雄山閣）、『博物館実習教本』（長崎国際大学）、論文多数

共 編 著　『博物館と観光―社会資源としての博物館論―』（雄山閣）、『博物館実習教本中国語版』『博物館実習教本増補版』（長崎国際大学）

共　　著　『人文系博物館展示論』『人文系博物館資料保存論』『人文系博物館教育論』『博物館学人物史 上・下』『史跡整備と博物館』『神社博物館事典』『博物館学史研究事典』『博物館が壊される』（雄山閣）、『観光考古学』（ニューサイエンス社）、『考古学入門 下』（日本放送協会学園）、『人間の発達と博物館学の課題』『地域を活かす遺跡と博物館』（同成社）、『観光資源としての博物館』『考古学・博物館学の風景』『京都学研究と文化史の視座』（芙蓉書房出版）

受 賞 歴　加藤有次博士記念賞
ICOM UMAC AWARD 2019 SECOND PLACE
長崎国際大学ベストティーチャー賞

中野 雄二（なかの　ゆうじ）　波佐見町教育委員会

長崎県東彼杵郡波佐見町在住

金沢大学文学部史学科考古学コース卒

現　　在　波佐見町教育委員会 課長補佐・学芸員

共　　著　『中近世陶磁器の考古学』第二巻（雄山閣）、『波佐見焼ブランドへの道程』（石風社）、『長崎の陶磁器』（長崎文献社）、『新編大村市史』第三巻（大村市）、『角川日本陶磁大辞典』（角川書店）

受 賞 歴　第1回長崎県学芸功労賞　学術部門

2020年 2月 10日　初版発行　《検印省略》

地域を活かすフィールドミュージアム
―波佐見焼窯業地のまちづくり―

編　者　落合知子・波佐見町教育委員会
発行者　宮田哲男
発行所　株式会社 雄山閣
〒102-0071　東京都千代田区富士見 2-6-9
ＴＥＬ　03-3262-3231 / ＦＡＸ　03-3262-6938
ＵＲＬ　http: //www.yuzankaku.co.jp
e-mail　info@yuzankaku.co.jp
振　替：00130-5-1685
印刷・製本　株式会社ティーケー出版印刷

ISBN978-4-639-02698-3 C0030
N.D.C.069　352p　21cm